高职高专计算机类专业教材·软件开发系列

SQL Server 2022
数据库技术项目教程

胡伏湘　肖玉朝　主　编

张　田　曾新洲　赵湘民　副主编

电子工业出版社
Publishing House of Electronics Industry
北京·BEIJING

内 容 简 介

SQL Server 2022 是微软公司推出的最新版本的数据库管理系统，安装简易，功能强大，操作方便，界面友好，是软件项目设计的必备数据库。本书的编写团队基于长期的教学经验与多年的软件开发经验，根据程序员和数据库管理员的岗位要求及高职院校的教学特点组织内容，按照设计数据库→建立数据表→管理数据库→开发数据库项目的顺序，以高校图书馆图书资料借阅管理系统和学生成绩管理系统为主线，介绍了使用 SQL Server 2022 进行数据库管理的各种操作，以及数据库应用程序开发所需要的各种知识和技能。全书共 8 个项目：数据库技术导论、数据库的创建与管理、数据表的创建与管理、数据基本操作、数据查询、数据库的编程操作、数据库安全管理、数据库应用程序开发项目实战。

本书既可以作为高职院校和应用型本科院校计算机类、软件工程类、电子商务类专业的教学用书，也可以作为各类培训、DBA 认证、数据库爱好者的辅助教材和软件开发人员的参考资料。

未经许可，不得以任何方式复制或抄袭本书之部分或全部内容。
版权所有，侵权必究。

图书在版编目（CIP）数据

SQL Server 2022 数据库技术项目教程 / 胡伏湘，肖玉朝主编．—北京：电子工业出版社，2024.1
ISBN 978-7-121-47232-9

Ⅰ．①S… Ⅱ．①胡… ②肖… Ⅲ．①关系数据库系统－高等学校－教材 Ⅳ．①TP311.132.3

中国国家版本馆 CIP 数据核字（2024）第 035383 号

责任编辑：左　雅
印　　刷：山东华立印务有限公司
装　　订：山东华立印务有限公司
出版发行：电子工业出版社
　　　　　北京市海淀区万寿路 173 信箱　　邮编 100036
开　　本：787×1092　1/16　印张：16.75　字数：429 千字
版　　次：2024 年 1 月第 1 版
印　　次：2024 年 1 月第 1 次印刷
定　　价：53.00 元

凡所购买电子工业出版社图书有缺损问题，请向购买书店调换。若书店售缺，请与本社发行部联系，联系及邮购电话：(010) 88254888，88258888。
质量投诉请发邮件至 zlts@phei.com.cn，盗版侵权举报请发邮件至 dbqq@phei.com.cn。
本书咨询联系方式：(010) 88254580，zuoya@phei.com.cn。

如何由入门者快速达到职业岗位要求，是每位老师和学生都在思考的问题。以精辟的语言教育人、以精巧的例题引导人、以精彩的项目启发人，正是编者长期追求的目标。本书的编写团队基于长期的教学经验与多年的软件开发经验，以行业最新的数据库管理系统 SQL Server 2022 为例，根据程序员和数据库管理员职业岗位要求及高职院校的教学特点组织内容，按照设计数据库→建立数据表→管理数据库→开发数据库项目的顺序，以高校图书馆图书资料借阅管理系统和学生成绩管理系统为主线，介绍了使用 SQL Server 2022 进行数据库管理的各种操作，以及数据库应用程序开发所需要的各种知识和技能。可以说，本书是理论、实践、应用开发三者完美结合的一体化教材。

本书在贯彻落实党的二十大精神的基础上，将社会主义核心价值观、职业道德、工匠精神、团队意识等内容作为思政元素，因势利导、潜移默化地将学生个人的成才梦引导到中华民族伟大复兴的中国梦的思想高度。

本书从逻辑上可以分为 4 部分：数据库基础理论、SQL Server 2022 数据库应用、技能训练、数据库应用程序开发，其中技能训练穿插在每个项目中，可以在每次理论讲授后马上进行技能训练。全书共 8 个项目：数据库技术导论、数据库的创建与管理、数据表的创建与管理、数据基本操作、数据查询、数据库的编程操作、数据库安全管理、数据库应用程序开发项目实战。

本书的主要特点如下：

（1）本书面向程序员和数据库管理员职业岗位，以高校图书馆图书资料借阅管理系统项目为教学主线，以学生成绩管理系统项目为技能训练主线，贯穿每个项目，并在最后一个项目中实现了高校图书馆图书资料借阅管理系统项目开发，好教好学。

（2）全书共 8 个项目，15 个技能训练，1 个项目实战，34 课时操作内容，实现了理论与实践的课时比例为 1:1，做到从理论到实践融会贯通。

（3）本书集知识讲解、技术应用、技能训练、项目开发于一体，是程序员和数据库管理员工作任务的缩影。

（4）本书根据内容多少及难易程度的不同，每个项目均安排了 1 次或 2 次技能训练，最后是教学项目与实践项目的开发过程，使读者从新手到高手不再是难事。

（5）本书语言通俗易懂，讲解深入浅出，可以让读者迅速上手，逐步建立数据库管理的思想，完美实现由学习者到职业人的本质提升。

本书的第 1 版在 2017 年由清华大学出版社出版，与第 1 版相比，本次修订主要有 5 个方面的变化：一是由知识体系改为项目式结构体例，更加符合职业教育特征；二是软件的版本由 2014 版升级为最新的 2022 版，采用最新理念、技术和标准，岗位技能更精准；三是补充了思政内容，立德树人目标更加明确；四是重构了实践教学体系，将行业规范贯穿于各个实践项目，对接软件企业更加紧密；五是重新开发了项目实战部分的软件项目，内容更实用，教学更方便。

本书的项目 1、项目 2 和项目 3 由长沙商贸旅游职业技术学院的胡伏湘编写，项目 4 由张田编写，项目 5 由赵湘民编写，项目 6 由曾新洲编写，项目 7 和项目 8 由肖玉朝编写，实践教学体系由上海旺链信息科技有限公司的蔡茂华编写，最后由胡伏湘统稿。在本书的编写过程中，得到了湖南科技职业学院的成奋华教授和江文教授、长沙民政职业技术学院的邓文达教授和吴名星教授、湖南信息职业技术学院的彭顺生教授和雷刚跃教授、长沙职业技术学院的王聪教授、湖南安全技术职业学院的夏旭教授的大力支持，并参考了大量的文献资料，书中未能详尽罗列，在此表示衷心的感谢！

本书中的所有例题和脚本均在 SQL Server 2022 中文版环境中运行通过，所有案例的脚本同样适用于 SQL Server 2008 及以上的各个版本。本书提供配套的课件、电子教案、习题答案、脚本及相应素材等教学资源，对此有需要的读者可以登录华信教育资源网（http://www.hxedu.com.cn）免费注册后进行下载。

由于编者水平有限，书中难免存在疏漏和不足之处，恳请广大师生和读者给予批评指正，不胜感激。

编　者

目录

项目 1 数据库技术导论 ... 1

任务 1.1 了解数据库技术 ... 1
- 1.1.1 数据库技术概述 ... 1
- 1.1.2 数据库职业岗位技能需求分析 ... 4
- 1.1.3 案例数据库及表设计 ... 5
- 1.1.4 技能训练 1:了解数据库工作岗位 ... 13

任务 1.2 配置 SQL Server 2022 运行环境 ... 14
- 1.2.1 下载 SQL Server 2022 安装包 ... 14
- 1.2.2 安装 SQL Server 2022 ... 15
- 1.2.3 SQL Server 的工作界面 ... 18
- 1.2.4 SQL Server 2022 环境的使用 ... 19

任务 1.3 结构化查询语言 T-SQL 的使用 ... 20
- 1.3.1 T-SQL 简介 ... 20
- 1.3.2 T-SQL 语法基础 ... 22
- 1.3.3 流程控制语句 ... 27
- 1.3.4 技能训练 2:使用 T-SQL 语言编写简单程序 ... 29

项目习题 ... 31

项目 2 数据库的创建与管理 ... 33

任务 2.1 查看数据库服务器信息 ... 33
- 2.1.1 SQL Server 2022 的体系结构 ... 33
- 2.1.2 SQL Server 2022 的数据库组成 ... 34
- 2.1.3 SQL Server 2022 服务器身份验证模式 ... 35

任务 2.2　创建数据库 36
　　　　2.2.1　文件与文件组 37
　　　　2.2.2　使用 SSMS 管理器窗口创建数据库 37
　　　　2.2.3　使用 SQL 命令创建数据库 39
　　　　2.2.4　技能训练 3：创建数据库 42
　　任务 2.3　管理数据库 44
　　　　2.3.1　修改数据库 44
　　　　2.3.2　删除数据库 46
　　　　2.3.3　查看数据库 47
　　　　2.3.4　分离与附加数据库 48
　　项目习题 51

项目 3　数据表的创建与管理 53
　　任务 3.1　数据完整性 53
　　　　3.1.1　数据完整性的类型 53
　　　　3.1.2　数据完整性约束的实现 54
　　任务 3.2　创建表结构 59
　　　　3.2.1　使用 SSMS 管理器窗口创建表 60
　　　　3.2.2　使用 SQL 命令创建表 61
　　　　3.2.3　创建带完整性约束的表 62
　　　　3.2.4　技能训练 4：创建表结构 64
　　任务 3.3　修改表结构 65
　　　　3.3.1　使用 SSMS 管理器窗口修改表结构 65
　　　　3.3.2　使用 SQL 命令修改表结构 65
　　项目习题 66

项目 4　数据基本操作 69
　　任务 4.1　向数据表中添加记录 69
　　　　4.1.1　使用 SSMS 管理器窗口向数据表中添加记录 69
　　　　4.1.2　使用 SQL 命令向数据表中添加记录 70
　　任务 4.2　更新数据表中的记录 73
　　　　4.2.1　使用 SSMS 管理器窗口更新数据表中的记录 73
　　　　4.2.2　使用 SQL 命令更新数据表中的记录 73
　　任务 4.3　删除数据表中的记录 74
　　　　4.3.1　删除数据表中的部分记录 74
　　　　4.3.2　删除数据表 77
　　　　4.3.3　技能训练 5：记录处理 77
　　项目习题 79

项目 5　数据查询 81

任务 5.1　基本数据查询 81
5.1.1　简单数据查询 81
5.1.2　统计数据查询 90
5.1.3　技能训练 6：单表查询 93

任务 5.2　多表连接查询 94
5.2.1　交叉连接查询 95
5.2.2　内连接查询 96
5.2.3　外连接查询 97
5.2.4　自连接查询 100
5.2.5　技能训练 7：多表连接查询 102

任务 5.3　子查询和联合查询 103
5.3.1　子查询 103
5.3.2　联合查询 106
5.3.3　技能训练 8：子查询 107

项目习题 108

项目 6　数据库的编程操作 111

任务 6.1　视图的创建与应用 111
6.1.1　创建视图 111
6.1.2　应用视图 115
6.1.3　修改视图 117
6.1.4　技能训练 9：视图的创建与管理 118

任务 6.2　游标的创建与应用 120
6.2.1　游标的创建 120
6.2.2　游标的应用 121
6.2.3　关闭与释放游标 125
6.2.4　技能训练 10：游标的创建与使用 125

任务 6.3　存储过程的创建与管理 126
6.3.1　创建存储过程 126
6.3.2　执行存储过程 133
6.3.3　管理存储过程 135
6.3.4　技能训练 11：存储过程的创建与执行 138

任务 6.4　触发器的创建与管理 139
6.4.1　触发器的分类 139
6.4.2　创建触发器 141
6.4.3　管理触发器 148

| 6.4.4   技能训练 12：触发器的创建与使用 150

   任务 6.5   索引与事务的应用 151
        6.5.1   索引的创建与使用 151
        6.5.2   处理事务 156
        6.5.3   技能训练 13：索引的创建与应用 160
   项目习题 161

项目 7   数据库安全管理 165

   任务 7.1   数据库安全管理机制 165
        7.1.1   数据库安全概述 165
        7.1.2   实现数据库安全管理 168
   任务 7.2   数据库备份与还原 181
        7.2.1   数据库备份与还原概述 181
        7.2.2   数据库备份 183
        7.2.3   数据库还原 187
        7.2.4   技能训练 14：数据库备份与还原 194
   项目习题 196

项目 8   数据库应用程序开发项目实战 199

   任务 8.1   数据库应用程序结构模式 199
        8.1.1   C/S 模式 199
        8.1.2   B/S 模式 201
        8.1.3   三层（或 N 层）模式 202
   任务 8.2   JDBC 数据库访问技术 202
        8.2.1   JDBC 技术简介 202
        8.2.2   JDBC 驱动程序 204
        8.2.3   JDBC 中的常用类及其方法 205
   任务 8.3   使用 Java 语言开发 SQL Server 2022 数据库应用程序 208
        8.3.1   项目任务描述 208
        8.3.2   数据库设计 208
        8.3.3   项目功能实现 210
        8.3.4   技能训练 15：使用 Java 语言开发酒店会员管理系统 253
   项目习题 258

参考文献 260

项目1 数据库技术导论

主要知识点

- 数据库管理员（DBA）职业岗位的技能需求。
- 数据库的主要类型、关系型数据库的特点和相关概念。
- 数据库、表、记录、字段的含义及相互关系。
- SQL Server 2022 的界面组成及简单用法。

学习目标

本项目将介绍关系型数据库的相关基础知识，主要包括数据库的主要类型、关系型数据库的特点和相关概念、SQL Server 2022 运行环境的安装与配置，以及结构化查询语言 T-SQL 的使用。

任务1.1 了解数据库技术

数据库是按照一定结构来组织、存储和管理数据的仓库，是一个长期存储在计算机内、有组织、可共享、能统一管理的大量数据集合，可以供多个用户共享，具有较小的冗余度和较高的独立性。作为最重要的基础软件之一，数据库是确保软件系统稳定运行的基础。数据库同时提供对数据进行处理的方法和技术，即数据库技术，这种技术能帮助程序员更合适地组织数据、更方便地维护数据、更严密地控制数据和更有效地利用数据。掌握数据库技术是程序员必备的基本技能。

1.1.1 数据库技术概述

数据库技术是软件领域的一个重要分支，产生于 20 世纪 60 年代，它的出现使计算机被应用到了工农业生产、商业、行政管理、科学研究、工程技术及国防军事等各个领域。它以数据库管理系统（Database Management System，DBMS）为核心，以数据存储和处理为主要功能，涵盖 DBMS 产品、数据挖掘、开发工具、应用系统解决方案等多个内容。

1. 数据库的主要类型

数据库主要包括关系型数据库和非关系型数据库两种类型。

（1）关系型数据库采用关系模型来组织数据，是软件开发最常用的数据库。关系模型即二维表模型，关系型数据库是一个由二维表及各个表之间的关联关系所组成的数据组织。关系型数据库的优点如下：

- 容易理解：二维表结构是非常贴近逻辑世界的一个概念，与网状模型、层次模型等相比，关系模型更容易理解。
- 容易使用：使用通用的 SQL（Structured Query Language，结构化查询语言）即可操作关系型数据库。
- 容易维护：丰富的完整性约束（实体完整性、参照完整性和用户自定义完整性）降低了数据的冗余度，保证了数据的一致性。

典型的关系型数据库有 MySQL、MS Access、MS SQL Server、Oracle、INFORMIX、Sybase、DB2、Google Fusion Tables、SQLite、FileMaker 等。

（2）非关系型数据库（NoSQL）是为了解决大数据应用难题而出现的数据库，是一种数据存储方法的集合。数据格式可以是文档或键-值（Key-Value）对等；字段长度可变，并且每个字段的记录又可以由可重复或不可重复的子字段构成。非关系型数据库可以处理结构化数据（如数字、符号等信息），但更适合处理非结构化数据（如全文文本、图像、声音、视频、超媒体、地理位置等）。它突破了关系型数据库结构定义不易改变和数据定长的限制，支持重复字段、子字段及变长字段，能处理变长数据，实现了数据项的变长存储与管理。非关系型数据库的主要优点如下：

- 格式灵活：数据格式可以是键-值对、文档、图片、地理位置等，应用场景广泛。
- 速度快，容易扩展：非关系型数据库可以使用硬盘或随机存储器作为载体，而关系型数据库则只能使用硬盘作为载体。
- 成本低：非关系型数据库部署简单，主要是开源软件。

主要的非关系型数据库有 MongoDB、HBase、Redis、Memcache、BigTable、Cassandra、CouchDB 等。

2. 关系型数据库的相关概念

（1）关系：即一个二维表，简称表，每个关系都有一个关系名，即表名。

（2）元组：即二维表中的一行，在数据表中称为记录。

（3）属性：即二维表中的一列，在数据表中称为字段。

（4）域：即属性的取值范围，也就是数据表中某个列的取值范围。

（5）关键字：即一组可以唯一标识元组的属性，数据表中常称为主键，由一个或多个列组成。

（6）关系模式：即对关系的描述，在数据表中称为表结构，格式为"关系名(属性 1，属性 2，……，属性 N)。

（7）数据库管理系统：即位于应用软件与操作系统之间，用来管理和维护数据库中数据的软件集合。按照功能划分，数据库管理系统可以分为三大部分：数据描述语言（Data Description Language，DDL）、数据操纵语言（Data Manipulation Language，DML）、数据控制语言（Data Control Language，DCL）。DDL 用于描述数据模型，如建库、建表、输入记录等；DML 用于操作数据，如对数据进行查询、维护、输出、运算、统计等；DCL 用于控制数据的安全性、完整性、通信过程等。

（8）数据库系统（Database System，DBS）：由数据库及其管理软件组成的系统，一般由数据库、数据库管理系统、开发工具、各类用户等构成。

（9）数据独立性：指存储数据的数据库独立于调用数据的软件，即数据库和软件可以由不同的人员设计，也可以存储在不同的位置，修改数据库不一定要修改软件，修改软件也不一定要修改数据库。

3. 国产数据库

数据库国产化的时间虽然不长，但是通过吸收和创新开源软件的优势，成效显著，典型产品介绍如下。

（1）达梦（DM）：达梦是武汉达梦数据库股份有限公司开发的具有完全自主知识产权的高性能数据库管理系统。其支持多平台之间互联互访、高效并发控制机制、有效查询优化策略，以及各种故障恢复和多种多媒体数据类型，提供全文检索功能，管理工具简单、易用，各种客户端编程接口都符合国际通用标准，用户文档齐全。

（2）思极有容：思极有容是由国网信息通信产业集团有限公司和创意信息技术股份有限公司联合研发的国产自主可控的分布式关系型数据库。其不仅支持国产 CPU 和操作系统生态，还支持云平台和容器；可以设定多种访问权限、审计、流量控制机制，实现资源隔离；可以提供多种隔离级别，保障完整分布式事务；可以通过读写分离、并行计算、在线横向扩展来实现集群性能准线性提升。

（3）OceanBase：OceanBase 是由阿里巴巴公司推出的完全自主研发的原生分布式关系型数据库，始创于 2010 年。其在金融行业首创城市级故障自动无损容灾新标准，创造了 4200 万次/秒处理峰值纪录，连续多年平稳支撑"双十一"活动；其具有数据强一致、高可用、高性能、在线扩展、高度兼容 SQL 标准和主流关系型数据库、低成本等特点，可以助力金融、政府、运营商、零售、互联网等行业的客户实现核心系统升级。

（4）TDSQL：TDSQL 是由腾讯公司开发的分布式数据库产品。其具备数据强一致、高可用、全球部署架构、分布式水平扩展、高性能、企业级安全等特性，可以提供智能 DBA、自动化运营、监控告警等配套设施，为用户提供完整的分布式数据库解决方案；其已为超 500 家政企和金融机构提供数据库的公有云及私有云服务，覆盖银行、保险、证券、互联网、金融、计费、第三方支付、物联网、政务等领域，获得多项国际和国家认证。

（5）KingbaseES：KingbaseES 是由北京人大金仓信息技术股份有限公司研发的具有自主知识产权的数据库产品，其被广泛应用于电子政务、国防军工、能源、金融、电信等重点行业和关键领域，装机部署超百万套。KingbaseES 数据库可以安装和运行于 Windows、Linux、UNIX 等多种操作系统上，提供交互式工具 ISQL、图形化数据转换工具、多种方式的数据备份与还原及作业调度工具。

（6）GaussDB：GaussDB 是由华为技术有限公司研发的数据库产品。其将人工智能技术融入分布式数据库全生命周期，实现自运维、自管理、自调优、故障自诊断和自愈，在交易、分析和混合负载场景下，采用基于最优化理论的深度强化学习自调优算法；通过异构计算创新框架发挥 X86、ARM、GPU、NPU 等的算力优势；支持本地部署、私有云、公有云等多种场景，依托华为云，GaussDB 数据库为金融、互联网、物流、教育、汽车等行业的客户提供全功能、高性能的云上数据仓库服务。

1.1.2 数据库职业岗位技能需求分析

数据库课程直接对应的岗位是数据库管理员（Database Administrator，DBA），间接对应的岗位是软件开发工程师（程序员）。数据库管理员是专门负责数据库的建立、使用和维护的人员。Microsoft 专门组织了 DBA 认证考试，即 MSDBA 认证；Oracle 公司也有相应的认证，由低到高分为三级，即 Oracle OCA（数据库认证专员）、OCP（认证专家）、OCM（认证大师）。在机关和事业单位及非软件开发类企业，通常设置有信息技术部门，数据库管理员岗位是其中一个岗位，其主要职责是管理与维护数据库；中小规模的软件企业的数据库管理工作由程序员或软件工程师负责，他们不仅可以开发软件，还可以根据用户需求设计数据库；规模较大的软件企业设置有数据库工程师岗位。

在智联招聘、前程无忧、BOSS 直聘、中华英才网、58 同城等专业的人才招聘网站上，搜索数据库管理员、软件开发工程师、数据库应用系统开发、网站开发等岗位，基本能对数据库相关岗位的工作任务和任职要求有一定的了解，表 1-1、表 1-2 和表 1-3 所示为软件企业具有代表性的招聘信息。

表 1-1 数据库管理员招聘信息表

招聘职位：数据库管理员（DBA）	招聘单位：武汉 XXX 数据科技有限公司
岗位职责： （1）负责数据库的日常管理，包括日常维护、性能监控、安全管理等。 （2）负责数据库的安装与迁移、备份与还原工作。 （3）负责数据库的性能调优和故障处理，以及操作系统和应用系统的安装、配置、调优。 （4）负责数据库相关存储设备的日常维护，如 EMC	任职要求： （1）具有 2 年以上数据库运维经验，精通 Oracle 数据库的管理和维护，熟悉 MySQL、MS SQL Server 的日常管理和维护。 （2）熟悉 Oracle 数据库的性能与优化，分析运行瓶颈，并提供改进方案，具备安装与维护高可用技术的能力和经验。熟悉 Linux、UNIX 等操作系统，具有简单的 Shell 脚本编写能力。 （3）善于沟通，善于团队合作，能承担较大压力，具备较强的学习能力和独立解决问题的能力。 （4）有 OCP 证书或 RHCE 证书者优先
公司简介：本公司是一家主营数据技术开发、金融数据与资讯分析的数据科技企业，隶属于 XXX 智库，负责数据库基础与数据资源对接整合，对外提供各类金融数据服务产品，对内协调支持数据调用和深度开发，智库业务涵盖宏观经济分析、行业研究与咨询、投资策略指数、数据库服务、金融培训与教育等领域，致力于成为新经济中的中国金融基础设施的建造商	

表 1-2 数据库开发工程师招聘信息表

招聘职位：数据库开发工程师	招聘单位：南京 XXX 大数据有限公司
岗位职责： （1）根据业务需求规划数据存储模型，以及设计数据库逻辑结构与物理结构。 （2）优化复杂业务逻辑的 SQL 实现。 （3）负责数据处理流程维护、脚本开发。 （4）负责数据库后台程序发布版本的管理	任职要求： （1）熟悉 Oracle、DB2、MS SQL Server 等数据库中的至少一种，连续使用其中某个数据库至少两年。 （2）熟悉 Linux、UNIX 等操作系统，能熟练使用 Shell、Perl、存储过程编写数据处理脚本。 （3）具备数据库模式设计基础，了解范式理论。 （4）具备海量数据处理经验，理解 SQL 优化原理。 （5）有 ETL 工作经验者优先

续表

公司简介：本公司深耕市场监管领域，通过监管平台解决方案和数据分析服务，形成了对从监管宏观业务场景（如经济发展走势、区域产业发展、消费环境及市场监管动态变化等）到监管微观业务场景（如企业风险预警、失联企业复联、异地经营企业触达、打击非法集资、专项治理等）的完整支持。本公司的服务全面支持监管部门的业务流程和数据分析，成为市场监管部门可靠的合作伙伴，已为全国超 20 个省市自治区的监管部门提供专业服务

表 1-3　Java 软件开发工程师招聘信息表

招聘职位：Java 软件开发工程师	招聘单位：北京 XXX 网络科技有限公司
岗位职责： （1）参与需求收集、分析等过程。 （2）参与系统架构、软件框架的设计。 （3）负责软件模块的设计、编码和单元测试。 （4）负责疑难问题的调研、跟踪和解决等	任职要求： （1）计算机相关专业，精通 Java 语言，熟悉主流 Java 应用程序设计框架。 （2）熟悉 J2EE 体系结构，熟悉 Tomcat、Weblogic 等服务器系统的开发，掌握 Spring MVC、MyBatis 等技术框架，熟悉 Eclipse、IEDA 等开发工具。 （3）熟练掌握 MySQL、MS SQL Server、Oracle 等关系型数据库，具有 HTML、JavaScript、CSS 等前端开发经验者优先；熟悉多线程设计与编码及性能测试。 （4）积极热情，勇于接受挑战，能够承受一定强度的工作压力；工作态度严谨认真，责任心强，具备良好的团队协作能力
公司简介：本公司一直致力于全数字化医疗解决方案的提出，提供全面支持 DICOM 标准、HL7 标准、IHE 技术框架的引擎软件工具，提供专业的医学图像处理、心电信息处理、脑电信息处理、医疗过程控制信息处理的开发库。本公司也是各类临床信息系统的产品提供商和系统开发商。本公司的数字化医疗产品已在国内多家大型医院投入临床使用	

通过对企业招聘信息的分析可以发现，数据库相关职业岗位主要包括数据库管理员、程序员、软件开发工程师、网站设计工程师、信息系统管理员等。其从业人员在数据库方面的技能要求如下：

（1）精通一种主流数据库软件，如 MS SQL Server、MySQL、Oracle、DB2 等，如果从事大数据软件开发，则还需要掌握一种非结构化数据库，如 MongoDB。

（2）能够熟练操作数据库、表、视图、记录、索引等。

（3）能够熟练运用 SQL 命令进行数据查询。

（4）能够根据业务处理的要求编写存储过程和触发器。

（5）了解数据库理论及开发技术和建模方法，熟悉常用数据库建模工具。

（6）熟悉数据库备份、还原和优化方法。

还应具备以下基本素质和工作态度：

（1）积极乐观的工作态度和强烈的责任心，良好的沟通和学习能力。

（2）主观能动性、团队合作精神和强烈的事业心。

（3）较强的敬业精神、开拓创新意识及自我规范能力。

（4）强烈的客户服务意识和理解能力。

（5）较好的抗压能力和进取心。

上述对职业岗位的技能需求分析为本课程学习内容的组织提供了依据。

1.1.3　案例数据库及表设计

本书共安排了两个案例数据库。一个是高校图书馆图书资料借阅管理系统 libsys，它是图书馆工作人员对新购图书进行分类和入库登记、办理和发放读者借书证、进行图书借阅与归还管理的软件，用于课堂教学；另一个是学生成绩管理系统 scoresys，用于知识拓展和实习实训，其功能包括学生基本信息登记、课程信息登记、任课教师信息登记和成绩管理，供任课教师和教务管理人员使用。

1. 图书馆图书资料借阅管理系统 libsys

图书馆图书资料借阅管理系统（以下简称图书馆管理系统）包括前台借阅和归还管理功能，以及后台登记入库管理功能。采购人员购进图书后，采编人员首先根据图书类别将图书登记入库，然后将图书分门别类地放到不同位置的书架上。

每本书在出版时都会获得一个书号（图书编号），书号以 ISBN 开头，如 ISBN 978-7-302-34691-3（简写为 9787302346913），同一本书可以印刷几千上万册，它们的书号都完全相同，因此图书馆在购进该书时，如果同时购进多本，则可以通过增加条形码或二维码来区分。为简单起见，本书仍以 BookID（图书编号）字段作为主键，但设置 BuyCount（采购数量）字段和 AbleCount（库存数量）字段。对于同一本书，图书馆通常会保留 1 本或 2 本样书用于存档，不外借，以避免出现库存为空的情况。假设保留 1 本书用于存档，则 BuyCount 字段的值和 AbleCount 字段的值之间的关系是 BuyCount=AbleCount+1，当 AbleCount 字段的值小于或等于 0 时，表示该书不可以再外借了。

1）数据库中的表

图书馆管理系统 libsys 主要包括 3 个表，即 bookInfo 表（图书信息表）、readerInfo 表（读者信息表）、borrowInfo 表（借阅信息表），如表 1-4 所示。

表 1-4 图书馆管理系统 libsys 中的表

表 名	功 能	主 要 字 段	说 明
bookInfo	存储图书的基本信息	图书编号、图书名称、作者姓名、出版单位	要求在 borrowInfo 表之前建立
readerInfo	存储读者的基本信息	借书证号、读者姓名	要求在 borrowInfo 表之前建立
borrowInfo	存储图书借阅和归还信息	图书编号、借书证号、借书日期、应归还日期	图书编号和借书证号分别来源于 bookInfo 表和 readerInfo 表

2）bookInfo 表（图书信息表）

bookInfo 表的表结构如表 1-5 所示。

表 1-5 bookInfo 表的表结构

序 号	字 段 名	含 义	数 据 类 型	长 度	是否可为空	约 束
1	BookID	图书编号	char	20	不可（not null）	主键
2	BookName	图书名称	varchar	40	不可（not null）	
3	BookType	图书类型	varchar	20	不可（not null）	
4	Writer	作者姓名	varchar	8	不可（not null）	
5	Publisher	出版单位	varchar	30	不可（not null）	
6	PublishDate	出版日期	datetime	默认	可以（null）	

续表

序号	字段名	含义	数据类型	长度	是否可为空	约束
7	Price	销售价格	decimal	(6,2)	可以（null）	
8	BuyDate	购买日期	date	默认	可以（null）	
9	BuyCount	采购数量	int	默认	不可（not null）	
10	AbleCount	库存数量	int	默认	不可（not null）	
11	Remark	备注信息	varchar	100	可以（null）	

bookInfo 表中包括 10 本书的记录，如表 1-6 所示，其中 NULL 表示可以为空，输入 NULL（大小写均可以）即可，也可以空置。

表 1-6　bookInfo 表中的记录

序号	BookID	BookName	BookType	Writer	Publisher	PublishDate	Price	BuyDate	BuyCount	AbleCount	Remark
1	9787302395775	计算机网络技术教程	计算机	胡振华	清华大学出版社	2020-08-01	39	2020-12-30	30	29	出版社优秀教材
2	9787121270000	计算机网络技术实用教程	计算机	胡振华	电子工业出版社	2020-09-01	36	2020-10-30	20	19	NULL
3	9787302346913	Java 程序设计实用教程	计算机	胡振华	清华大学出版社	2019-02-01	39	2019-09-20	30	29	出版社优秀教材
4	9787561188064	Java 程序设计基础	计算机	胡振华	大连理工大学出版社	2019-11-30	42	2020-03-10	50	49	"十三五"国家级规划教材
5	9787322656678	数据库应用技术	计算机	刘小华	电子工业出版社	2021-04-01	35	2021-09-20	30	29	NULL
6	9787220976553	大数据分析与应用	计算机	张安平	清华大学出版社	2020-08-20	82	2020-12-01	25	24	精品课程配套教材
7	9787431546652	电子商务基础与实务	经济管理	刘红梅	电子工业出版社	2018-11-10	40	2019-01-22	25	24	国家级规划教材
8	9787442768891	移动商务技术设计	经济管理	胡海龙	中国经济出版社	2021-05-30	38	2021-08-20	28	27	NULL
9	9787322109877	商务网页设计与艺术	艺术设计	张海	高等教育出版社	2019-09-01	55	2021-08-20	15	14	专业资源库配套教材
10	9787603658891	3D 动画设计	艺术设计	刘东	电子工业出版社	2017-10-10	42	2019-12-20	18	17	NULL

3）readerInfo 表（读者信息表）

readerInfo 表的表结构如表 1-7 所示。

表 1-7　readerInfo 表的表结构

序号	字段名	含义	数据类型	长度	是否可为空	约束
1	ReaderID	借书证号	char	10	不可（not null）	主键
2	ReaderName	读者姓名	char	10	不可（not null）	
3	ReaderSex	读者性别	char	2	不可（not null）	
4	ReaderAge	读者年龄	int	8	可以（null）	
5	Department	所在部门	varchar	30	不可（not null）	
6	ReaderType	读者类型	char	10	不可（not null）	有教师、学生、临时 3 类
7	StartDate	办证日期	date	默认	不可（not null）	默认为系统日期
8	Mobile	联系电话	varchar	12	可以（null）	
9	Email	电子邮箱	varchar	40	可以（null）	必须包含@符号
10	Memory	备注信息	varchar	50	可以（null）	

readerInfo 表中包括 10 名读者的记录，如表 1-8 所示。

表 1-8　readerInfo 表中的记录

序号	ReaderID	ReaderName	Reader Sex	Reader Age	Department	Reader Type	StartDate	Mobile	Email	Memory
1	T01010055	李飞军	男	35	软件学院	教师	2009-12-20	18977663322	lfj3322@163.com	NULL
2	T01011203	刘小丽	女	40	商学院	教师	2019-04-08	13033220789	20455543@qq.com	NULL
3	T03020093	张红军	男	55	财务处	教师	2010-09-10	13809997788	zhanghongjun@sina.com	NULL
4	T03010182	李天好	男	30	图书馆	教师	2019-12-20	17108084567	lth2013030@sina.com	NULL
5	T12085566	Smith	男	39	商学院	教师	2019-09-15	073183833388	Smith0908@gmail.com	外教
6	S02028217	周依依	女	23	商学院会计1205 班	学生	2018-09-20	15907778879	320244538@qq.com	NULL
7	S02018786	李朝晖	女	24	软件学院软件 1301 班	学生	2018-10-30	13100759054	103499447@qq.com	NULL
8	S20390022	杨朝阳	男	24	软件学院研1302 班	学生	2020-11-10	15533555678	sunny667788@126.com	NULL
9	M01039546	胡大龙	男	34	国际学院	临时人员	2019-05-29	18834567890	590033352@qq.com	培训班学员
10	M12090025	张飞霞	女	28	软件学院	临时人员	2019-05-29	13498873425	zhangfeixia0111@qq.com	访问学者

4）borrowInfo 表（借阅信息表）

borrowInfo 表的表结构如表 1-9 所示。

表 1-9　borrowInfo 表的表结构

序号	字段名	含义	数据类型	长度	是否可为空	约束
1	ReaderID	借书证号	char	10	不可（not null）	主键，外键，来源于 readerInfo 表
2	BookID	图书编号	char	20	不可（not null）	主键，外键，来源于 bookInfo 表
3	BorrowDate	借书日期	date	默认	不可（not null）	主键

续表

序号	字段名	含义	数据类型	长度	是否可为空	约束
4	Deadline	应归还日期	date	默认	不可（not null）	
5	ReturnDate	实际归还日期	date	默认	可以（null）	

在borrowInfo表中，Deadline（应归还日期）字段表示图书馆管理制度规定的图书的最后应归还期限，用于提醒读者及时归还图书，以促进书籍的流通。比如，对于一本图书，学生和临时人员最长可借阅3个月，教师最长可借阅1年。如果到期没有归还图书，则每超过一天，就按照0.1元的标准予以罚款，并继续催还；如果图书已经丢失，则按照图书原价的3倍进行赔偿。

在图书被借阅后，没有归还之前的ReturnDate（实际归还日期）字段的值为空；当图书被归还时，这个字段的值填写当天的日期，正常归还或赔偿后，这个字段的值不再为空。

borrowInfo表中包括12条借阅记录，如表1-10所示。

表1-10 borrowInfo表中的记录

序号	ReaderID	BookID	BorrowDate	Deadline	ReturnDate
1	T01010055	9787302395775	2021-03-03	2021-09-02	2021-04-12
2	T01011203	9787121270000	2020-11-11	2021-05-10	2021-01-25
3	T03020093	9787302346913	2019-10-30	2020-04-29	2019-11-20
4	T03010182	9787561188064	2020-10-10	2021-04-09	2021-01-04
5	T12085566	9787322656678	2021-09-12	2022-03-11	NULL
6	S02028217	9787220976553	2021-04-06	2021-07-05	NULL
7	S02018786	9787431546652	2019-02-28	2019-05-27	2019-04-29
8	M01039546	9787322109877	2020-01-24	2020-04-23	2020-03-23
9	T01010055	9787302346913	2019-10-30	2020-04-29	2019-11-20
10	T03020093	9787322656678	2021-09-12	2022-03-11	NULL
11	S02028217	9787322656678	2021-09-12	2022-12-11	NULL
12	T03020093	9787322656678	2021-06-20	2021-12-19	NULL

通过建立图书馆管理系统libsys中的3个表，可以发现在设计表和建表时要遵守以下原则：

（1）基础表要先建立，有外键的表要后建立。

（2）如果有外键，则必须找到这个字段来源于什么表的什么字段，两者的字段名、数据类型、长度要兼容，最好是完全相同。

（3）NULL是个常量（大小写均可），表示空，也就是没有值，它与数值0和空格完全不同。

（4）在设计表时，必须区分字符型数据和数值型数据的差别，方法是判断数据进行加、减、乘、除等数学运算有没有意义。有些字段的值数据看起来是数字，但实际上是字符，如电话号码、身份证号码、学号、职工号等都只能是字符型数据。

2. 学生成绩管理系统scoresys

学生成绩管理系统是学校信息化系统的重要组成部分，用于存储课程信息、学生信息、学生课程成绩信息、教师任课信息等相关资料，是教师输入所教课程成绩并进行统计分析，以及学生查询自己各科成绩的入口，涉及教师、学生、成绩等对象，功能强大的学生成绩管理系统包括数十个表，但保存最基本信息的表只有 3 个，本书采用有 3 个表的数据库。

1）数据表的构成

学生成绩管理系统 scoresys 包括 3 个表，即 course 表（课程信息表）、student 表（学生信息表）、score 表（成绩信息表），如表 1-11 所示。

表 1-11　学生成绩管理系统 scoresys 中的表

表名	功能	主要字段	说明
course	存储课程的相关信息	课程编号、课程名称、任课教师、学分	要求在 score 表之前建立
student	存储学生的基本信息	学号、学生姓名、班级	要求在 score 表之前建立
score	存储课程成绩	学号、课程编号、成绩	课程编号和学号分别来源于 course 表和 student 表

2）course 表（课程信息表）

course 表的表结构如表 1-12 所示。

表 1-12　course 表的表结构

序号	字段名	含义	数据类型	长度	是否可为空	约束
1	CourseID	课程编号	char	10	不可（not null）	主键
2	CourseName	课程名称	varchar	40	不可（not null）	
3	CourseType	课程类型	varchar	20	可以（null）	
4	Owner	所属部门	varchar	20	可以（null）	
5	Period	学时	int	默认	不可（not null）	
6	Credit	学分	decimal	(3,1)	不可（not null）	
7	Teacher	任课教师	char	8	可以（null）	
8	Term	开课学期	char	1	可以（null）	

在 course 表中，CourseID（课程编号）字段由教务处根据一定的编码规则确定；Term（开课学期）字段表示第几个学期开课，其值是 1~8，虽然是数字，但并不具备数学运算的功能，只是顺序编号，因此用数值型并不合适，反而用字符型（如 char）会更好。

course 表中包括 10 门课程的记录，如表 1-13 所示。

表 1-13　course 表中的记录

序号	CourseID	CourseName	CourseType	Owner	Period	Credit	Teacher	Term
1	1001001	计算机应用基础	公共基础	软件学院	48	3	张军军	1
2	1001002	高等数学一	公共基础	公共课部	72	4.5	李小强	1
3	1001004	大学语文	公共基础	公共课部	64	4	刘江	1
4	2100012	英语二	公共基础	公共课部	48	3	杨阳	2
5	2100015	C++程序设计	专业基础	软件学院	80	5	张军军	2
6	3301009	Java 程序设计	专业核心	软件学院	64	4	刘大会	3

续表

序号	CourseID	CourseName	CourseType	Owner	Period	Credit	Teacher	Term
7	3208911	数据库应用技术	专业核心	软件学院	64	4	张军军	3
8	4011033	商务网站设计	专业核心	软件学院	72	4.5	洪国良	4
9	4213008	大数据应用	专业方向	软件学院	48	3	张强	5
10	4333010	网络营销	专业方向	商学院	48	3	徐小东	5

3）student 表（学生信息表）

student 表的表结构如表 1-14 所示。

表 1-14　student 表的表结构

序号	字段名	含义	数据类型	长度	是否可为空	约束
1	SID	学号	char	12	不可（not null）	主键
2	SName	学生姓名	varchar	40	不可（not null）	
3	Dept	所在院系	varchar	20	不可（not null）	
4	Class	班级	varchar	16	不可（not null）	
5	Sex	性别	char	2	可以（null）	
6	Birthdate	出生日期	date	默认	可以（null）	
7	Mobile	联系电话	char	13	可以（null）	
8	Home	籍贯	varchar	20	可以（null）	

在设计表时，关于字段（即属性）的长度，应该考虑以下因素：

（1）当前字段所有可能的取值有哪些，最大值是多少个字符，字段长度不能小于可能的最大值。比如，Home 字段的值通常是"XX 省 XX 市"这样的值，但要考虑到类似"广西壮族自治区南宁市"和"新疆维吾尔自治区乌鲁木齐市"这种特别长的值，因此这个字段的长度不能低于 13 个汉字，取 20 个字符比较稳妥。

（2）在 SQL Server 数据库中，一个汉字既可以设置为一个字符的长度，也可以设置为两个字符的长度，因此考虑到其兼容性，一个汉字的长度设置为两个字符更合理。比如，Sex（性别）字段的值可以是"男""女"或 NULL，长度应设置为 2。NULL 是一个常量，表示没有输入，也就是空，长度为 0。

（3）Mobile（联系电话）字段的数据类型不能设置为数值型，因为该字段没有数学方面的意义，并且数值型字段不支持首位的 0 及"-"这样的字符，比如某人的联系电话是座机，号码为 0731-82345678，因此该字段的数据类型必须是字符型。

student 表中包括 10 名学生的记录，如表 1-15 所示。

表 1-15　student 表中的记录

序号	SID	SName	Dept	Class	Sex	Birthdate	Mobile	Home
1	20130205011	李学才	软件学院	软件 1305	男	1995-05-05	15807310888	湖南长沙
2	20130204009	刘明明	软件学院	软件 1303	女	1996-12-12	15573223322	湖南株洲
3	20130101122	张东	商学院	会计 1302	男	1995-08-01	15273117899	湖南长沙
4	20140107123	许小放	商学院	电商 1402	女	1996-09-10	18942513351	湖南长沙

续表

序号	SID	SName	Dept	Class	Sex	Birthdate	Mobile	Home
5	20140303007	杨阳	旅游学院	旅游1401	女	1995-10-19	18802014355	广州从化
6	20140205223	胡小军	软件学院	软件1505	男	1997-09-22	17733555678	广州番禺
7	20130205020	杨志强	软件学院	软件1305	男	1994-12-30	0731-23238899	湖南株洲
8	20140303088	杨阳	旅游学院	旅游1502	男	1998-01-09	13902716544	湖北武汉
9	20140106065	周到	商学院	会计1403	女	1996-07-01	15702113377	上海市
10	20140208161	徐华山	软件学院	物联网1401	男	1996-07-20	18904513451	黑龙江哈尔滨

4）score 表（成绩信息表）

score 表的表结构如表 1-16 所示。

表 1-16 score 表的表结构

序号	字段名	含义	数据类型	长度	是否可为空	约束
1	SID	学号	char	12	不可（not null）	主键，外键，来源于 student 表
2	CourseID	课程编号	char	10	不可（not null）	主键，外键，来源于 course 表
3	ExamTime	考试时间	datetime	默认	不可（not null）	主键
4	Mark	成绩	decimal	(4,1)	可以（null）	
5	ExamPlace	考试地点	varchar	20	可以（null）	
6	Memory	备注信息	varchar	20	可以（null）	

说明：

（1）score 表存储的是课程成绩，SID（学号）字段来源于 student 表，该字段的各个属性均必须与 student 表中的 SID 字段的各个属性完全一样。同理，CourseID（课程编号）字段来源于 course 表，其属性必须与 course 表中的 CourseID 字段的属性完全相同。

（2）考虑到课程成绩可以有 1 位小数，并且最大值为 100，因此 Mark 字段的数据类型采用 decimal(4,1)比较合适，表示一共是 4 位数，其中 1 位小数，3 位整数。

（3）ExamTime（考试时间）字段不能为空的原因是可能存在这样的情况：正考没有通过，需要补考，这时正考产生一条记录，补考也产生一条记录，两条记录的 SID 字段和 CourseID 字段都一样，必须加上考试时间（ExamTime 字段）才能区别不同的记录，因此 SID 字段+CourseID 字段+ExamTime 字段才能成为主键。

（4）Memory（备注信息）字段用于存储一些特殊情况，如缺考、缓考、免考等。

score 表中包括 14 条记录，如表 1-17 所示。

表 1-17 score 表中的记录

序号	SID	CourseID	ExamTime	Mark	ExamPlace	Memory
1	20130205011	1001001	2019-01-05 10:00:00	85	自强楼105	NULL
2	20130205011	1001002	2019-01-06 14:30:00	73.5	致用楼303	NULL
3	20130204009	1001002	2019-01-06 14:30:00	100	致用楼303	NULL
4	20130101122	1001004	2019-01-07 8:30:00	90	知行楼501	NULL
5	20140107123	2100012	2020-06-30 8:30:00	48	自强楼305	NULL
6	20140107123	2100015	2020-07-02 10:00:00	NULL	德业楼109	缺考

续表

序号	SID	CourseID	ExamTime	Mark	ExamPlace	Memory
7	20140303007	2100015	2020-07-02 10:00:00	88	德业楼109	NULL
8	20140205223	3301009	2021-01-10 14:00:00	98.5	自强楼505	NULL
9	20130205020	3208911	2020-01-08 14:00:00	80	知行楼201	NULL
10	20140303088	4011033	2021-06-25 8:00:00	NULL	知行楼201	缺考
11	20140106065	4011033	2021-06-25 8:00:00	65	知行楼201	NULL
12	20140208161	4011033	2021-06-25 8:00:00	90	知行楼201	NULL
13	20140106065	1001002	2020-07-02 18:00:00	NULL	敬业楼108	缓考
14	20140208161	1001004	2020-07-02 18:00:00	90	敬业楼108	免考

说明：在 score 表中，如果考生在考试时缺考，则 Mark 字段的值按空值（NULL）处理，但需要将 Memory 字段的值设置为"缺考"或"缓考"。需要注意的是，空值一定不能用 0 代替，因为 0 是数值，0 和 NULL 的意义完全不同，在进行数据统计时会带来完全不一样的结果。

1.1.4 技能训练1：了解数据库工作岗位

1. 训练目的

（1）了解数据库课程对应的岗位及技能要求。
（2）了解常见的数据库。
（3）了解 SQL Server 数据库。

2. 训练时间：1课时

3. 训练内容

将以下内容的搜索结果保存到 Word 文档中，下课前提交给老师。

（1）使用搜索引擎搜索"数据库相关岗位"，了解数据库相关的职业岗位有哪些。
（2）在专业招聘网站中搜索数据库岗位，找到 5 家公司（至少包含两家本地区的公司），了解相关岗位的技能要求及工作任务。
（3）搜索目前的主流数据库有哪些，并了解这些数据库分别是什么公司的产品，以及这些数据库的特点是什么。
（4）搜索 MS SQL Server 数据库，了解其有什么功能和特点，历经了哪些版本。
（5）什么是关系模型？什么是关系型数据库？两者有什么联系？
（6）打开你本学期的课表，分析该课表的特点，并设计出该课表的字段名及其类型。

4. 思考题

（1）在你用过的软件中，哪些包含了数据库？是怎么看出来的？
（2）你用过腾讯地图或高德地图吗？思考地理位置是什么类型的数据库？

任务1.2 配置SQL Server 2022运行环境

SQL Server 2022 是微软公司在 2022 年年底推出的最新关系型数据库软件，它不仅包含以往各个版本的全部功能，还具有更好的云服务功能，确保云环境完全托管灾难恢复的正常运行时间，持续将数据复制到云端或从云端复制数据到本地服务器，能够对本地运营数据进行无缝分析，克服数据孤岛，实现整个数据资产的可见性，提高系统的安全性、合规性和可用性。

1.2.1 下载SQL Server 2022安装包

1．SQL Server 2022 的版本

SQL Server 2022 有 Enterprise 版（企业版）、Standard 版（标准版）、Web 版、Developer 版（开发者版）、Express 版（快速版）这 5 个版本。

（1）Enterprise 版：企业版，作为高级产品开发和服务版，该版本可以提供全面的高端数据中心功能，不仅具有极高的性能，支持无限虚拟化，还具有端到端商业智能，可以为任务的关键负载和最终用户访问数据提供高级别服务。

（2）Standard 版：标准版，该版本可以提供基本数据管理和商业智能数据库，使部门和小型组织能够顺利运行其应用程序，并支持将常用开发工具用于内部部署和云部署，有助于以最少的 IT 资源获得高效的数据库管理。

（3）Web 版：对于 Web 主机托管服务提供商，采用 Web 版是一种成本较低的选择，该版本可以针对从小规模到大规模 Web 资产等内容提供可伸缩、经济的和可管理的功能。

（4）Developer 版：开发者版，该版本支持免费使用，支持开发人员构建任意类型的应用程序。它包括 Enterprise 版的所有功能，但有许可限制，只能用作开发和测试系统，而不能用作生产服务器，是构建和测试应用程序的人员的理想选择。

（5）Express 版：快速版，该版本支持免费使用，是学习和构建桌面及小型服务器数据驱动应用程序的人员，以及独立软件供应商、开发人员和热衷于构建客户端应用程序的人员的最佳选择，其具备所有可编程性功能，在用户模式下运行，可以快速零配置安装，必备组件要求较少，但功能有限。

2．下载 SQL Server 2022

本书采用 SQL Server 2022 的 Developer 版，该版本是用于程序员开发和测试数据库的免费版本。其安装软件可以从微软公司官网免费下载，包括两个安装包：内核在线安装包和可视化工具 SSMS（SQL Server Management Studio）安装包。内核在线安装包用于安装 SQL Server 2022 内核，文件名是 SQL2022-SSEI-Dev.exe；可视化工具 SSMS 安装包用于安装 SSMS，提供数据库操作的可视化界面，文件名是 SSMS-Setup-CHS.exe。

3．硬件和软件要求

安装 SQL Server 2022 的硬件要求是：X64 处理器且主频在 2.0GHz 以上，硬盘可用空

间在 6GB 以上，内存在 2GB 以上。软件要求是：Windows 10 TH1 1507 或更高版本的操作系统，建议安装在 Windows 11 系统上，SQL Server 2022 不支持 Windows 7 及以下版本的操作系统。

1.2.2 安装SQL Server 2022

先安装内核，再安装可视化工具 SSMS。

1. 安装内核

（1）保持网络畅通，关闭防火墙，并以管理员身份运行 SQL2022-SSEI-Dev.exe 文件，在弹出的如图 1-1 所示的选择安装类型界面中选择"基本"安装类型。

图 1-1　选择安装类型界面

（2）在弹出的选择语言界面中，默认选择"中文(简体)"，如图 1-2 所示，单击"接受"按钮。

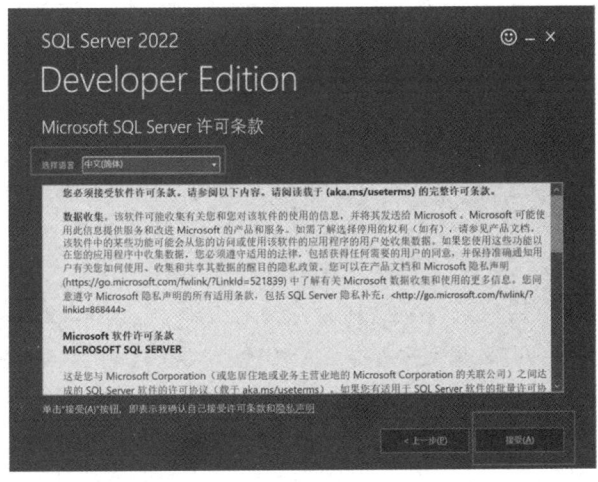

图 1-2　选择语言界面

（3）在弹出的指定安装位置界面中，默认安装位置是 C 盘。如果 C 盘的空间足够大，则建议采用默认安装位置；如果 C 盘的空间不够，则可以切换到别的盘和文件夹，单击"浏览"按钮可以设置其他位置，如图 1-3 所示。

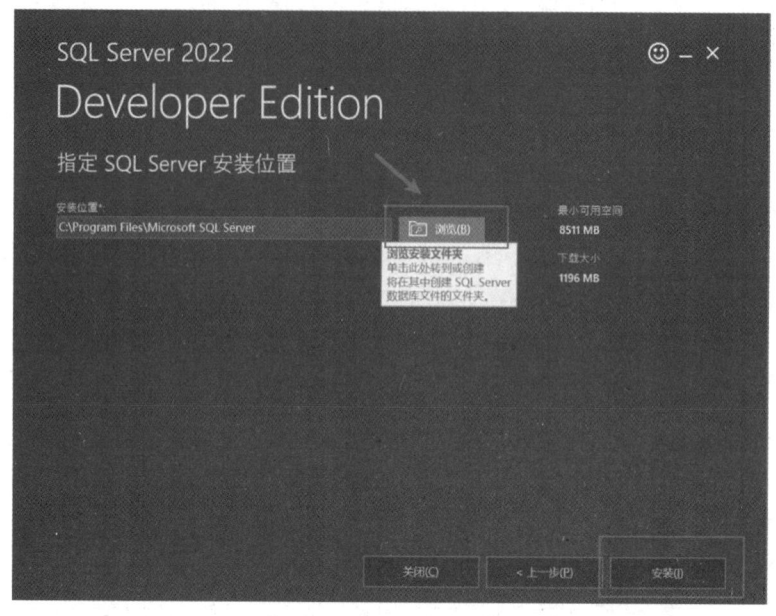

图 1-3　指定安装位置界面

（4）系统会自动从网站下载相关文件，启动安装，直到安装完成，如图 1-4 所示。

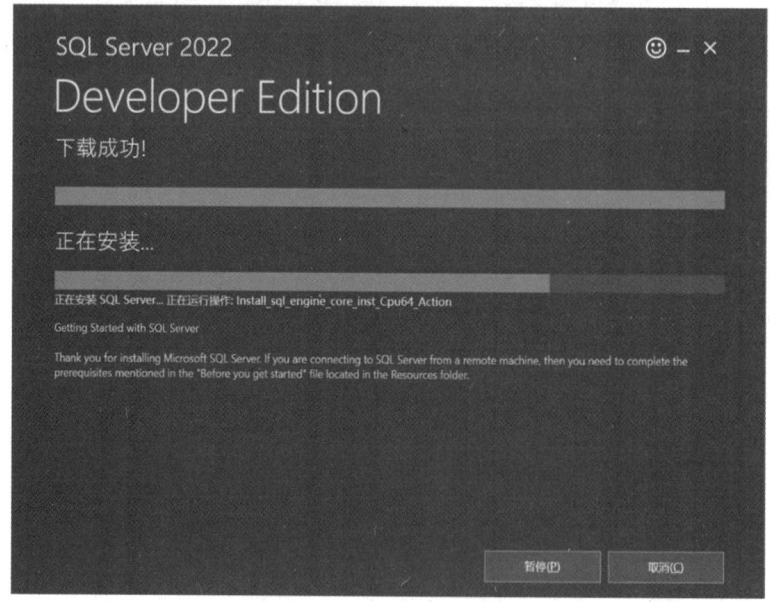

图 1-4　安装过程界面

安装完成后，界面如图 1-5 所示。

项目 1　数据库技术导论

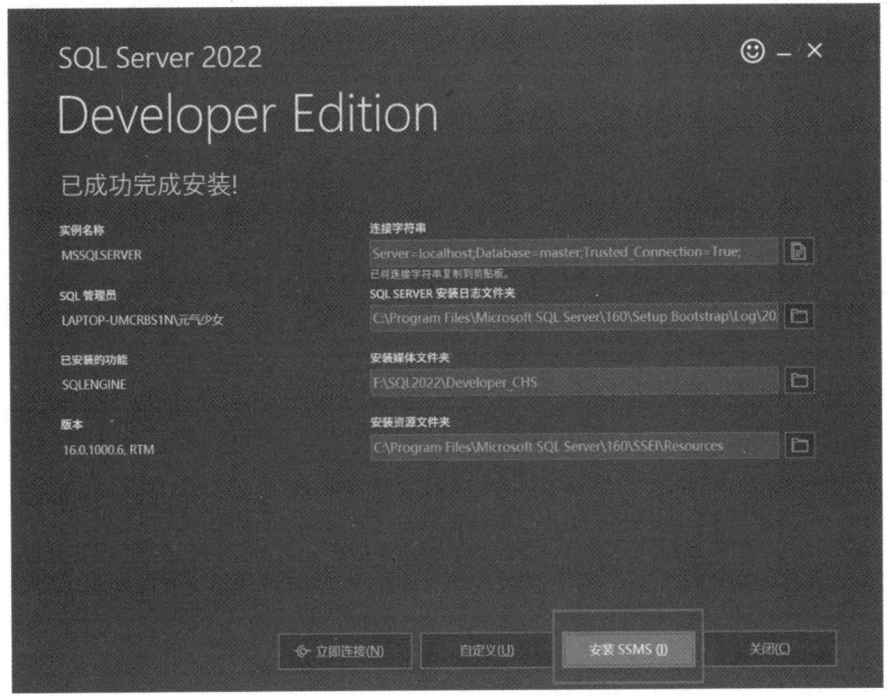

图 1-5　安装完成界面

2. 安装可视化工具 SSMS

SQL Server 2022 没有自带可视化界面，需要单独安装。在如图 1-5 所示的安装完成界面中单击"安装 SSMS"按钮，系统会自动下载 SSMS 安装包，即 SSMS-Setup-CHS.exe 文件，进入 SSMS 安装过程，默认安装位置是 C 盘。如果 C 盘的空间足够大，则建议采用默认安装位置。如果 C 盘的空间不够，则可以切换到别的盘和文件夹，单击"更改"按钮可以设置其他位置，如图 1-6 所示。安装位置设置完成后，单击"安装"按钮，开始安装。

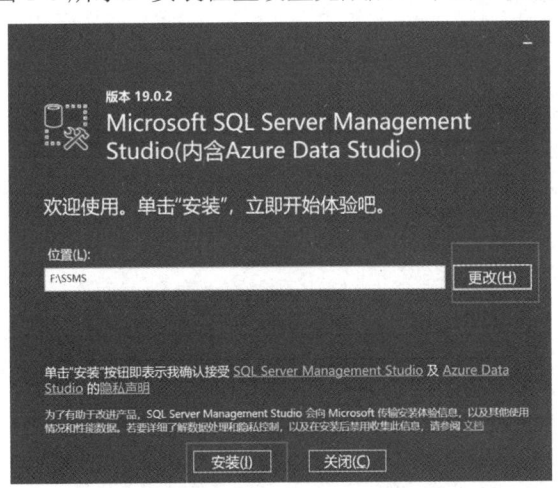

图 1-6　设置 SSMS 的安装位置界面

在安装过程中会出现一系列对话框，如果满足 SSMS 的条件，则能正常安装，所有参

· 17 ·

数全部采用默认值，依次单击"下一步"按钮即可，直至安装完成，如图 1-7 所示。如果出现错误导致安装无法完成，则需要根据错误原因查找解决方案，重新安装。

图 1-7　安装完成界面

1.2.3　SQL Server的工作界面

在"开始"菜单中找到"所有应用"，从中选择"Microsoft SQL Server Tools 19"→"SQL Server Management Studio 19"命令，打开"连接到服务器"对话框，如图 1-8 所示。

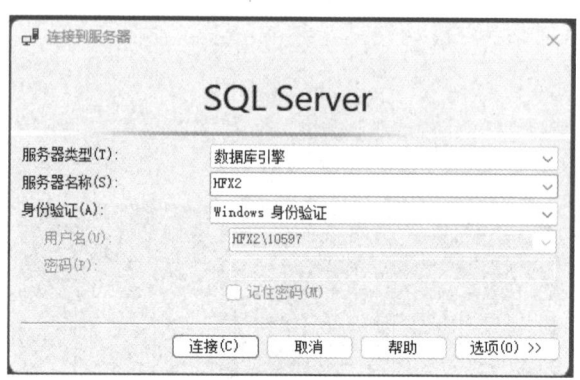

图 1-8　"连接到服务器"对话框

在如图 1-8 所示的"连接到服务器"对话框的"身份验证"下拉列表中选择"Windows 身份验证"选项，然后单击"连接"按钮，进入 SQL Server 2022 初始界面，即 SSMS 启动界面，如图 1-9 所示。服务器名称和身份验证这两个参数是在安装 SQL Server 时确定的。服务器名称通常就是机器名，如果没有显示机器名，则可以在"服务器名称"下拉列表中选择第一个选项；身份验证方式一般是"Windows 身份验证"，这时不需要输入用户名和密码，如果身份验证方式是"SQL Server 身份验证"，则需要输入用户名和密码，这时可以咨询 DBA，DBA 有权限设置登录用户。

项目 1　数据库技术导论

图 1-9　SQL Server 2022 初始界面（即 SSMS 启动界面）

在如图 1-9 所示的界面中，单击工具栏中的"新建查询"按钮，可以打开"查询编辑器"窗口，如图 1-10 所示。

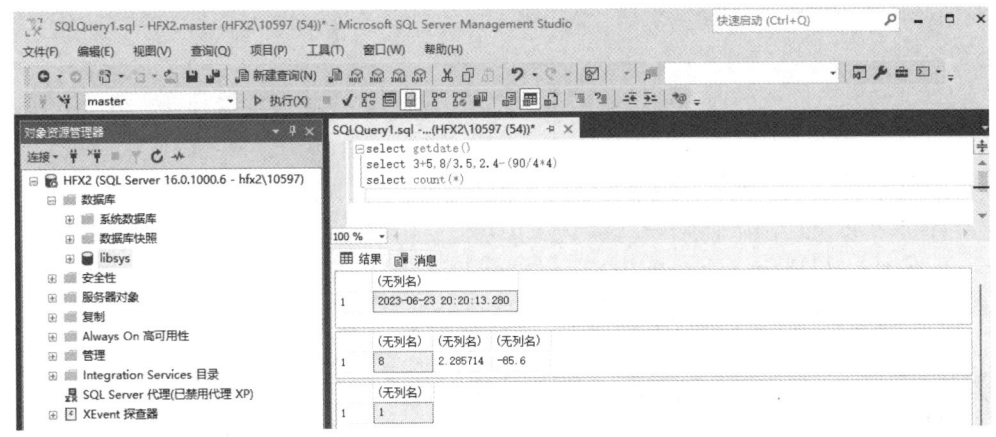

图 1-10　"查询编辑器"窗口

在 SSMS 中可以管理 Transact-SQL 脚本（Transact-SQL 是数据库的结构化查询语言，简称 T-SQL，即 SQL 命令）。单击工具栏中的"新建查询"按钮，打开 SQL 脚本编辑窗口，即"查询编辑器"窗口，可以在该窗口中输入一条或多条 SQL 命令，系统会自动生成脚本文件 SQLQuery1.sql，这些命令也可以通过单击"保存"按钮另存为指定名字的 SQL 脚本文件或 TXT 文本文件。

如果输入了多条命令，则可以单击"执行"按钮执行全部命令；也可以只选择几条命令，这时单击"执行"按钮，则会只执行被选中的那些命令。

1.2.4　SQL Server 2022 环境的使用

SQL Server 2022 与以前的各个版本一样，用于数据管理，但功能更强大。它可以连接到关键的 Azure 服务，让组织通过

SQL Server 2022 环境的使用

自己的基础设施享受云优势，从而提高云计算的管理能力；它支持的对象更丰富、更可靠、更好用，并且易编程。其工作环境就是 SSMS 管理器窗口（见图 1-10）。

SSMS 是一套管理工具，用于管理从属于 SQL Server 的组件，它提供了用于数据库管理的图形工具和功能丰富的开发环境，通过 SSMS，开发人员不仅可以在同一个工具中访问和管理数据库引擎、分析管理器（Analysis Manager）和 SQL 查询分析器，还可以编写 Transact-SQL、MDX、XMLA 和 XML 语句。

SSMS 管理器窗口的顶部包括菜单和常用工具按钮；左侧窗口是"对象资源管理器"窗口，主要组成成分包括系统数据库、用户数据库、安全性、服务器对象、管理等；右侧上方窗口是"查询编辑器"窗口（单击"新建查询"按钮产生），用于输入 SQL 命令；右侧下方窗口是"结果"窗口和"消息"窗口，"结果"窗口中显示命令的执行结果，"消息"窗口中显示消息或错误信息。

- ：新建一个项目。
- ：打开文件，如 SQL 查询文件。
- ：保存当前"查询编辑器"窗口中的查询文件。
- ：保存所有"查询编辑器"窗口中的查询文件，SSMS 允许打开多个"查询编辑器"窗口。
- 执行(X)：执行"查询编辑器"窗口中的全部代码，如果只选择了一部分代码，则只执行被选中的代码。
- ：分析"查询编辑器"窗口中的代码是否正确，但不执行，如果代码有错误，则在"结果"窗口中显示错误代码和原因。

SQL Server 2022 与 Microsoft Office 紧密结合，能够直接把报表导出为 Word 文档和 Excel 表格，支持相应格式的相互导入和导出。

任务1.3 结构化查询语言T-SQL的使用

结构化查询语言（Structured Query Language，SQL）是一种关系型数据库查询和程序设计语言，用于存取数据，以及查询、更新和管理关系型数据库系统。SQL 语言集数据查询、数据操纵、数据定义和数据控制功能于一体，是面向集合的非过程语言，类似于自然语言，简洁易用。其既是自含式语言，又是嵌入式语言，既可以独立使用，也可以嵌入宿主语言。SQL 是 1986 年由美国国家标准局（ANSI）设计的，并被国际标准化组织 ISO 吸纳为国际标准，1999 年 ISO 发布 SQL3。

1.3.1 T-SQL简介

Transact-SQL 简称 T-SQL，是在 SQL Server 数据库中的 SQL3 标准的实现，是微软公司对 SQL 语言的扩展，具有 SQL 语言的主要特点，同时增加了变量、运算符、函数、流程控制和注释等元素，功能更强大。SQL Server 数据库中使用图形化界面能够完成的所有功能，使用 T-SQL 也可以完成。在使用 T-SQL 操作数据库时，与 SQL Server 数据库通信的所有应用程序都通过向服务器发送 T-SQL 语句来进行，与应用程序无关。T-SQL 语句不区分大小写，可以分为数据定义语句、数据操纵语句、数据控制语句和附加语句四大类。

1. 数据定义语句

数据定义语句用于定义数据库、表、视图、索引、存储过程和触发器等对象。
- CREATE DATABASE：创新数据库。
- CREATE TABLE：创建表。
- CREATE VIEW：创建视图。
- CREATE INDEX：创建索引。
- CREATE PROCEDURE：创建存储过程。
- CREATE TRIGGER：创建触发器。
- ALTER DATABASE：修改数据库。
- ALTER TABLE：修改表。
- ALTER VIEW：修改视图。
- ALTER INDEX：修改索引。
- ALTER PROCEDURE：修改存储过程。
- ALTER TRIGGER：修改触发器。
- DROP DATABASE：删除数据库。
- DROP TABLE：删除表。
- DROP VIEW：删除视图。
- DROP INDEX：删除索引。
- DROP PROCEDURE：删除存储过程。
- DROP TRIGGER：删除触发器。

2. 数据操纵语句

数据操纵语句用于向表中插入记录、从表中删除记录和修改表中的记录。
- INSERT：向表中插入记录。
- DELETE：从表中删除记录。
- UPDATE：修改表中的记录。

3. 数据控制语句

数据控制语句用于向数据库对象授权、禁止授权和撤销权限等。
- GRANT：授权。
- DENY：禁止授权。
- REVOKE：撤销权限。

4. 附加语句

附加语句用于进行事务处理、打开或关闭数据库、声明变量、编程等相关操作。
- SELECT：从表中选取列名或表达式。
- DECLARE：声明变量。

- BEGIN TRANSACTION：新建一个还原点，TRANSACTION 可以简写为 TRAN。
- USE：打开数据库。
- SHUTDOWN：关闭数据库连接。
- EXECUTE：执行存储过程，EXECUTE 可以简写为 EXEC。
- GO：执行批处理命令，相当于单击"执行"按钮。
- COMMIT TRANSACTION：提交自还原点开始的修改。
- ROLLBACK TRANSACTION：还原（回滚）到上个还原点。

1.3.2 T-SQL语法基础

T-SQL 提供了编程所需要的基本语句，包括变量声明与调用、赋值语句、批处理语句、注释语句、流程控制语句、函数定义与调用、游标定义与调用等语句，方便用户通过编程调用数据库中的数据。

1. 数据类型

SQL Server 数据库提供的基本数据类型主要有九大类 30 多种，即精确数据类型、近似数据类型、日期时间型、字符串型、Unicode 字符串型、二进制字符串型，还有空间数据对象类型，geometry（几何对象）类型和 geography（地理对象）类型，如 Point（点）、Curve（弧线）、Surface（面）、Polygon（多边形）等。

数据类型用于指定表的列或变量的值是什么类型，比如年龄必须是正整数、成绩肯定是数值、姓名一定是字符型数据、生日是日期型数据等，因此在建立表或声明变量时，决定各个列或变量的数据类型的唯一依据是其所有可能取值。有些数据类型的长度是固定的（如 int、date），不可以改变；而有些数据类型的长度则不是固定的（如 char），可以改变。用户也可以自定义数据类型，但很少使用，一般使用标准数据类型。虽然系统支持很多种数据类型，但是有些数据类型极少使用，常用的数据类型只有十多种。

1）字符型

字符型包括 char、varchar、nchar、nvarchar 等数据类型，这些数据类型的默认长度都是 50，并且这些数据类型用于存储字符数据。字符型数据是指由字母、数字、其他特殊符号（如标点符号、$、#、@等）、汉字构成的字符串，在赋值时要用英文单引号(")引起来，如表 1-18 所示。

表 1-18 字符型

数据类型	格　式	描　述	存　储　空　间
char	char(n)	n 为 1～8000 个字符	n 字节
varchar	varchar(n)	n 为 1～8000 个字符	实际字符数
nchar	nchar(n)	n 为 1～4000 个 Unicode 字符	2n 字节
nvarchar	nvarchar(n)	n 为 1～$2^{31}-1$ 个 Unicode 字符	2×字节数＋2 字节额外开销

varchar 和 char 类型的主要区别是数据填充后实际占用的长度不同。例如，有个变量 Name 的数据类型为 varchar(20)，其值为 Brian，5 个字符，物理上只存储 5 字节，但如果

该变量的数据类型为 char(20)，则将使用全部的 20 字节，这是因为 SQL Server 数据库会自动补充 15 个空格来填满 20 字节。一般原则是，值小于或等于 5 字节的列的数据类型使用 char 比较合理，如果超过 10 个字符，则数据类型使用 varchar 更有利于节省空间。

nvarchar 类型和 nchar 类型的工作方式分别与对应的 varchar 类型和 char 类型相同，但这两种数据类型都可以处理 Unicode 通用字符，它们需要一些额外开销，以 Unicode 格式存储的数据为一个字符占两个字节。如果要将值 Brian 存储到数据类型为 nvarchar 的列中，则需要使用 10 字节；而如果将它存储到数据类型为 nchar 的列中，则需要使用 40 字节。

2）整数型

整数型简称整型，用于存储精确整数，包括 bigint（大整型）、int（普通整型）、smallint（小整型）、tinyint（微型整型）、bit（位）这 5 种数据类型，它们的区别在于表示数据的范围不同，如表 1-19 所示。

表 1-19　整数型

数 据 类 型	描　　　　述	存 储 空 间
bit	0、1 或 null	1 字节（8 位）
tinyint	0~255 之间的整数	1 字节
smallint	-32 768~32 767 之间的整数	2 字节
int	$-2^{31} \sim 2^{31}-1$ 之间的整数	4 字节
bigint	$-2^{63} \sim 2^{63}-1$ 之间的整数	8 字节

在建表时，整型数据的类型通常使用 int。

3）精确实数型

精确实数型表示能够精确存储的实数值，由总位数和小数位数构成，总位数的值不得小于小数位数的值。精确实数型包括 decimal 和 numeric 这两种数据类型。

（1）decimal：十进制型，格式是 decimal(n,m)，n 表示总位数，m 表示小数位数。例如，decimal(10,5) 表示数值的总位数是 10 位，其中最多 5 位小数、5 位整数，小数点不占位数。

（2）numeric：数值型，其用法与 decimal 类型相同。例如，numeric(10) 表示数值的总位数是 10 位，不允许有小数，实际上就是整数；numeric(10,5) 表示数值最多 5 位小数、5 位整数。

4）近似实数型

近似实数型可以存储精度不是很高，但取值范围却又非常大的数据，其长度是固定的，用户不可以改变。近似实数型数据可以用普通方法和科学记数法表示，包括 real 和 float 这两种数据类型。

（1）real：实数型，可以表示的数据范围是 -3.40E+38~-1.18E-38、0、1.18E-38~3.40E+38。

（2）float::浮点数型，可以表示的数据范围是 -1.79E+308~-2.23E-308、0、2.23E-308~1.79E+308。例如，在计算机中，1 234.345 6 用科学记数法可以表示为 1.234 456e3，即 $1.234\ 345\ 6 \times 10^3$，也可以写成 12.343 456e2；5.67E-5 表示 5.67×10^{-5}。e 既可以用大写形式，也可以用小写形式。

5）货币型

货币型实际上就是近似实数型的特殊情况，允许在数值前面加上货币符号 $，表示金额，通常用于财务数据，其长度是固定的，如$13.4，$9.5E8。货币型包括 money 和 smallmoney 这两种数据类型，区别是能表示的数据范围不同。

（1）money：长度为 8 字节，如$326 779.123 4，精确到万分之一。

（2）smallmoney：长度为 4 字节，如$23.333、3.51e8、$3.51e8。

6）日期时间型

在 SQL Server 数据库中，日期时间型表示日期或时间，其值要以字符串的形式表示，即要用英文单引号引起来。日期时间型包括 date、time、datetime 和 smalldatetime 这 4 种数据类型。

（1）date：日期型，表示的数据范围是 1753.1.1～9999.12.31，日期分隔符是"/"或"-"，格式既可以是 MM/DD/YYYY，也可以是 MM-DD-YYYY，MM 表示两位数格式的月份，DD 表示两位数格式的日，YYYY 表示 4 位数格式的年份。日期还可以表示为 YYYY/MM/DD 格式（欧洲格式）。

日期可以只精确到月份，系统会自动填写为当月的 1 日。

（2）time：时间型，格式是 hh:mm:ss AM/PM，AM 表示上午，PM 表示下午，默认是上午。时间既可以采用 12 小时制，也可以采用 24 小时制，通常采用 24 小时制更方便，不容易出错。

时间可以只精确到分钟，系统会自动补充到 0 秒。

（3）datetime：日期和时间的结合体，表示的数据范围是从 1753.1.1 的 00:00:00 到 9999.12.31 的 23:59:59，格式是 MM/DD/YYYY hh:mm:ss AM/PM，时间分隔符是冒号":"，日期与时间之间用空格隔开。datetime 类型数据既可以只是日期，也可以只是时间，还可以是日期和时间的组合。例如，2021-10-15 11:20 表示 2021 年 10 月 15 日上午 11 点 20 分。

（4）smalldatetime：小日期时间型，表示的数据范围是 1900.1.1～2079.6.6，其他要求与 datetime 类型相同。

7）文本型

文本型主要用于存储超大长度的文本内容，即用 char、varchar、nchar、nvarchar 这 4 种类型还不足以表示的大数据。文本型的长度是固定的，用户不可以修改。文本型包括 text 和 ntext 这两种数据类型。

（1）text：字符型，用来存储大量的非统一编码字符型数据，最多可以有 $2^{31}-1$ 或大约 20 亿个字符。

（2）ntext：统一编码字符型，用来存储定长统一编码字符型数据。统一编码用双字节结构来存储每个字符，因此与普通的字符型数据相比，统一编码字符型数据占用的存储容量要大一倍，其最多可以存储 $2^{31}-1$ 字节数据。

当然，也可以用文本型存储较少的字符内容，但处理起来不如字符型方便，文本型数据占用了更多的空间，因为在数据库的表中只存储了它的链接地址，内容存放在单独的文件中。一般类似简历、奖励情况、发言稿等字段可以考虑使用文本型。

8）二进制型

二进制型用于存储二进制数据，包括 binary、varbinary、image 这 3 种数据类型。

（1）binary：二进制数据类型，用来存储最长 8000 字节的定长的二进制数据，用户可以设置长度。如果其长度设为 n，则其存储空间的大小是 $n+4$ 字节。当表中各条记录的同一列的内容接近相同的长度时，使用这种数据类型比较合适。

（2）varbinary：可变长二进制数据类型，用来存储最长 8000 字节的二进制数据，用户可以设置长度。当表中各条记录的同一列的内容长短不一、变化较大时，使用这种数据类型有利于节省存储空间。

（3）image：图像型，用来存储变长的二进制数据，最多可以存储 $2^{31}-1$ 或大约 20 亿字节数据，类似照片、头像、证书等字段可以采用 image 类型，支持 JPG、TIFF、PNG、GIF 等格式。

值得注意的是，SQL Server 数据库并不能直接读出二进制文件和图像型文件，也就是说，不能直接在表中输入二进制数据和图像型数据，也不能显示出来，因此它们的内容通常为 NULL（空），需要由软件开发工具（如 Java、C#等语言）进行赋值并显示内容。例如，某个表包括 6 个列，列名分别为"编号""姓名""工作简历""照片""代表作""学历证书"，这 6 个列的数据类型分别是 char(10)、char(8)、text、image、binary(7000)、varbinary(1000)，其中，text 类型的值可以直接输入，也可以正常显示，但 binary 类型和 varbinary 类型的值不可以直接输入，也不能直接显示，如图 1-11 所示。

编号	姓名	工作简历	照片	代表作	学历证书
1205110	刘晓军	从事管理工作5年，连续3年优秀	NULL	NULL	NULL
1112902	顾大伟	曾在中学任教7年，教师标兵	NULL	NULL	NULL

图 1-11　text、image、binary 和 varbinary 类型数据的显示结果

9）特殊数据类型

（1）timestamp：时间戳类型，相当于一个单向递增的计数器。timestamp 类型数据表示 SQL Server 活动的先后顺序，该类型数据与插入数据的日期和时间没有关系。当所定义的列在更新或插入新行时，系统会自动填写该列的值。如果表中的列名为 Timestamp，则系统会自动将该列的数据类型设置为 timestamp 类型。

（2）uniqueidentifier：唯一标识型类型，长度为 16。uniqueidentifier 类型数据的值是根据网卡地址和 CPU 时钟产生的，通过 newid()函数获得，全球各地机器产生的 uniqueidentifier 类型数据的值都不同，但用户可以修改。当表的记录行要求唯一时，使用 uniqueidentifier 类型最实用。例如，"客户标识"列使用这种类型可以区别不同的客户。

T-SQL 没有专门的逻辑型，用 bit 表示逻辑数据类型，占用 1 字节，当其值为真时用 0 表示，当其值为假时用 1 表示，如果输入除 0 和 1 以外的值，则该值将被视为 1。

2. 变量

T-SQL 提供了系统变量和用户自定义变量。系统变量由系统定义，用户不能修改，以"@@变量名"的形式出现，如 @@VERSION（SQL Server 数据库的版本号）、@@SERVERNAME（服务器名）、@@LANGUAGE（语言名）、@@ERROR（最近一个语句的错误编号，如果没有错误，则返回 0）、@@ROWCOUNT（上一个 SQL 语句中受影响的行数）等。系统变量的作用域是全局的，在整个会话层（从用户连接上数据库到断开连接）都是有效的。

在"查询编辑器"窗口中执行"SELECT @@VERSION,@@IDENTITY,@@ERROR,

"@@ROWCOUNT"语句，系统变量的显示结果如图1-12所示。

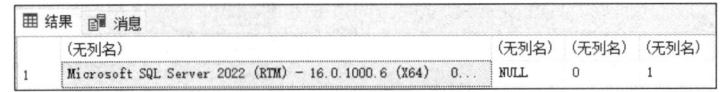

图1-12　系统变量的显示结果

声明用户自定义变量的语法格式如下：

DECLARE @变量名　类型(长度)

一个@符号是用户自定义变量的标志，在声明和使用时都不能省略，可以用SET语句给变量赋值。

以下程序段用于声明一个名为student_name的char(10)类型变量，并赋值为"欧阳辉宇"，使用SELECT语句和PRINT语句分别输出该变量的值。

```
DECLARE @student_name char(10)        --声明变量
SET @student_name='欧阳辉宇'           --给变量赋值，字符串用英文单引号引起来
SELECT @student_name                   --查询变量值，结果显示在"结果"窗口中
PRINT @student_name                    --打印变量值，结果显示在"消息"窗口中
```

用户自定义变量的作用域为用户定义的批处理语句，在用户定义的过程执行完后失效。

3. 运算符

SQL Server数据库中的运算符分为数学运算符、逻辑运算符、赋值运算符、比较运算符、字符串连接运算符等。

数学运算符包括加（+）、减（-）、乘（*）、除（/）和求余（%）。

逻辑运算符包括与（AND）、或（OR）、非（NOT），其结果是一个逻辑值，成立时结果为true，不成立时结果为false。

赋值运算符是=，格式是"变量名=表达式"。

比较运算符表达大小关系，包括=、<>、>、<、>=、<=，分别表示等于、不等于、大于、小于、大于或等于、小于或等于。其结果是一个逻辑值，成立时结果为true，不成立时结果为false。

字符串连接运算符是+，表示将两个字符串连接起来，如'SQL' + ' is' + ' fun!'的结果是"SQL is fun!"。

4. 批处理

批处理是用户编写的一个或多个语句的集合，以GO作为批处理结束的标志。

5. 系统内嵌函数

系统内嵌函数包括日期时间函数（用于从日期时间变量中提取成分或运算）、数学函数（用于数学运算，如sin()、cos()、tan()等）、聚合函数（用于对数据表进行统计运算）和字符串函数（用于对字符串进行处理）。

以日期时间函数为例：

- getdate()：获取系统当前的日期和时间。
- day(日期表达式)：返回日期中的日。
- month(日期表达式)：返回日期中的月份。
- year(日期表达式)：返回日期中的年份。

1.3.3 流程控制语句

流程控制语句（条件语句）

1. 注释语句

在命令的前面加上两个减号"--"表示本行是注释语句，也可以成对使用"/*"和"*/"表示本部分内容都是注释。注释部分既不执行，也不显示。

（1）单行注释：--注释内容，从此处开始到本行结束为注释内容。

（2）多行注释：/*注释内容*/。

2. 语句块

可以用 BEGIN … END 语句定义语句块，表示这个语句块将被作为一个整体。比如，下面的代码段定义了一个从 bookInfo 表中查询全部图书信息的语句块：

```
BEGIN
    SELECT *
    FROM bookInfo
END
```

3. 条件判断语句

条件判断语句可以用 IF ELSE 语句表示，语法格式如下：

```
IF  条件
   语句 1
ELSE
   语句 2
```

IF ELSE 语句可以嵌套使用。

4. 多分支条件语句

多分支条件语句可以用 CASE 语句表示，有两种格式。第一种格式如下：

```
CASE 表达式
    WHEN  值 1 THEN  表达式 1
    WHEN  值 2 THEN  表达式 2
    …
    WHEN  值 N THEN  表达式 N
    ELSE  表达式 N+1
END
```

上述格式的功能是：当表达式的值等于值 1 时，执行表达式 1；当表达式的值等于值 2

时，执行表达式 2；以此类推，当表达式的值等于值 N 时，执行表达式 N；当表达式的值不等于上述所有值时，执行表达式 N+1。示例如下：

```
CASE sex
    WHEN '1' THEN '男性'
    WHEN '2' THEN '女性'
    ELSE '性别不详'
END
```

第二种格式如下：

```
CASE
    WHEN 表达式 1 THEN 表达式 1
    WHEN 表达式 2 THEN 表达式 2
    ...
    WHEN 表达式 N THEN 表达式 N
    ELSE   表达式 N+1
END
```

示例如下：

```
CASE
    WHEN salary <= 5000 THEN '工资 1 档'
    WHEN salary > 5000 AND salary <= 6000 THEN '工资 2 档'
    WHEN salary > 6000 AND salary <= 8000 THEN '工资 3 档'
    WHEN salary > 8000 AND salary <= 10000 THEN '工资 4 档'
    ELSE '高收入群体'
END
```

5. 循环语句

循环语句可以用 WHILE 语句表示，表示循环执行，直到条件不成立，其语法格式如下：

```
WHILE 条件
    BEGIN
        循环体语句
    END
```

流程控制语句（循环语句）

【例 1-1】求 1～100 之间所有整数之和。

```
DECLARE @i INT,@sum INT
SET @i = 1
SET @sum = 0
WHILE @i <= 100
    BEGIN
        SET @sum = @sum + @i;
        SET @i = @i + 1;
    END
SELECT @sum,@i   --输出变量的值
```

在循环体中，可以使用关键字 BREAK 和 CONTINUE 在循环内部控制 WHILE 循环中语句的执行。BREAK 用于终止循环，转到执行 END 后面的语句；CONTINUE 使 WHILE 循环重新开始执行，忽略关键字 CONTINUE 后的所有语句，直接进入下一次循环。WHILE 语句可以嵌套使用。

1.3.4 技能训练2：使用T-SQL语言编写简单程序

1. 训练目的

（1）了解 SSMS 工作界面的组成。
（2）掌握 T-SQL 语言中变量、函数及表达式的用法。
（3）掌握 T-SQL 语言中条件判断语句、多分支条件语句和循环语句的用法。
（4）能够使用 T-SQL 语言编写简单程序。

2. 训练时间：2 课时

3. 训练内容

（1）SSMS 的启动。

在"开始"菜单中找到"所有应用"，从中选择"Microsoft SQL Server Tools 19"→"SQL Server Management Studio 19"命令，打开"连接到服务器"对话框，采用"Windows 身份验证"连接到服务器，了解该界面中各个选项及按钮的用法，最后进入 SSMS 工作界面。

（2）了解 SSMS 工作界面的组成。

第 1 步，单击"新建查询"按钮，打开一个"查询编辑器"窗口。

第 2 步，依次打开菜单栏中的各个菜单，查看出现的结果。

第 3 步，依次单击工具栏中的各个按钮，体验其功能。

第 4 步，打开可用数据库下拉列表，了解当前服务器中有哪些可用数据库、当前数据库是什么、怎么切换其他数据库、哪些是系统数据库。

第 5 步，观察"对象资源管理器"窗口，了解其对象组成，并展开各个对象，查看详细信息。

（3）体会 T-SQL 命令。

在"查询编辑器"窗口中输入 4 行命令，大小写不限，功能依次是显示系统日期、显示表达式运算结果、获取子字符串、获取汉字字符的长度。示例如下：

```
SELECT getdate()
SELECT 234+34^2-(90-5)/4
SELECT SUBSTRING('长沙商贸旅游职业技术学院',3,4)
SELECT len('中国')
```

字符串要用英文单引号引起来，SQL Server 数据库只支持英文标点符号，不支持中文标点符号，要注意切换。SUBSTRING()函数用于获取子字符串，SUBSTRING('长沙商贸旅游职业技术学院',3,4)表示从字符串'长沙商贸旅游职业技术学院'的第 3 个字符开始，连续取 4 个字符，结果是"商贸旅游"。

在输入命令时，注意观察字符颜色的变化，体会不同颜色代表的功能有什么不同。

选择一条命令或者两条命令或者全选或者全部不选，分别单击"执行"按钮，观察运行结果及"结果"窗口的组成。

单击"保存"按钮，将这些命令保存到"姓名.sql"脚本文件中，然后通过"文件"菜单中的"打开"命令打开该文件。在 Windows 系统中，双击 SQL 脚本文件，系统会自动打开 SQL Server 数据库，SQL 脚本文件是文本文件，可以用记事本打开与编辑。

（4）系统变量和系统函数的使用。

在"查询编辑器"窗口中输入以下代码并执行：

```
DECLARE @s varchar(40)
SET @s='Microsoft SQL Server 2022 简体中文版'
SELECT LEFT(@s,3), RIGHT(@s,6), SUBSTRING(@s,3,5)
```

LEFT(@s,3)、RIGHT(@s,6)和 SUBSTRING(@s,3,5)函数都用于获取子字符串，分别表示获取字符串的左边 3 个字符、右边 6 个字符和从第 3 个字符开始的中间 5 个字符。下面的命令用于获取当前会话的信息，如登录服务器的方式、数据库的用户名和用户拥有的权限等。

```
SELECT APP_NAME() AS 应用程序名,host_id() as 主机标识号,HOST_NAME() AS 主机名,
USER_NAME() AS 用户名
```

说明：APP_NAME()表示返回当前会话的应用程序名称。HOST_ID()表示返回主机标识号，返回值的类型为 char(8)。HOST_NAME()表示返回主机名，返回值的类型为 nvarchar(128)。USER_NAME([user_id])表示返回给定标识号的数据库用户名，返回值的类型为 nvarchar(256)。

输入"SELECT @@"后停留片刻，系统会显示所有的可用全局变量，供用户进行选择。

（5）条件判断语句和多分支条件语句的使用。

声明变量 score 表示成绩，并赋值，求对应的等级。分别用 IF ELSE 语句和 CASE 语句实现。

用 IF ELSE 语句实现的代码如下：

```
DECLARE @score FLOAT,@level char(10)
SET @score=86.5
IF @score<0
    SET @level='输入错误'
ELSE IF @score<60
        SET @level='不及格'
    ELSE IF @score<=70
            SET @level='及格'
        ELSE IF @score<90
                SET @level='良好'
            ELSE IF @score<=100
                    SET @level='优秀'
                ELSE
                    SET @level='输入错误'
                        SELECT @level
```

用 CASE 语句实现的代码如下：

```
DECLARE @score FLOAT,@level char(10)
SET @score=0
SET @level= CASE FLOOR(@score/10 )    --FLOOR()为取整函数
WHEN 0 THEN '不及格'
WHEN 1 THEN '不及格'
WHEN 2 THEN '不及格'
WHEN 3 THEN '不及格'
WHEN 4 THEN '不及格'
WHEN 5 THEN '不及格'
WHEN 6 THEN '及格'
WHEN 7 THEN '及格'
WHEN 8 THEN '良好'
WHEN 9 THEN '优秀'
WHEN 10 THEN '优秀'
ELSE '输入错误'
END
SELECT @level
```

（6）循环语句的使用。

以下程序的功能是求 1~100 内能被 3 整除的数之和，请运行实现。

```
DECLARE @n INT, @s INT    --声明变量 n 和 s，变量 n 是循环变量，变量 s 用于存储和
SET @n=0
SET @s=0
WHILE @n<=100
BEGIN
   SET @n=@n+1
   IF @n%3=0
      SET @s=@s+@n
END
PRINT @s
```

4．思考题

（1）在 SSMS 的"查询编辑器"窗口中，字符有几种颜色？分别表示什么意思？

（2）编程输出所有的水仙花数。水仙花数是指一个 3 位数，它的每个位上的数字的 3 次幂之和等于这个数本身，如 $153 = 1^3 + 5^3 + 3^3$。

（3）编程输出 100~200 内的所有素数。素数是指除 1 和该数自身以外，没有其他因子的正整数。

项目习题

一、填空题

1．SQL Server 数据库是_____型数据库。

2. 在关系模型中，把记录集合定义为一个二维表，称为一个_____。
3. SQL 的中文全称是_____。
4. SQL Server 数据库是_____公司的产品，Oracle 公司的中文名称是_____。
5. 数据库、表、记录、字段这 4 个概念的范围由大到小排列，顺序是_____。
6. 字符型包括_____、_____、_____和_____这 4 种数据类型，其中_____类型和_____类型可以存储 Unicode 字符，并且一个字符占用的空间是_____字节。
7. 整型包括_____、_____、_____、_____和_____这 5 种数据类型，其中_____类型只能存储 0 和 1。
8. 货币型包括_____和_____这两种数据类型，本质是_____，但允许在其值前面加上_____符号。
9. 用于存储图像数据的数据类型是_____。
10. decimal(6,2)表示数值最多_____位小数、_____位整数，总位数是_____位。

二、选择题

1. (　　) 是长期存储在计算机内有结构的大量的共享数据集合。
　　A．数据库　　　B．数据　　　C．数据库系统　　D．数据库管理系统
2. 以下的英文缩写中表示数据库管理员的是 (　　)。
　　A．DB　　　　B．DBMS　　　C．DBA　　　　D．DBS
3. 数据库管理系统、操作系统、应用软件的层次关系从核心到外围分别是 (　　)。
　　A．数据库管理系统、操作系统、应用软件
　　B．操作系统、数据库管理系统、应用软件
　　C．数据库管理系统、应用软件、操作系统
　　D．操作系统、应用软件、数据库管理系统
4. 用户可以使用数据操纵语句对数据库中的数据进行 (　　) 操作。
　　A．查询和删除　　　　　　　B．删除、插入和修改
　　C．查询和修改　　　　　　　D．插入和修改
5. SQL 语言是 (　　) 的标准语言。
　　A．层次数据库　　　　　　　B．网络数据库
　　C．关系型数据库　　　　　　D．对象数据库

三、简答题

1. 什么是数据库？数据库有哪些特点？
2. 什么是关系型数据库？其有什么特点？
3. 打开手机的通讯录（联系人），查看其结构，设计一个表来存储通讯录。
4. 打开 QQ，分析在 QQ 上聊天时至少要用到哪些表？每个表包括哪些字段？

项目2 数据库的创建与管理

主要知识点

- SQL Server 2022 的数据库组成，以及各个系统数据库的功能。
- 使用 SSMS 管理器窗口创建和管理数据库。
- 使用 SQL 命令创建和管理数据库。
- 使用 SSMS 管理器窗口和 SQL 命令分离与附加数据库。

学习目标

本项目将介绍数据库的创建与管理的相关知识，主要包括 SQL Server 2022 的体系结构和数据库组成、SQL Server 2022 服务器身份验证模式，以及使用 SSMS 管理器窗口和 SQL 命令创建数据库、查看和修改数据库属性、管理数据库、分离与附加数据库。

任务2.1 查看数据库服务器信息

SQL Server 2022 是微软公司推出的关系型数据库管理系统，它不仅提供了数据定义、数据控制、数据操纵等基本功能，还提供了系统安全性、数据完整性、并发性、审计性、可用性、集成性等功能。SQL Server 2022 通过支持 Azure，使数据库的性能、安全性和可用性大幅度提高，为混合场景提供了一个现代数据平台。Azure 是微软公司最新技术设想和智能应用套件，Azure OpenAI 服务将大型语言模型和生成 AI 应用于各种用例，Microsoft Dev Box 在云端使用安全的代码就绪工作站简化开发，Azure 虚拟机在几秒内即可创建 Linux 和 Windows 虚拟机，Azure 机器学习是大规模生成业务关键型机器学习模型，能够使数据科学家和开发人员更快、更自信地构建、部署和管理高质量模型。Azure DevOps 使用一组新式开发服务，可以更智能地计划、更好地协作、更快地交付，Azure 使用项目模板启动应用部署环境，利用 Azure，程序员可以在本地、混合、多云或边缘环境中创建面向未来的安全云解决方案。

2.1.1 SQL Server 2022的体系结构

体系结构是描述系统各个组成要素之间相互关系的模型，SQL Server 数据库以数据库引擎为基础，通过集成界面提供数据存储与分析、报表服务、数据挖掘、云存储、人工智能等全方位服务，如图 2-1 所示。

（1）数据库引擎（Database Engine，SSDE）：数据库引擎是 SQL Server 数据库的核心服务，负责完成业务数据的存储、处理、查询和安全管理，以及创建数据库、创建表、执行各种数据查询、访问数据库等基础操作。很多时候，使用数据库管理系统主要是使用数据库引擎服务。数据库引擎是一个集成环境，对应的窗口是 SSMS 管理器窗口，用于创建和管理数据库，用户对数据库的操作（包括窗口操作方式和 SQL 命令方式）、表的处理、查询操作、编程、安全管理等都在该窗口中进行，是主要的工作界面。

（2）集成服务（Integration Services，SSIS）：是一个用于进行提取、转换和加载（ETL）操作的平台，能够操作和同步数据仓库。数据仓库中的数据来源于企业商业应用所使用的孤立数据源。

（3）分析服务（Analysis Services，SSAS）：是一个针对个人、团队和公司商业智能的分析数据平台和工具集，可以提供用于联机分析处理（Online Analytical Processing，OLAP）的引擎，包括多维度商业量值聚集和关键绩效指标，以及使用特定的算法来辨别模式、趋势及与商业数据关联的数据挖掘解决方案。它可以提供数据建模和分析、根据数据仓库表格设计和创建及管理多维数据集的功能，是商业智能战略的基础。

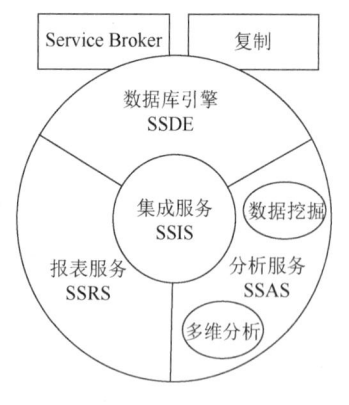

图 2-1 SQL Server 2022 的体系架构

（4）报表服务（Reporting Services，SSRS）：是数据输出的报表解决方案，提供企业级 Web 报表功能，可以创建从多个数据源中提取数据的表、发布各种格式的表、集中管理安全性和订阅。

（5）主数据服务（Master Data Services，MDS）：是针对主数据管理的 SQL Server 解决方案，可以通过配置主数据服务来管理产品、客户、账户等领域，包括层次结构、各种级别的安全性、事务、数据版本控制和业务规则，以及可以用于管理数据的 Excel 外接程序等。

（6）SQL Server 配置管理器：用于为 SQL Server 服务、服务器协议、客户端协议和客户端别名提供基本配置管理。

（7）数据库引擎优化顾问：用于优化数据库引擎，以及协助创建索引、索引视图和分区等。

（8）SQL Server 代理服务：是一项 Microsoft Windows 服务，允许自动执行某些管理任务，可代理运行作业、监视 SQL Server 并发出警报等。

2.1.2　SQL Server 2022的数据库组成

安装 SQL Server 2022 的机器称为数据库服务器，SQL Server 2022 的数据库组成包括 3 类，分别是系统数据库、数据库快照和用户数据库。

（1）系统数据库是 SQL Server 数据库安装后系统自动建立的数据库，用于存放系统的核心信息，SQL Server 2022 使用这些信息来管理和控制整个数据库服务器系统。系统数据库由系统管理，用户只能查看其内容，但不可以进行任何破坏性操作（如增加、删除、修改等），否则可能导致系统崩溃。系统数据库有 4 个：master、model、msdb、tempdb。

- master 是最重要的系统数据库，不仅记录 SQL Server 数据库管理系统的所有系统级信息（包括登录账号、密码、用户、角色、权限设置、链接服务器和系统配置信息等），还记录所有其他数据库的关键信息、数据库文件的位置及 SQL Server 数据库的初始化信息。
- model 是一个模板数据库，存储可以作为模板的数据库对象和数据。用户在创建数据库时，系统会自动调用该数据库中的相关信息。
- msdb 是与 SQL Server 代理服务有关的数据库，主要完成定时、预处理等操作，以及记录有关作业、警报、操作员、调度等信息。
- tempdb 是一个临时数据库，用于存储查询过程中所形成的中间数据或结果。

系统数据库的组成与用户数据库基本相同，包括表、视图、同义词、可编程性、Service Broker、存储、安全性等。

（2）数据库快照是 SQL Server 数据库的只读静态视图。自创建数据库快照起，数据库快照在事务上与源数据库一致，并且始终与源数据库位于同一服务器实例上。虽然数据库快照提供的是与创建数据库快照时处于相同状态的数据的只读视图，但数据库快照文件的大小会随着对源数据库的修改而增大。

数据库快照在数据页级运行。在第一次修改源数据库页之前，先将原始页从源数据库复制到数据库快照。数据库快照将存储原始页，保留它们在创建数据库快照时的数据记录。对要进行第一次修改的每页重复该过程。对用户而言，数据库快照似乎始终保持不变，因为对数据库快照的读操作始终访问原始页，而与页驻留的位置无关。

（3）用户数据库是用户通过 SSMS 管理器窗口或 SQL 命令创建的数据库，在 SQL Server 数据库安装后，没有任何用户数据库，用户可以创建多个数据库。每个用户数据库均包括数据库关系图、表、视图、外部资源、同义词和可编程性等组成成分，这些内容将在后面的内容中进行介绍。

2.1.3　SQL Server 2022服务器身份验证模式

在启动 SQL Server 服务器时，需要先进行身份验证（参见项目 1 中的图 1-9），合法用户才能连接到服务器。系统提供 Windows 身份验证、SQL Server 身份验证、Azure 活动目录等 8 种身份验证模式，常用的身份验证模式是前两种身份验证模式。

（1）Windows 身份验证：该身份验证模式适用于域内连接，SQL Server 使用 Windows 用户信息验证用户名和密码，即 SQL Server 信任 Windows 用户。

（2）SQL Server 身份验证：该身份验证模式是一种混合验证模式，既允许用户通过 Windows 身份验证进行连接，也允许远程用户通过 SQL Server 身份验证进行连接，这时需要输入登录名和密码，如图 2-2 所示。在连接建立之后，系统的安全机制对于 Windows 身份验证模式和混合验证模式都一样。

在开发软件时，经常使用 SQL Server 身份验证模式。数据库管理员在数据库服务器添加一个登录名，并设置相应的权限，然后将这个登录名和对应的密码告诉程序员，程序员即可使用这个登录名远程连接到数据库服务器，并调用数据库资源，就像在本机操作数据库一样。

图 2-2　SQL Server 身份验证

也可以在 SSMS 管理器窗口中修改身份验证模式，方法是：右击服务器名 HFX2，在弹出的快捷菜单中选择"属性"命令，打开"服务器属性-HFX2"窗口，切换到"安全性"页，在"服务器身份验证"选区中选择一种身份验证模式，如图 2-3 所示，设置以后，在下次登录 SQL Server 数据库服务器时生效。

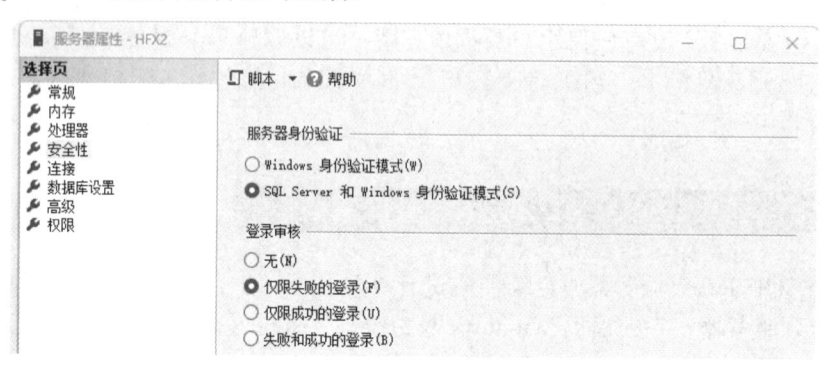

图 2-3　"服务器属性-HFX2"窗口

任务2.2　创建数据库

创建数据库就是确定数据库名，并设置对应的参数，包括所有者、磁盘文件名及存储位置、初始大小、最大容量、增长速度等。创建数据库的方法有两种：一种是使用 SSMS 管理器窗口，另一种是使用 SQL 命令。SQL 命令方式的用途更广，适合程序员在开发软件时使用。

2.2.1 文件与文件组

在 SQL Server 中打开一个数据库，可以看到它的组成部分，如表、视图等，这些对象只有在数据库中才能显示出来，是 SQL Server 进行数据管理的名称，即逻辑名。而在 Windows 系统环境中，一个数据库反映为几个磁盘文件，由主文件名和类型名（扩展名）组成，即存储在磁盘上的物理文件，如果删除这些文件，则数据库就不再存在了。

因此，数据库包括逻辑结构和物理结构两部分，对应的文件也有逻辑文件和物理文件之分。一个数据库对应的物理文件主要有 3 种类型，分别是主数据库文件、辅助数据库文件、事务日志文件。

（1）主数据库文件（Primary Database File）：也称主数据文件，类型名是.mdf，是最重要的数据库文件，用于存储数据库启动信息和全部数据。一个数据库必须有且只有一个主数据库文件。

（2）辅助数据库文件（Secondary Database File）：也称次要数据库文件，类型名是.ndf，用于存储除主数据库文件之外的其他文件信息，保存主数据库文件中没有存储的数据。一个数据库可以有一个或多个辅助数据库文件，也可以没有辅助数据库文件。

（3）事务日志文件（Log Data File）：用于记录对数据库的操作情况，类型名是.ldf。例如，用 INSERT、UPDATE、DELETE 命令修改数据库，系统会自动将用户名、登录日期、机器名、操作内容等信息按照时间的先后顺序记录在事务日志文件中，以便追溯查询。在 SSMS 管理器窗口中展开"管理"节点，可以打开事务日志文件，显示其内容。

一个数据库至少包含一个主数据库文件和一个事务日志文件。当一个数据库中的数据内容非常多时，数据文件也会有多个，为方便管理，可以将文件分成若干组，称为文件组（Filegroup），每个数据文件必须属于且只能属于一个组。系统默认的文件组是 PRIMARY，即主文件组，主数据库文件就放在这个组中，用户还可以建立新文件组，并将其他文件存入新文件组。但事务日志文件不适用于文件组，它独立存在。

2.2.2 使用SSMS管理器窗口创建数据库

在创建数据库时，需要指定数据库名、对应的逻辑名、物理文件名及存储位置、初始大小、最大容量、增长速度等参数，同一数据库服务器内的数据库名不允许相同，物理文件存放的文件夹要事先建立好。

用 SSMS 管理器窗口建立数据库

设计一个简单的数据库，可以依赖设计者的经验和技巧快速完成，而设计一个规模较大的数据库，则通常由团队在需求分析的基础上分工合作、共同完成。需求分析是数据库设计的起点与核心，只有充分了解客户需求，然后经过大量的产品调研，并与客户代表协商讨论后才能设计出科学合理的数据库。调查研究、沟通协调是数据库管理员的基本素质。在设计过程中，必须遵守数据库设计的基本规范，按照软件工程标准进行。

【例 2-1】使用 SSMS 管理器窗口创建 libsys 数据库，主要参数有：（1）主数据库文件的逻辑名为 libsys，对应的物理文件存放在 D:\data 文件夹中，文件名为 libsys_data.mdf，初始大小为 8MB，最大容量无限制，增长速度为 64MB；（2）日志文件的逻辑名为 libsys_log，对应的物理文件的名称为 libsys_log.ldf，初始大小为 8MB，增长速度为 64MB，最大容量无限制。

第 1 步，在系统桌面中打开"此电脑"窗口，在 D 盘中建立文件夹 data，用于存储数据库的物理文件。

第 2 步，在 SSMS 管理器窗口中右击"数据库"节点，在弹出的快捷菜单中选择"新建数据库"命令，如图 2-4 所示，打开"新建数据库"窗口。在该窗口中输入数据库名 libsys；所有者取默认值（表示数据库的所有者就是创建者本人，即 DBO）；主数据库文件的逻辑名自动显示为 libsys，不必修改；将初始大小设置为 8MB，如图 2-5 所示。

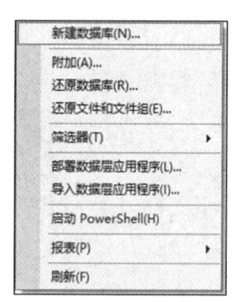

图 2-4　选择"新建数据库"命令 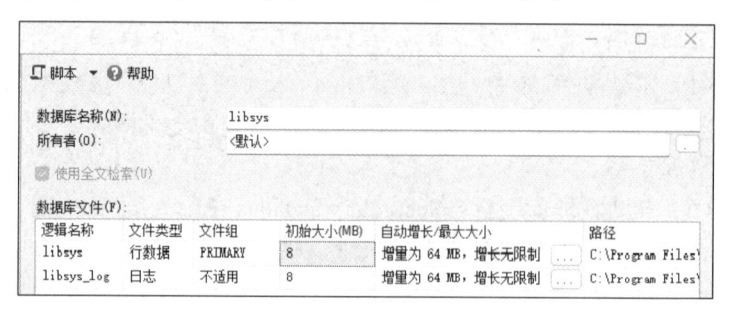　　　　图 2-5　"新建数据库"窗口

第 3 步，设置自动增长速度和最大容量。系统默认的自动增长速度为 64MB，最大容量无限制，表示存储的数据量一旦超过初始大小，则文件按照每次 64MB 的速度自动增长，直到硬盘存满。修改这两个值的办法是：在"自动增长/最大大小"列的单元格中单击 ⋯ 按钮，会弹出如图 2-6 所示的对话框，在该对话框中进行修改即可。

第 4 步，修改物理文件的存储位置。系统默认物理文件存储在 C:\Program Files\Microsoft SQL Server\MSSQL16.MSSQLSERVER\MSSQL\DATA 文件夹中，即 SQL Server 的安装位置在 DATA 文件夹，单击默认存储路径旁边的 ⋯ 按钮，在弹出的"定位文件夹-hfx2"窗口中可以选择指定的路径，如图 2-7 所示，选择 D 盘中的 data 文件夹，然后单击"确定"按钮。

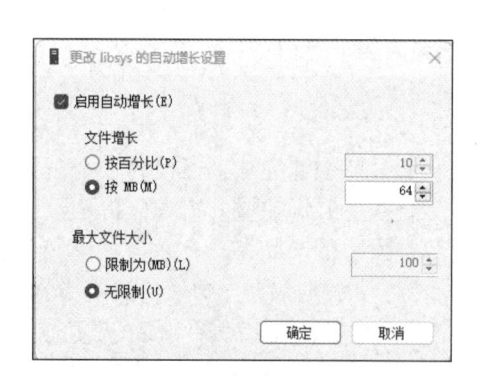

图 2-6　设置自动增长和最大大小的对话框 　　　图 2-7　"定位文件夹-hfx2"窗口

第5步，设置物理文件名。在"文件名"下面的文本框中输入物理文件名"libsys_data.mdf"即可。至此，主数据库文件的所有参数已经全部设置好了。

第6步，设置事务日志文件的参数，方法与设置主数据库文件的参数的方法相同。全部确认无误后，单击"确定"按钮，数据库就创建好了，在用户数据库列表中可以看到新建的数据库的名称libsys。

说明：（1）数据文件和日志文件（即主数据库文件、辅助数据库文件和事务日志文件）最好保存在同一个文件夹中，便于管理。（2）文件大小的默认单位是MB，必须为整数，如果使用MB作为容量单位，则MB可以省略。另外，还可以使用GB、TB作为单位。（3）数据库不允许重名，如果libsys数据库已经存在，则必须删除该数据库后才能建立，否则系统会报错而拒绝保存。（4）数据库名和逻辑名都必须遵循标识符的规则，标识符就是一个对象的名字，如数据库名、表名、视图名、约束名等，要求以英文字母或汉字开头，后面可以跟英文字母、数字、汉字、下画线，最长为128个字符，但不可以用数字开头，标识符中不可以出现其他标点符号。

2.2.3 使用SQL命令创建数据库

SQL语言是数据库管理的国际标准语言，任意关系型数据库（如SQL Server、Oracle MySQL等）都可以使用SQL命令建立、管理与维护数据库。T-SQL是应用程序调用SQL Server数据库资源的语言，具有一定的编程能力，但与程序设计语言相比，其功能较弱，不能设计可视化图形界面，也无法开发复杂软件。

用SQL命令方式建立数据库

T-SQL语言不区分大小写，书写也比较自由，一行内既可以写一条语句，也可以写多条语句，建议每行写一条语句，这样格式清晰，容易阅读。T-SQL命令在"查询编辑器"窗口中输入并执行。

创建数据库的SQL命令格式如下：

```
CREATE DATABASE 数据库名
[ON [PRIMARY]
(主数据库文件标识)
…
]
[LOG ON
(事务日志文件标识)
…
]
```

其中，主数据库文件标识和事务日志文件标识均包括5个参数，即[NAME=逻辑名][,FILENAME='物理文件名'] [,SIZE=初始大小][,MAXSIZE={最大容量|UNLIMITED}][,FILEGROWTH=增长速度]。

说明：（1）SQL命令格式中的方括号[ ]表示该参数可以省略，但有和没有的结果不同，当某个参数省略时，系统会取默认值，否则就取指定的值。（2）PRIMARY表示主数据库文件，因为是默认值，所以可以省略。（3）"…"表示可以有多个文件，各个文件的格式相同。

（4）常量 UNLIMITED 表示最大容量无限制。（5）物理文件名中可以带路径，表示存储位置，如果不带路径，则存储到默认文件夹中。（6）增长速度既可以用百分数 n%表示，也可以用 nMB 表示。

在 T-SQL 命令中，所有标点符号都只能用英文标点符号，不能用中文标点符号，中文标点符号只能用在字符串中，并且字符串要用英文单引号引起来。

两个减号 "--" 表示注释部分，放在行首表示本行内容全部为注释内容，如果放在命令的后面，则 "--" 后面的内容为注释内容。注释内容既不显示，也不执行，仅用于解释。

【例 2-2】创建数据库 bookstore，所有参数全部取默认值。

在"查询编辑器"窗口中输入以下代码：

```
CREATE DATABASE bookstore
```

单击"执行"按钮，即可执行所有代码，建立数据库 bookstore，并且该数据库的名称会自动显示在数据库列表中。

【例 2-3】创建一个数据库 student，主数据库文件的逻辑名为 student，对应的物理文件的名称为 student_data.mdf，初始大小为 8MB，最大容量为 80MB；日志文件的逻辑名为 student_log，对应的物理文件的名称为 student_log.ldf，初始大小为 5MB，最大容量为 50MB。要求物理文件存放在 D:\mydb 文件夹中。

先在 D 盘内建立 mydb 文件夹，然后在"查询编辑器"窗口中输入以下代码：

```
CREATE DATABASE student
ON PRIMARY
(       NAME='student',
        FILENAME='D:\mydb\student_data.mdf',
        SIZE=8MB,
        MAXSIZE=80MB
)
LOG ON
(       NAME='student_log',
        FILENAME='D:\mydb\student_log.ldf',
        SIZE=5MB,
        MAXSIZE=50MB
)
```

说明：在主数据库文件标识和事务日志文件标识的各个参数后面有一个逗号，不要省略，但 ")" 的前一个参数的后面不能有逗号。

【例 2-4】创建一个数据库 company，主数据库文件的逻辑名为 company_data，对应的物理文件的名称为 company.mdf，初始大小为 20MB，最大容量不限；日志文件的逻辑名为 company_log，对应的物理文件的名称为 company.ldf，初始大小为 2MB，最大容量为 10MB，增长速度为 1MB。物理文件存放在 D:\mydb 文件夹中，写出 SQL 命令。

```
CREATE DATABASE company
ON
(    NAME=company_data,
```

```
        FILENAME='D:\mydb\company.mdf',
        SIZE=20,
        MAXSIZE=UNLIMITED
)
LOG ON
(   NAME=company_log,
    FILENAME='D:\mydb\company.ldf',
    SIZE=2,
    FILEGROWTH=1,
    MAXSIZE=10
)
```

说明：在本例中，关键字 PRIMARY 省略了，因为容量的单位为 MB，所以此处省略了单位。如果某个参数没有指明具体值，则表示取默认值，该行都不要写出来（如主数据库文件中的 FILEGROWTH 参数），这与将参数的值指定为默认值时的结果完全相同。

如果在当前机器上建立多个数据库，则各个主数据库文件的逻辑名不允许相同，各个逻辑文件的逻辑名也不能相同；如果这些数据库对应的物理文件存放在同一个文件夹中，则也不能有相同的物理文件名。

【例 2-5】创建一个数据库 libsys，主数据库文件的逻辑名为 libsys，对应的物理文件的名称为 libsysdata.mdf，初始大小为 100MB，增长速度为 10MB，最大容量不限；日志文件的逻辑名为 libsyslog，对应的物理文件的名称为 libsyslog.ldf，初始大小为 20MB，最大容量为 1GB，增长速度为默认值。物理文件存放在 D:\data 文件夹中，写出 SQL 命令。

如果已存在 libsys 数据库，则先要删除该数据库，然后在 D 盘内建立 data 文件夹，在"查询编辑器"窗口中输入以下代码：

```
CREATE DATABASE libsys
ON PRIMARY    --主数据库文件，PRIMARY 可以省略
(
    NAME = 'libsys',   --逻辑名，单引号可以省略
    FILENAME = 'd:\data\libsysdata.mdf',   --物理文件名
    SIZE = 100MB,   --MB 可以省略，但不可以写成 M
    MAXSIZE = UNLIMITED,   --最大容量不限
    FILEGROWTH = 10MB
)
LOG ON   --日志文件
(
    NAME = 'libsyslog',
    FILENAME = 'D:\data\libsyslog.ldf',
    SIZE = 20MB,
    MAXSIZE = 1GB,
    FILEGROWTH = 10%   --增长速度为 10%，是默认值，因此本行可以省略
)
GO   --执行以上代码，相当于"执行"按钮
```

练习一下：建立数据库 scoresys，主数据库文件的逻辑名为 scoresys，对应的物理文件的名称为 scoresys_data.mdf，初始大小为 150MB，增长速度为 20MB，最大容量为 3GB；日志文件的逻辑名为 scoresyslog，对应的物理文件的名称为 scoresys_log.ldf，初始大小为 50MB，最大容量为 800MB，增长速度为 10%。物理文件存放在 D:\data 文件夹中，写出 SQL 命令。

数据库虽然建好了，但是只表示搭建了一个"空房子"，里面并没有任何数据，可以通过创建表等操作向数据库中添加数据，使其充实起来。

2.2.4 技能训练3：创建数据库

1. 训练目的

（1）掌握 SSMS 管理器窗口的使用方法。
（2）掌握使用 SSMS 管理器窗口创建数据库的方法。
（3）掌握使用 SQL 命令创建数据库的方法。
（4）了解数据库的基本结构。

2. 训练时间：2 课时

3. 训练内容

（1）掌握 SSMS 工作界面的组成。
第 1 步，单击"新建查询"按钮，打开一个"查询编辑器"窗口。
第 2 步，依次打开菜单栏中的各个菜单，查看出现的结果。
第 3 步，依次单击工具栏中的各个按钮，体验其功能。
第 4 步，打开可用数据库下拉列表 master，了解当前服务器中有哪些可用数据库、当前数据库是什么。
第 5 步，观察"对象资源管理器"窗口，了解其对象组成，并展开各个对象，查看详细信息。
第 6 步，查看系统数据库 master 的组成，了解主要表有哪些，各个表有哪些列及哪些记录。（说明：系统数据库 master 中的所有表不能做任何修改。）

（2）使用 SSMS 管理器窗口创建一个数据库 libsys，所有参数均取默认值。
在"对象资源管理器"窗口中，右击"数据库"节点，在弹出的快捷菜单中选择"新建数据库"命令，在弹出的"新建数据库"窗口中，输入数据库名"libsys"，观察"所有者"的可能选项，浏览数据库文件的各个参数的名称和值。

记住数据库文件的路径，单击"确定"按钮，这样数据库就建好了。在"对象资源管理器"窗口中展开"数据库"节点，找到刚刚建立的数据库 libsys，观察其组成成分。

查看数据库对应文件对应的路径，切换到 Windows 系统桌面，打开"此电脑"窗口，依次找到数据库物理文件存放的文件夹，检查各个文件的名称及大小与建立数据库时所设置的值是否一致。

（3）创建学校管理数据库 CollegeManager，物理文件存放在 E:\CollegeManager 文件

夹中（该文件夹需要先在 Windows 系统中建好），其他参数的设置是：主数据库文件的逻辑名为 CM，对应的物理文件的名称为 CMdata.mdf；日志文件的逻辑名为 CMlog，对应的物理文件的名称为 CMlog.ldf；主数据库文件的初始大小为 30MB，最大容量为 500MB，增长速度为 20MB，日志文件的这些参数取默认值。写出 SQL 命令并运行，查看 CollegeManager 数据库的属性。

（4）创建人力资源管理数据库 HRMIS，其他参数的设置是：主数据库文件的逻辑名为 HR_Pri，对应的物理文件的名称为 HR_data.mdf；日志文件的逻辑名为 HR_log，对应的物理文件的名称为 HR_log.ldf；主数据库文件的初始大小为 100MB，最大容量不限，增长速度为 15%；日志文件的初始大小为 50MB，最大容量为 500MB，增长速度取默认值。写出 SQL 命令并运行，查看 HRMIS 数据库的属性。

（5）使用 SSMS 管理器窗口为 libsys 数据库创建一个 bookInfo 表。

在 SSMS 管理器窗口中依次展开"数据库"→"libsys"节点，右击"表"节点，在弹出的快捷菜单中选择"新建"→"表"命令，会打开新建表结构的窗口，按照项目 1 的任务 1 中的表 1-2 输入 bookInfo 表的表结构，得到的结果如图 2-8 所示。

图 2-8　libsys 数据库中 bookInfo 表的表结构

单击"保存"按钮，在弹出的"选择名称"对话框中输入表名"bookInfo"，单击"确定"按钮。

检查或修改表结构的方法是：展开数据库，找到需要检查或修改表结构的表的名称，右击该表名，在弹出的快捷菜单中选择"设计"命令，则系统会显示表的表结构，与图 2-8 相同，可以检查或直接修改表结构，修改完成后单击"保存"按钮即可生效。

说明：一定要让 libsys 数据库成为当前数据库（在可用数据库下拉列表中选择"libsys"选项即可），这样建立的 bookInfo 表才会在 libsys 数据库中，否则该表可能存储到默认数据库 master 中。

（6）给 libsys 数据库中的表添加记录。

右击 bookInfo 表的表名，在弹出的快捷菜单中选择"编辑前 200 行"命令，打开输入记录的窗口，按照项目 1 的任务 1 中表 1-6 的数据给 bookInfo 表输入 10 本书的记录，最后的结果如图 2-9 所示。

BookID	BookName	BookT...	Writer	Publisher	PublishDate	Price	BuyDate	BuyCount	AbleCount	Remark
7121270000	计算机网络技...	计算机	胡振华	电子工业出版社	2020-09-01 0...	36.00	2020-10-30	20	19	NULL
9787220976...	大数据分析与...	计算机	张安平	清华大学出版社	2021-08-20 0...	82.00	2020-12-01	25	24	精品课程配套
97873023469...	Java程序设计...	计算机	胡振华	清华大学出版社	2019-02-01 0...	39.00	2020-09-20	30	29	出版社优秀教材
97873023957...	计算机网络技...	计算机	胡振华	清华大学出版社	2020-08-01 0...	39.00	2020-12-30	30	29	出版社优秀教材
97873221098...	商务网页设计...	艺术设计	张海	高等教育出版社	2019-09-01 0...	55.00	2021-08-20	15	14	专业资源库配...
97873226566...	数据库应用技术	计算机	刘小华	电子工业出版社	2021-04-01 0...	35.00	2021-09-20	30	29	NULL
97874315466...	电子商务基础...	经济管理	刘红梅	电子工业出版社	2020-08-20 0...	82.00	2020-12-01	25	24	精品课程配套
97874427688...	移动商务技术...	经济管理	胡海龙	中国经济出版社	2021-05-30 0...	38.00	2021-08-20	28	27	NULL
97875611880...	Java程序设计...	计算机	胡振华	大连理工大学...	2019-11-30 0...	42.00	2020-03-10	50	49	"十三五"国家级...
97876036588...	3D动画设计	艺术设计	刘东	电子工业出版社	2017-10-10 0...	42.00	2019-12-20	18	17	NULL
NULL	NULL	NULL	NULL	NULL	NULL	NULL	NULL	NULL	NULL	NULL

图 2-9 bookInfo 表中添加的记录

说明：（1）在输入记录后，系统会按照主键（本表为 BookID 字段）的值由小到大自动重新排序，因此输入的顺序可能与显示顺序不同。（2）记录输入完成后，单击"关闭"按钮关闭输入记录的窗口，系统不会给出任何提示，但会自动保存输入的数据，也可以单击"保存"按钮。（3）修改记录与输入记录的方法相同。（4）一旦输入了记录，则在修改表结构时一定要慎重，系统可能禁止用户修改或给出警告，这是因为修改表结构可能导致数据丢失。（5）在输入或修改记录时，一旦发现输错，请立即按"ESC"键取消当前内容的输入，连续按"ESC"键，可以取消一条记录的修改。

（7）与前面步骤相同，按照表 1-3～表 1-6，创建 readerInfo 表和 borrowInfo 表。全部表建好后，检查 libsys 数据库中是否有 3 个表，每个表的表结构和记录是否正确。

4．思考题

（1）如何使用 SSMS 管理器窗口修改数据库名、参数及表名？试一下有几种办法？

（2）找到 libsys 数据库对应的物理文件及其位置，将这些文件复制到 U 盘或其他位置，会出现什么提示？为什么？如何解决？

（3）以 libsys 数据库中的 bookInfo 表为例，说出该表的组成成分。

任务2.3 管理数据库

在创建数据库以后，可以根据需要对数据库进行修改、删除和移植等操作，这些操作统称为数据库管理。

2.3.1 修改数据库

修改数据库是指修改数据库名、修改物理文件对应的参数、向数据库中添加文件及文件组、删除文件及文件组。与创建数据库一样，修改数据库的方法也有两种：一种是使用 SSMS 管理器窗口，另一种是使用 SQL 命令，常使用 SQL 命令修改数据库。

1．使用 SSMS 管理器窗口修改数据库

在 SSMS 管理器窗口中，找到要修改的数据库的名称，右击该数据库名，在弹出的快捷菜单中选择"属性"命令，会打开"数据库属性"窗口。例如，图 2-10 所示为 libsys 数

据库的"数据库属性"窗口。

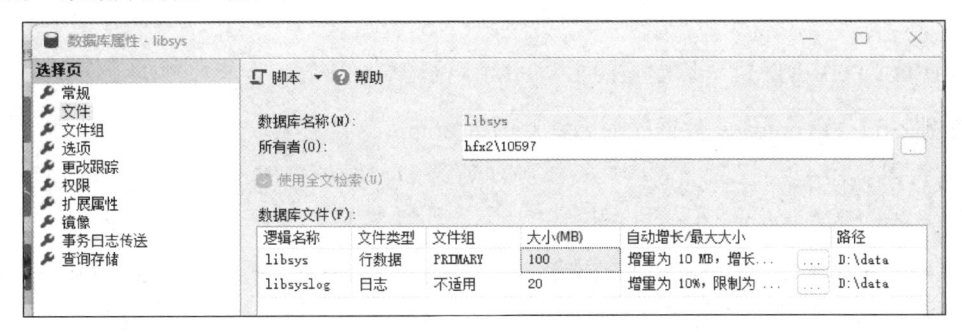

图 2-10　libsys 数据库的"数据库属性"窗口

在图 2-10 所示的窗口中有 10 个标签页。在"文件"页中可以修改所有者、添加或删除文件，也可以修改数据库对应的主数据库文件和日志文件的 4 个属性，即逻辑名称、初始大小、增长速度和最大容量，但物理文件的存储位置及文件名不允许修改。如果数据库中已经建立了表并且存储了记录，则建议每次操作只修改这 4 个属性中的一个，不要同时修改两个以上的属性，以免破坏数据。

在"文件组"页中，可以添加文件组，包括行数据文件组和 FILESTREAM 文件流文件组；在"选项"页中，可以设置本数据库的相关参数。

2．使用 SQL 命令修改数据库

修改数据库的 SQL 命令与建立数据库的 SQL 命令基本相同，只是用 ALTER 代替了 CREATE，其格式如下：

```
ALTER DATABASE <数据库名>
{ ADD FILE <文件标识> [ ,…n ]
| ADD LOG FILE <文件标识> [ ,…n ]
| REMOVE FILE  逻辑文件名
| MODIFY FILE <文件标识>
| MODIFY NAME=新数据库名
}
```

格式说明：

（1）ADD FILE：指定要添加的主数据库文件。

（2）ADD LOG FILE：将日志文件添加到指定的数据库中。

（3）REMOVE FILE：从数据库中删除文件，连同物理文件一起删除。

（4）MODIFY FILE：指定要修改给定的文件，修改选项包括逻辑名、初始大小、增长速度、最大容量和存储位置，并且一次只能修改这些属性中的一种。必须在文件标识中指定文件的逻辑名（NAME 参数），以标识要修改的文件。如果指定了初始大小，则新大小必须比文件当前大小要大。

（5）不能在一个命令中同时修改两个文件的属性，如果要修改两个文件的属性，则必须两次使用 ALTER DATABASE 命令，每个命令只修改一个文件的属性，见例 2-7。

（6）如果要更改数据文件或日志文件的逻辑名，则应在 NAME 参数中指定文件的原逻

辑名,并在 NEWNAME 参数中指定文件的新逻辑名。SQL 命令格式如下:

```
ALTER DATABASE <数据库名>
MODIFY FILE (NAME = 原逻辑名, NEWNAME = 新逻辑名)
```

【例 2-6】将 company 数据库的名称修改为 comp。

```
ALTER DATABASE company
MODIFY NAME=comp
```

说明:使用 SQL 命令可以修改数据库名,使用 SSMS 管理器窗口也可以修改数据库名。重命名数据库的方法与重命名文件的方法相同:(1)右击数据库名,在弹出的快捷菜单中选择"重命名"命令;(2)双击数据库名,出现重命名状态。

【例 2-7】对于例 2-3 中建立的 student 数据库,将主数据库文件的最大容量修改为 200MB,增长速度修改为 10 MB,将日志文件的增长速度修改为 15%。

在写 SQL 命令前,必须了解主数据库文件和日志文件的逻辑名(分别为 student_data 和 student_log),共包括 12 行代码。

```
ALTER DATABASE student
MODIFY FILE
(       NAME='student_data',
        MAXSIZE=200MB,
        FILEGROWTH=10MB
)
GO
ALTER DATABASE student          --此行不能省略,要分两次修改数据库的两个文件的属性
MODIFY FILE                     --此行也不能省略
(       NAME='student_log',
        FILEGROWTH=15%
)
```

说明:(1)在修改文件的属性时,没有出现的属性(如初始大小 SIZE)表示该属性的值不变。(2)本例题涉及两个文件,因此使用了两次 ALTER DATABASE 命令。

【例 2-8】将 student 数据库的主数据库文件的逻辑名修改为 studentdata。

```
ALTER DATABASE student
MODIFY FILE (NAME=student_data, NEWNAME=studentdata)
```

2.3.2 删除数据库

删除数据库的方法有两种:一种是使用 SSMS 管理器窗口,另一种是使用 SQL 命令。

在 SSMS 管理器窗口中,找到要删除的数据库的名称,右击该数据库名,在弹出的快捷菜单中选择"删除"命令,会弹出"删除对象"窗口,如图 2-11 所示。勾选"删除数据库备份和还原历史记录信息"复选框和"关闭现有连接"复选项,然后单击"确定"按钮即可删除数据库。

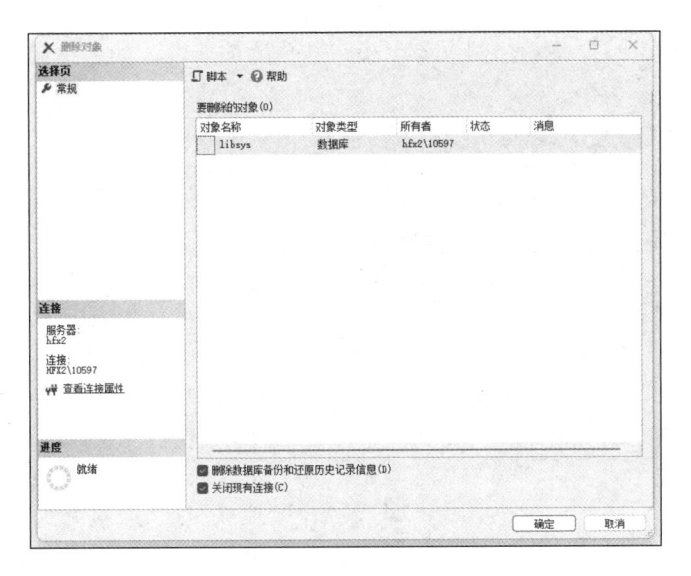

图 2-11 "删除对象"窗口

说明：因为当前数据库不可以删除，所以通常先将 master 设置为当前数据库，再执行删除操作。数据库一旦被删除，则物理文件也会被删除，不可以再恢复，因此在对数据库进行删除操作时需要谨慎。

删除数据库的 SQL 命令格式如下：

DROP DATABASE 数据库名 [,...n]

可以用一条命令同时删除多个数据库。

【例 2-9】删除用户数据库 test。

```
USE master              --打开 master 数据库，即将 master 设置为当前数据库
GO
DROP DATABASE test      --删除 test 数据库
GO
```

【例 2-10】同时删除数据库 test1 和 test2，假设数据库 test1 和 test2 都已经存在。

DROP DATABASE test1,test2

2.3.3 查看数据库

在 SSMS 管理器窗口中右击数据库名，在弹出的快捷菜单中选择"属性"命令，在弹出的"数据库属性"窗口中，可以在各个标签页中查看数据库的属性。

查看数据库属性的命令是 SP_HELPDB，格式如下：

EXECUTE SP_HELPDB [数据库名]

以 SP_开头的命令称为系统存储过程，通过 EXECUTE 执行该存储过程，EXECUTE 可以简写为 EXEC，也可以省略。SP_HELPDB 是用于查看数据库信息的系统存储过程，在"查询编辑器"窗口中用紫色显示。关于存储过程，将在后面的项目中进行介绍。在上述命

令格式中，如果加上数据库名，则只显示指定数据库的属性，如果不加数据库名，则显示所有数据库的属性。

【例 2-11】 查看 libsys 数据库的属性。

```
SP_HELPDB libsys
```

执行上述命令，系统显示结果如图 2-12 所示。

name	db_size	owner	dbid	created	status	compatibility_level
1	libsys	1020.00 MB	hfx2\10597	5	07 4 2023	Status=ONLINE, Updateability=READ_WRITE, UserAc...	160

name	fileid	filename	filegroup	size	maxsize	growth	usage
1	libsys	1	d:\data\libsysdata.mdf	PRIMARY	1024000 KB	Unlimited	20480 KB	data only
2	libsyslog	2	D:\data\libsyslog.ldf	NULL	20480 KB	1048576 KB	10%	log only

图 2-12　libsys 数据库的属性

由图 2-10 可以看出，数据库的属性包括 name（数据库名）、db_size（大小）、owner（所有者）、dbid（数据库编号）、created（创建时间）、status（状态）、compatibility_level（兼容性等级）。此外，系统还用一个专门的窗格来显示其物理文件的属性。

【例 2-12】 查看所有数据库的属性。

```
EXECUTE SP_HELPDB
```

执行上述命令，系统显示结果如图 2-13 所示。

	name	db_size	owner	dbid	created	status	compatibility_level
1	libsys	1020.00 MB	hfx2\10597	5	07 4 2023	Status=ONLINE, Updateability=READ_WRITE, UserAc...	160
2	master	7.94 MB	sa	1	04 8 2003	Status=ONLINE, Updateability=READ_WRITE, UserAc...	160
3	model	16.00 MB	sa	3	04 8 2003	Status=ONLINE, Updateability=READ_WRITE, UserAc...	160
4	msdb	24.13 MB	sa	4	10 8 2022	Status=ONLINE, Updateability=READ_WRITE, UserAc...	160
5	tempdb	72.00 MB	sa	2	06 28 2023	Status=ONLINE, Updateability=READ_WRITE, UserAc...	160

图 2-13　所有数据库的属性列表

由图 2-13 可以发现，4 个系统数据库的 dbid 属性的值是 1～4，用户数据库的 dbid 属性的值从 5 开始，按照创建时间的先后顺序排列。

2.3.4　分离与附加数据库

1. 分离数据库

数据库在运行时，其物理文件是禁止被复制的，如果需要将数据库转移到其他机器上，就要用到数据库分离操作。分离数据库是指将数据库从 SQL Server 数据库中删除，不可再使用，但该数据库的数据文件（包括主数据库文件和辅助数据库文件）和事务日志文件保持不变。数据库分离后，其物理文件就可以复制了，以后可以通过附加的方法再将其连接到本机或其他机器的数据库实例中。

【例 2-13】 分离 libsys 数据库。

方法 1：使用 SSMS 管理器窗口实现数据库分离。

在 SSMS 管理器窗口中，右击数据库名 libsys，在弹出的快捷菜单中选择"任务"→"分离"命令，会弹出"分离数据库"窗口，如图 2-14 所示，在该窗口中勾选所有复选框，然后单击"确定"按钮即可。

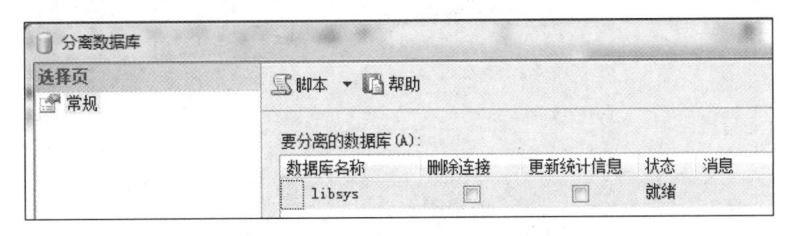

图 2-14 "分离数据库"窗口

方法 2：使用 SQL 命令实现数据库分离。

使用系统存储过程 SP_DETACH_DB 来执行数据库分离操作，格式如下：

EXECUTE SP_DETACH_DB 数据库名

因为当前数据库不能分离，所以先要将当前数据库设置为其他数据库（通常是 master），再执行分离命令，代码如下：

```
USE master
GO
EXECUTE SP_DETACH_DB libsys
```

如果系统提示"命令已成功执行"，则表示数据库分离成功，刷新数据库列表，可以看到数据库列表中已经没有 libsys 数据库的名称了。

2．附加数据库

附加数据库是分离数据库的逆过程，功能正好相反，即将物理文件对应的数据库添加到 SQL Server 数据库中，让系统识别出其中的逻辑结构。附加数据库成功的必要条件是主数据库文件和事务日志文件都完好无损，如果文件被破坏，则系统会提示有错，无法附加成功。附加数据库的操作可以使用 SSMS 管理器窗口完成，也可以使用 SQL 命令完成。

【例 2-14】将例 2-13 中分离的 libsys 数据库附加到 SQL Server 数据库中，物理文件存放在 D 盘的 data 文件夹中，主数据库文件和事务日志文件对应的物理文件的名称分别是 libsysdata.mdf 和 libsyslog.ldf。

方法 1：使用 SSMS 管理器窗口实现数据库附加。

在 SSMS 管理器窗口中右击"数据库"节点，在弹出的快捷菜单中选择"附加"命令，会弹出"附加数据库"窗口，单击"添加"按钮，在弹出的"定位数据库"窗口内，找到 D 盘 data 文件夹中主数据库文件对应的物理文件的名称 libsysdata.mdf，单击"确定"按钮，系统会自动识别数据库名，同时读出主数据库文件和事务日志文件的详细信息，并通过列表显示，如图 2-15 所示。

在单击"确定"按钮后，数据库就附加成功了，刷新数据库列表，可以看到 libsys 数据库的名称已经在数据库列表中了。

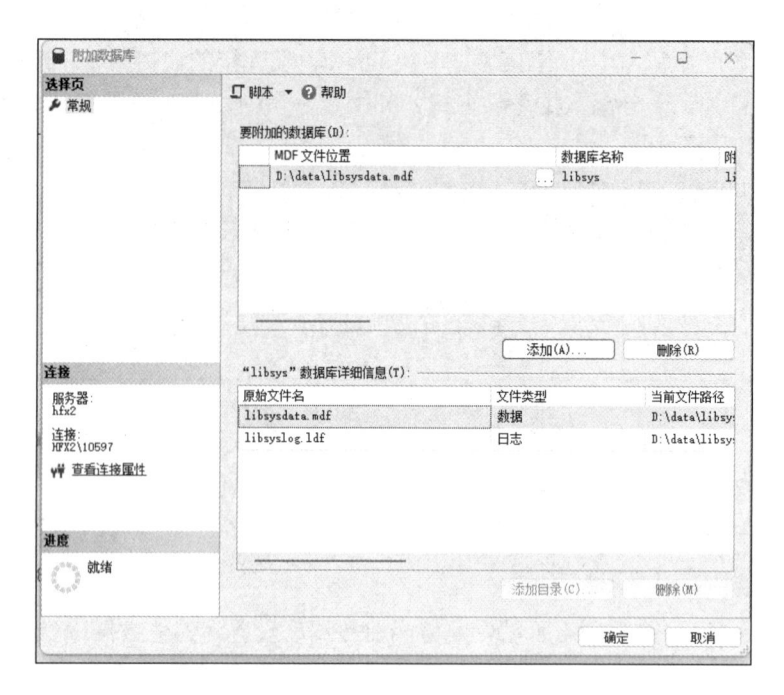

图 2-15 "附加数据库"窗口

方法 2：使用 SQL 命令实现数据库附加。

使用 SQL 命令附加数据库，相当于创建数据库，使用 CREATE DATABASE 命令完成，格式如下：

```
CREATE DATABASE  数据库名
ON
(FILENAME=主数据库文件对应的物理文件的名称)
FOR ATTACH
```

其中，数据库名必须指定；主数据库文件对应的物理文件的名称要用英文单引号引起来，可以带路径；ATTACH 是附加的意思。因此本例的命令如下：

```
CREATE DATABASE libsys
ON
(FILENAME= 'D:\data\libsysdata.mdf')
FOR ATTACH
```

如果上述命令执行成功，则系统会提示"命令已成功执行"。刷新数据库列表，可以看到新附加的 libsys 数据库的名称已经在数据库列表中了。

3．为数据库创建脚本

脚本就是 SQL 命令，无论用哪种方法建立的数据库，都可以让系统自动产生建立数据库的命令。方法是：右击数据库名，在弹出的快捷菜单中选择"编写数据库脚本为"→"CREATE 到"→"新查询编辑器窗口"命令，系统会打开一个"查询编辑器"窗口，显示相应的 SQL 命令，但其与用户建立数据库时所用的命令不完全相同。

项目 2　数据库的创建与管理

以下是系统生成的创建 libsys 数据库的部分代码：

```
USE [master]
GO
/****** Object:   Database [libsys]    Script Date: 2023/7/4 23:48:53 ******/
CREATE DATABASE [libsys]
CONTAINMENT = NONE
ON PRIMARY
( NAME = N'libsys', FILENAME = N'd:\data\libsysdata.mdf' , SIZE = 1024000KB , MAXSIZE = UNLIMITED, FILEGROWTH = 20480KB )
LOG ON
( NAME = N'libsyslog', FILENAME = N'D:\data\libsyslog.ldf' , SIZE = 20480KB , MAXSIZE = 1048576KB , FILEGROWTH = 10%)
WITH CATALOG_COLLATION = DATABASE_DEFAULT, LEDGER = OFF
GO
…
```

在上述代码中，命令等关键字用大写形式，用户标识符用小写形式，数据库名加了方括号，文件名前有一个占位符 N，文件大小精确表示，另外还有很多开关语句（SET … ON|OFF）用于设置数据库的状态。用户在创建数据库时，也可以加上这些标志，为简单起见，可以省略这些符号。

项目习题

一、填空题

1. 一个数据库对应的物理文件主要有 3 种类型：_____、_____、_____，这 3 种类型文件的扩展名分别是_____、_____、_____。
2. SQL Server 数据库提供了_____和_____两种身份认证模式，其中_____模式的安全级别更高。
3. 在创建数据库时，至少应包括一个_____文件和一个_____文件。
4. 在创建数据库时，需要指出 NAME、FILENAME、SIZE、MAXSIZE、FILEGROWTH 等参数，这些参数分别表示_____、_____、_____、_____、_____。
5. 在创建数据库时，表示文件大小的单位有_____和_____，表示增长速度的方式也有两个，即_____和_____。
6. 单击_____按钮可以打开一个"查询编辑器"窗口。
7. GO 命令的功能是_____，相当于单击_____按钮。
8. 以 SP_ 开头的命令称为_____，其是_____的一种类型，相当于 SQL 命令。

二、选择题

1. 修改数据库的命令是（　　）。
   A．CREATE DATABASE　　　　B．ALTER DATABASE
   C．MODIFY DATABASE　　　　D．SHIFT DATABASE

2．将指定数据库设置为当前数据库的命令是（　　）。
　　A．USE　　　　　　　　　　　　B．SET
　　C．CLOSE　　　　　　　　　　　D．PRINT
3．以下数据库名不合法的是（　　）。
　　A．mydata　　　　　　　　　　　B．1999dat
　　C．我的数据库　　　　　　　　　D．_9988
4．删除数据库的 SQL 命令格式是（　　）。
　　A．DROP 数据库名　　　　　　　B．DELETE 数据库名
　　C．DEL 数据库名　　　　　　　　D．SP_HELPDB 数据库名
5．要查看所有数据库的属性，需要使用（　　）命令。
　　A．USE　　　　　　　　　　　　B．LIST
　　C．ALTER　　　　　　　　　　　D．sp_helpdb
6．与分离数据库功能相反的操作是（　　）。
　　A．删除数据库　　　　　　　　　B．创建数据库
　　C．附加数据库　　　　　　　　　D．修改数据库
7．在"查询编辑器"窗口中，用（　　）表示字符串。
　　A．红色　　　　B．蓝色　　　　C．紫色　　　　D．黑色
8．在 SQL 命令中，用（　　）将字符串引起来。
　　A．英文单引号　B．英文双引号　C．方括号　　　D．小括号
9．在用命令修改数据库时，每次只能修改（　　）个文件的参数。
　　A．1　　　　　B．2　　　　　　C．3　　　　　　D．无限制
10．如果数据库被删除了，则（　　）。
　　A．可以从回收站中恢复　　　　　B．可以用 RESTORE 命令恢复
　　C．可以通过撤销操作恢复　　　　D．无法恢复

三、简答与操作题

1．给数据库改名有哪些方法？请列举出 3 种。

2．新建一个数据库，要求：数据库名为 salary，物理文件存放在 D:\mydb 文件夹中；主数据库文件的逻辑名为 salary_data，对应的物理文件的名称为 salary_data.mdf，初始大小为默认值，最大容量不限，增长速度为默认值；日志文件的逻辑名为 salary_log，对应的物理文件的名称为 salary_log.ldf，初始大小为 80MB，最大容量为 2GB，增加速度为 15%。写出 SQL 命令。

3．新建一个数据库，要求：数据库名为 employee，物理文件存放在 D:\mydb 文件夹中；主数据库文件的逻辑名 employee_data，对应的物理文件的名称为 employee_data.mdf，其他参数均取默认值；日志文件的逻辑名为 employee_log，对应的物理文件的名称为 employee_log.ldf，其他参数均取默认值。写出 SQL 命令。

4．分离 salary 数据库，写出 SQL 命令，并使用 SSMS 管理器窗口实现。

5．在 E:\database 文件夹中包括 workor_data.mdf 文件和 wprler_log.ldf 文件，要求附加该数据库。写出 SQL 命令，并使用 SSMS 管理器窗口实现。

项目3 数据表的创建与管理

主要知识点

- 数据完整性及实现方法。
- 使用 SSMS 管理器窗口和 SQL 命令创建表结构。
- 使用 SSMS 管理器窗口和 SQL 命令管理表结构。
- 表的修改与维护。

学习目标

本项目将介绍数据表的创建与管理的相关知识,主要包括数据完整性的类型、数据完整性约束的实现方法,以及如何使用 SSMS 管理器窗口和 SQL 命令创建与管理表结构。

任务3.1 数据完整性

数据表简称表,是数据库的最主要组成成分,数据库建好以后,里面没有任何内容,是个"空架子"。为数据库添加表,数据库中才会有内容。表由若干个栏目(即列、字段)和若干个行组成,每行称为一条记录,每个栏目均需要设置其名称(即列名、字段名)、数据类型、长度、约束。列名必须遵循标识符的规则;数据类型由系统规定;长度是一个整数,表示这个列最大可以输入多少个字符;约束是对这个列的值进行设置的限制条件,如性别只能为"男"或"女",这种约束称为域完整性约束。所有列全部加起来组成表结构,即由栏目构成的表头,因此表就是由表结构和记录两部分组成的。各个字段之间可能存在关联关系,称为实体完整性约束。表与表之间也可能存在相互关系,称为参照完整性约束。以上各种完整性约束统称为数据完整性约束。

3.1.1 数据完整性的类型

数据库完整性是指数据的正确性、有效性和相容性。数据库中的数据是从外界输入的,而由于种种原因,数据的输入会发生输入无效或错误信息。保证输入的数据符合规定,成了数据库系统,尤其是多用户的关系型数据库系统首要关注的问题,因此提出了数据完整性。数据完整性分为 4 类:实体完整性(Entity Integrity)、域完整性(Domain Integrity)、参照完整性(Referential Integrity)、用户自定义完整性(User-defined Integrity)。

数据库采用完整性约束机制来保证数据完整性,在建立数据表时可以增加针对列、记录或表的约束,限制用户输入值的范围。如果在建立表时没有来得及设置约束条件,则还可以通过触发器来追加约束，实现对数据的完整性检查。

1. 实体完整性

实体完整性将行（记录）定义为特定表的唯一实体。实体完整性作用的对象是列（字段），强制表的标识列或主键的完整性（通过 UNIQUE 约束、PRIMARY KEY 约束或 IDENTITY 约束）。

2. 域完整性

域完整性作用的对象是列，是指给指定列的输入设置有效性约束条件。强制域有效性的方法有：限制类型（通过数据类型）、格式（通过 CHECK 约束和规则）或可能值的范围（通过 FOREIGN KEY 约束、CHECK 约束、DEFAULT 约束、NOT NULL 约束和规则）。

3. 参照完整性

参照完整性作用的对象是关系（表）。在输入或删除记录时，参照完整性用来保持表与表之间已定义的相互关系。在 SQL Server 数据库中，参照完整性是通过子表外键与主表主键之间或子表外键与主表唯一键之间的关系（通过 FOREIGN KEY 约束和 CHECK 约束）来实现的。参照完整性确保键值在所有表中一致，即不能引用不存在的值，如果键值更改了，则在整个数据库中对该键值的所有引用要进行同步更改。

4. 用户定义完整性

用户定义完整性使用户可以定义不属于其他任何完整性类型的特定业务规则，其作用的对象既可以是列，也可以是记录或表。所有的完整性类型都支持用户定义完整性，如 CREATE TABLE 中的所有列级和表级约束、存储过程和触发器等。

数据完整性不仅可以保证数据科学、合理且满足用户要求，也是节省存储空间的重要途径。各类完整性强调"没有规矩不成方圆"，以保障数据库在创建和使用过程中的合理性和合规性。个人职业的发展同样如此，也需要正确的引导与规范。我们每个人在学习、生活和工作中都需要遵守各项法律法规和规章制度，做一个遵纪守法、积极向上的公民，不可以任性，不能为所欲为，同时要根据个人特长设计成长路径，这样才能成为对国家和社会有用的人。

3.1.2 数据完整性约束的实现

在建立表时，数据完整性是通过完整性约束机制来实现的。在表建好后，如果要追加完整性约束，则可以通过为表创建触发器实现。约束可以使用 SQL 命令实现，部分约束也可以使用 SSMS 管理器窗口实现。添加约束的 SQL 命令格式如下：

ADD CONSTRAINT 约束名 约束内容

约束名的通用命名格式是"约束类型_列名"，如主键约束 PK_、唯一性约束 UQ_、外键约束 FK_、检查约束 CK_、默认值约束 DF_等。为简单起见，在用命令建表时，可以将约束内容直接写进命令，从而省略约束名。下面以 libsys 数据库的表 bookInfo(BookID,

BookName,BookType,Writer,Publisher,PublishDate,Price,BuyDate,BuyCount,AbleCount,Remark)为例，介绍数据完整性约束的实现方法。

1. 实体完整性约束的实现

实体完整性约束是针对行（记录）而设计的完整性约束，包括 PRIMARY KEY（主键）约束、UNIQUE（唯一性）约束和 IDENTITY（标识列）约束等。

1）PRIMARY KEY（主键）约束的实现

主键既可以是一列，也可以是多列，主键不允许为空。假如将 BookID 列设置为主键。

（1）使用 SSMS 管理器窗口实现 PRIMARY KEY 约束的方法是：在 SSMS 管理器窗口中依次展开"数据库"→"libsys"→"表"节点，右击表名 bookInfo，在弹出的快捷菜单中选择"修改"命令，打开表设计窗口，选择 BookID 列，单击工具栏中的 按钮，显示 PRIMARY KEY 约束标记 ，如图 3-1 所示。

列名	数据类型	允许 Null 值
BookID	char(20)	

图 3-1 使用 SSMS 管理器窗口设置 PRIMARY KEY 约束

（2）使用 SQL 命令实现 PRIMARY KEY 约束的方法是：先定义一个约束 PK_BookID，命令是"ADD CONSTRAIN PK_BookID PRIMARY KEY BookID"，将该命令添加到建表命令的后面即可。也可以在建立 BookID 列的命令中添加 PRIMARY KEY 或 CONSTRAIN PK_BookID PRIMARY KEY。命令如下：

```
CREATE TABLE bookInfo(
    BookID char(20) CONSTRAINT PK_BookID PRIMARY KEY,
    --也可以写为 BookID char(20) PRIMARY KEY,
    …)
```

如果要将 BookName 列和 Writer 列均设置为主键，则命令如下：

```
ADD CONSTRAINT PK_BookName_Writer PRIMARY KEY(BookName,Writer)
```

2）UNIQUE（唯一性）约束的实现

列的 UNIQUE 约束是指各条记录的本列值不能相同，具有 UNIQUE 约束的列的值可以为空，但只能有一个值为空，其他记录的该列的值不能为空，以保证该列的值唯一。假如为 BookID 列添加 UNIQUE 约束。

（1）使用 SSMS 管理器窗口实现 UNIQUE 约束的方法是：在 SSMS 管理器窗口中依次展开"数据库"→"libsys"→"表"节点，右击表名 bookInfo，在弹出的快捷菜单中选择"修改"命令，打开表设计窗口，在"表设计器"菜单中选择"索引/键"命令，打开"索引/键"对话框，单击"添加"按钮，创建索引 IX_bookInfo，选择 BookID 列，将类型修改为"是唯一的"，如图 3-2 所示，关闭该对话框后保存修改。

（2）使用 SQL 命令实现 UNIQUE 约束，命令如下：

```
ALTER TABLE bookInfo
ADD CONSTRAINT UNIQUE_BookID UNIQUE(BookID)
```

或者在建表时直接为 BookID 列添加 UNIQUE 约束，命令如下：

```
CREATE TABLE bookInfo(
    BookID char(20) CONSTRAINT UNIQUE_BookID UNIQUE(BookID),
    --也可以写为 BookID char(20) UNIQUE,
    …)
```

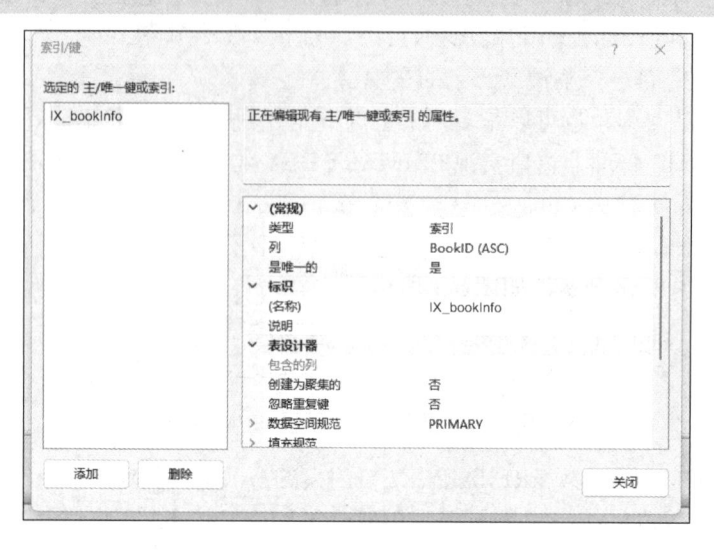

图 3-2 "索引/键"对话框

3）IDENTITY（标识列）约束的实现

标识列（identity）就是在给表输入记录时该列自动编号，即流水号，默认从 1 开始编号，称为标识种子，增量为 1。标识列的值要求是整数，并且标识列的值不能手动输入，不能为空，不能修改。假如为 bookInfo 表添加一个 No 列，要求自动编号。

（1）使用 SSMS 管理器窗口实现 IDENTITY 约束的方法是：在 SSMS 管理器窗口中依次展开"数据库"→"libsys"→"表"节点，右击表名 bookInfo，在弹出的快捷菜单中选择"修改"命令，打开表设计窗口，选择 No 列，在下方的"列属性"窗格中，双击"标识规范"栏的"是标识"，即可在"是"与"否"之间进行切换，如图 3-3 所示。

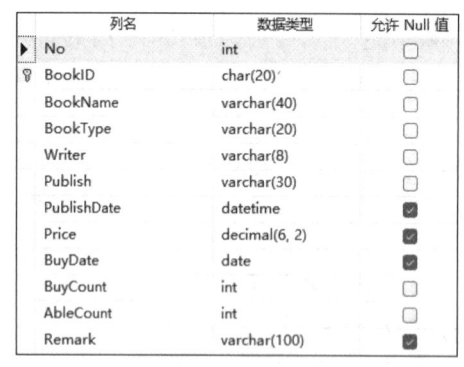

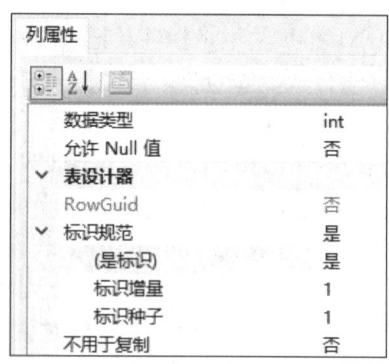

图 3-3 使用 SSMS 管理器窗口设置 IDENTITY 约束

（2）使用 SQL 命令实现 IDENTITY 约束，命令如下：

```
CREATE TABLE bookInfo(
   No int IDENTITY(1,1),
   …)
```

在添加约束后,如果使用 SSMS 管理器窗口删除约束,则方法与添加约束时的方法相同;如果使用 SQL 命令删除约束,则命令格式是"DROP CONSTRAINT 约束名"。

2. 域完整性的实现

域完整性用于限制列的取值范围,包括 NOT NULL(非空)约束、DEFAULT(默认值)约束和 CHECK(检查)约束。CHECK 约束还可以用于实现实体完整性,检查一条记录中各列的值是否符合逻辑,如身份证号码与出生日期。

1) NOT NULL(非空)约束

NOT NULL 约束表示列的值是否可以为空,只有两个选项:NULL 和 NOT NULL,通过在表设计窗口中直接选择,或者在使用命令创建表时在列定义语句的后面直接加上 NULL 或 NOT NULL 即可实现。示例如下:

```
BookID char(20) NOT NULL
```

主键约束列和非空列都不可以为空,必须采用 NOT NULL 约束。

2) DEFAULT(默认值)约束

DEFAULT 约束是指当用户向表中插入记录时,如果某些列未明确给出插入值,则 SQL Server 数据库将用预先在这些列上定义的默认值作为插入值。在某个默认值被创建后,有一个唯一的名字,并且成为数据库的一个对象。当用户要使用默认值时,需要把默认值对象绑定到表中相应的一列或多列上,或者某个用户定义的数据类型上,当不使用时再将绑定解除即可。假如将 bookInfo 表的 PublishDate 列的默认值设置为系统日期,获取当前日期的系统函数是 getdate()。

(1) 使用 SSMS 管理器窗口实现 DEFAULT 约束的方法是:在 SSMS 管理器窗口中依次展开"数据库"→"libsys"→"表"节点,右击表名 bookInfo,在弹出的快捷菜单中选择"修改"命令,打开表设计窗口,选择 PublishDate 列,在下方的"列属性"窗格中,将"默认值或绑定"设置为 getdate()。

(2) 使用 SQL 命令实现 DEFAULT 约束,命令如下:

```
PublishDate datetime NULL CONSTRAINT DF_PublishDate DEFAULT getdate()
--也可以写为 PublishDate datetime NULL DEFAULT getdate()
--或者写为 PublishDate datetime NULL DEFAULT(getdate())
```

3) CHECK(检查)约束

CHECK 约束通过限制输入列中的值来强制域的完整性。CHECK 约束的格式是"CHECK 逻辑表达式"。根据逻辑表达式返回的结果是 TRUE 还是 FALSE 来判断输入的值是否符合要求。例如,添加 CHECK 约束将 readerInfo 表的 ReaderAge 列的取值范围限制在 18~60 岁之间,可以表示为"CHECK ReaderAge >=18 and ReaderAge <=60"。CHECK 约束通常使用 SQL 命令实现,表和列可以包含多个 CHECK 约束。

如果 CHECK 约束作为表定义的一部分，则创建表的命令如下：

ReaderAge int CONSTRAINT CK_ReaderAge CHECK ReaderAge >=18 and ReaderAge <=60
--也可以写为 ReaderAge int CHECK ReaderAge between 18 and 60

也可以将 CHECK 约束添加到现有表中，命令如下：

ADD CONSTRAINT CK_ReaderAge CHECK ReaderAge >=18 and ReaderAge <=60

在现有表中添加 CHECK 约束时，该约束既可以仅作用于新数据，也可以同时作用于现有数据和新数据。默认设置为 CHECK 约束同时作用于现有数据和新数据。

如果使用 SSMS 管理器窗口实现 CHECK 约束，则单击工具栏中的"管理 CHECK 约束"按钮，打开"检查约束"对话框，单击"添加"按钮，在名称输入框中把默认名修改为 CK_ReaderAge，在表达式右侧的文本框中输入表达式"CHECK ReaderAge between 18 and 60"，设置完成后，如图 3-4 所示。

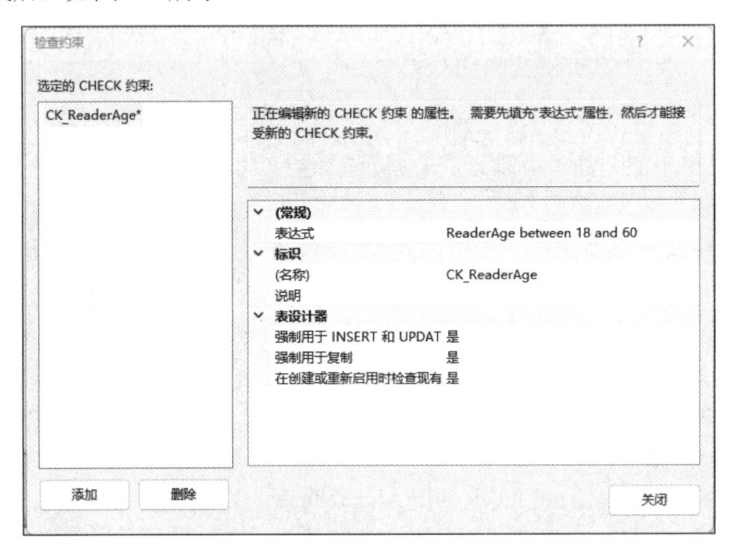

图 3-4 "检查约束"对话框

3. 参照完整性约束的实现

参照完整性指的是表与表之间存在的相互依赖性。例如，libsys 数据库中有 3 个表，分别是 bookInfo 表（图书信息表）、readerInfo 表（读者信息表）和 borrowInfo 表（借阅信息表）。borrowInfo 表中记录的信息是哪些读者在什么时候借阅了哪些书，因此 borrowInfo 表中的 ReaderID 列（借书证号）一定来源于 readerInfo 表中的 ReaderID 列，同样地，borrowInfo 表中的 BookID 列（图书编号）一定来源于 bookInfo 表中的 BookID 列，这就是参照完整性，用 FOREIGN KEY（外键）约束实现，bookInfo 表和 readerInfo 表称为主键表，borrowInfo 表称为外键表。

1）使用 SSMS 管理器窗口实现 FOREIGN KEY 约束

在 borrowInfo 表的设计窗口中，单击工具栏中的"关系"按钮，打开"外键关系"对话框，单击"添加"按钮，添加一个关系；单击"表和列规范"右侧的按钮，打开"表和列"对话框,主键表选择 bookInfo 表,主键为 BookID 字段,外键表选择 borrowInfo 表,外键为 BookID 字段;单击"确定"按钮,返回"外键关系"对话框,将标识名称修改为 FK_borrowInfo_bookInfo_BookID,此时一个 FOREIGN KEY 约束就建好了,说明了外键表 borrowInfo 中的 BookID 列来源于 bookInfo 表中的 BookID 列。

使用同样的操作方法,可以设置外键表 borrowInfo 中的 ReaderID 列来源于 readerInfo 表中的 ReaderID 列,将约束名设置为 FK_borrowInfo_readerInfo_ReaderID,结果如图 3-5 所示。

在"外键关系"对话框中可以删除指定的外键,使表与表之间的依赖关系失效。

2)使用 SQL 命令实现 FOREIGN KEY 约束

在创建外键表 borrowInfo 的命令中,在设置 ReaderID 列时添加 FOREIGN KEY 约束,命令如下:

ReaderID char(10) PRIMARY KEY FOREIGN KEY REFERENCES readerInfo(ReaderID)
--或者写为 ReaderID char(10) PRIMARY KEY CONSTRAINT FK_borrowInfo_readerInfo_ReaderID FOREIGN KEY REFERENCES readerInfo(ReaderID)

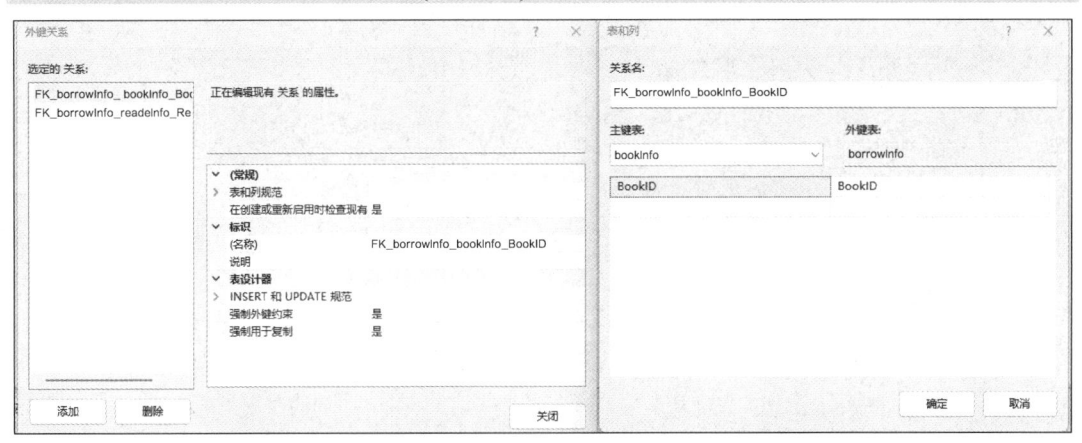

图 3-5 使用 SSMS 管理器窗口设置 FOREIGN KEY 约束

同样地,为外键表 borrowInfo 中的 BookID 字段添加 FOREIGN KEY 约束的命令如下:

BookID char(10) PRIMARY KEY FOREIGN KEY REFERENCES bookInfo(BookID)
--或者写为 ReaderID char(10) PRIMARY KEY CONSTRAINT FK_borrowInfo_bookInfo_BookID FOREIGN KEY REFERENCES bookInfo(BookID)

任务3.2 创建表结构

表是数据库中最基本的组成成分,一个完整的表包括表结构和记录,表结构由全部列、列约束、列与列之间的相互约束这 3 部分组成。在建立表时,必须先建立表结构,然后才能添加记录,没有记录的表称为空表。创建表的方法有两种:一种是使用 SSMS 管理器窗口,另一种是使用 SQL 命令,SQL 命令方式的用途更广。

3.2.1 使用SSMS管理器窗口创建表

用SSMS管理器交互方式建立表

【例3-1】使用 SSMS 管理器窗口为 libsys 数据库创建 readerInfo 表（读者信息表），该表的表结构参见项目 1 中的表 1-7，除主键约束和非空约束以外，其他约束暂不设置。

第 1 步，在 SSMS 管理器窗口中依次展开"数据库"→"libsys"节点，右击"表"节点，在弹出的快捷菜单中选择"新建"→"表"命令，打开新建表结构的窗口。

第 2 步，按照表 1-7 将各个列的列名、数据类型、允许 Null 值设置好，如图 3-6 所示。

在输入各个列的属性时，如果某个参数有错，则按"Esc"键可以撤销。数据类型既可以从下拉列表中选择，也可以直接输入类型名。

第 3 步，设置主键，选择 BookID 列，单击"设置主键"按钮即可。另一种方法是右击列名 BookID，在弹出的快捷菜单中选择"设为主键"命令。该快捷菜单还提供了在当前列前面"插入列"和"删除列"的命令。如果当前列已经是主键，则可以删除主键约束，如图 3-7 所示。

图 3-6 readerInfo 表的表结构　　　　　图 3-7 列的快捷菜单

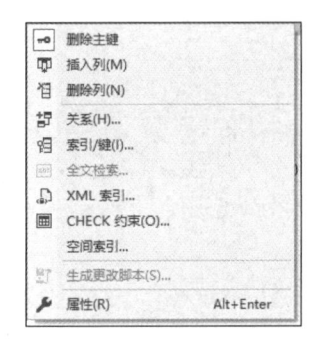

第 4 步，保存表，在所有列均设置好以后，单击"保存"按钮，会弹出"选择名称"对话框，默认表名为"Table_1"，如图 3-8 所示，将其修改成实际表名"readerInfo"，然后，单击"确定"按钮。

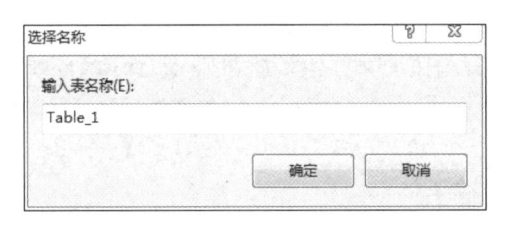

图 3-8 "选择名称"对话框

说明：(1) 如果表中的几个列都是主键，则在设置时需要用 Ctrl 键配合，即按住 Ctrl 键，依次选择各个列，右击已选择的任意一个列，在弹出的快捷菜单中选择"设置主键"命令。
(2) 如果发现表结构有错，则可以进入修改状态，方法是：右击表名，在弹出的快捷菜单中选择"设计"命令，修改表结构的窗口与表设计窗口一样，修改完成后，单击"保存"按钮才能使修改生效。但是，在保存修改时，可能弹出如图 3-9 所示的对话框，表示禁止用户修改。

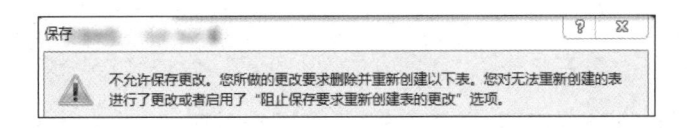

图 3-9 禁止修改对话框

原因是系统设置了不允许修改，解决办法是：在 SSMS 管理器窗口中，选择"工具"→"选项"命令，在弹出的"选项"对话框左侧的列表框中，选择"设计器"下的"表设计器和数据库设计器"，在右侧的"表选项"选区中取消勾选"阻止保存要求重新创建表的更改"复选框 阻止保存要求重新创建表的更改 。

3.2.2 使用SQL命令创建表

创建表的 SQL 命令是 CREATE TABLE，可以逐一将列名、数据类型、长度和列约束添加进命令中，还可以在该命令的后面添加表约束，通常用于为两个以上的列添加约束。

列的长度由数据类型决定，有的数据类型（如 char）允许设置长度，有的数据类型不允许设置长度（如 int、date、real），有的数据类型允许设置长度，但系统会自动删除长度或改成默认长度（如 image）。

创建表的 SQL 命令格式如下：

```
CREATE TABLE  表名
(
  列名  数据类型(长度) {列约束}
  [,…n]
  [表约束]
)
```

【例 3-2】使用 SQL 命令为 libsys 数据库添加 readerInfo 表（读者信息表），要求同例 3-1。

```
--先将 libsys 数据库设置为当前数据库，否则 readerInfo 表可能存储到其他数据库中
USE libsys
GO
--建立 readerInfo 表的表结构
CREATE TABLE readerInfo
(
    ReaderID char(10) PRIMARY KEY ,
    ReaderName char(10) NOT NULL ,
    ReaderSex char(2) NOT NULL ,
    ReaderAge int NULL,
    Department varchar(30) NOT NULL ,
    ReaderType char(10) NOT NULL ,
    StartDate datetime NOT NULL ,
    Mobile varchar(12) NULL,
    Email varchar(40) NULL,
    Memory varchar(50) NULL
```

)
GO

说明：(1) PRIMARY KEY 是主键约束，如果某个列可以为空，则 NULL 可以省略（默认值）；如果某个列不可以为空，则 NOT NULL 不可缺少。int 类型和 datetime 类型的长度是系统规定的，用户不能修改。系统规定了长度的数据类型有 int、real、money、date、time、datetime、bit、text 等。(2) 在表中可以加入标识列，比如 No 列是标识列，数据类型是 int，初始值是 10，增量是 2，则这个列的设置命令是"No int IDENTITY(10,2)"。

3.2.3 创建带完整性约束的表

在建立表时，还可能需要设置表的完整性约束。比如，年龄必须是正整数、Email 中必须有@符号、性别只能是"男"或"女"等。在定义列或表时，根据约束内容可以在定义列的属性时增加约束内容，也允许在定义全部列后增加对若干列起约束作用的命令。

创建带完整性约束的表

关于 PRIMARY KEY（主键）约束，如果主键是某个列，则设置主键的命令是"PRIMARY KEY"；如果主键是某几个列的组合，则设置主键的命令是"PRIMARY KEY(列名 1,列名 2,…)"。

关于 DEFAULT（默认值）约束，在向表中添加记录时，如果添加了 DEFAULT 约束的列没有赋值，则系统会自动使用默认值。当然，用户可以输入实际值而不用默认值，也可以在默认值的基础上修改成实际内容。设置默认值的命令是"DEFAULT(默认值)"。小括号也可以省略，其中的默认值必须是常量、内部函数或 NULL，不能是变量。

CHECK（检查）约束的表示方法是"CHECK(表达式)"。小括号也可以省略，表达式中会用到各种运算符。比如，Age 列表示年龄，数据类型是 int，要求其值是正整数，则对应的 CHECK 约束为"CHECK(age>0)"。

【例 3-3】创建一个工人信息表，包括"编号"、"姓名"、"性别"、"出生日期"、"入厂日期"、"职称"、"工资"和"备注"等字段。要求："编号"字段和"姓名"字段作为主键；入厂日期默认为系统日期；工资默认为 3000 元；表名和列名都可以使用汉字，只要符合标识符命名规范即可。

```
CREATE TABLE 工人信息表
(
编号  int NOT NULL,
姓名  char(8) NOT NULL PRIMARY KEY(编号,姓名),
性别  char(2) ,
出生日期  datetime ,
入厂日期  datetime NOT NULL DEFAULT(getdate()),
职称  varchar(20) ,
工资  money DEFAULT 3000,
备注  ntext NULL
)
```

【例 3-4】创建一个职工信息表，包括"编号"、"姓名"和"职务"等字段。要求："编号"字段作为主键,姓名具有唯一性,用 CONSTRAINT 定义约束。

```
CREATE TABLE 职工信息表
(
编号 char(10),
姓名 char(8),
职务 char(12),
CONSTRAINT PK_职工信息表_编号 PRIMARY KEY(编号),
CONSTRAINT UQ_职工信息表_姓名 UNIQUE(姓名)
)
```

【例 3-5】创建一个职员基本信息表 baseInfo,包括 No(编号)、Name(姓名)、Sex(性别)、Tele(电话号码)和 Email(电子邮箱)等字段。要求:性别只接受男和女,默认为男;电话号码必须是 8 位数字;电子邮箱中必须含有@符号。

```
CREATE TABLE baseInfo
(
No char(10),
Name char(8) ,
Sex char(2) DEFAULT '男',
CONSTRAINT CK_Sex CHECK(Sex='男' or Sex='女'),
Tele char(8),
CONSTRAINT CK_Tele CHECK(Tele like '[0-9][0-9][0-9][0-9][0-9][0-9][0-9][0-9]'),
Email varchar(30),
CONSTRAINT CK_Email CHECK(Email like '%@%')
)
```

说明:一个数据库中不允许出现相同的约束名;or 和 like 都是运算符,or 表示或者,like 规定数据格式,意思是"类似于";%是通配符,表示任意多个字符,即字符串。

【例 3-6】外键的使用。使用 SQL 命令为 scoresys 数据库创建 score 表,该表的表结构参见项目 1 中的表 1-16。其中 SID 字段既是主键,也是外键,来源于 student 表的 SID 字段;CourseID 字段既是主键,也是外键,来源于 course 表的 CourseID 字段。student 表和 course 表的表结构分别参见项目 1 中的表 1-14 和表 1-12。

创建 score 表的 SQL 命令如下:

```
USE scoresys
GO
CREATE TABLE score
(
SID char(12) FOREIGN KEY REFERENCES student(SID) ,
CourseID char(10) FOREIGN KEY REFERENCES course(CourseID),
ExamTime datetime NOT NULL ,
Mark decimal(4,1) NULL ,
ExamPlace varchar(20) NULL ,
Memory varchar(20) NULL,
PRIMARY KEY(SID,CourseID,ExamTime)
```

)
GO

说明：在 score 表建好之后，student 表和 course 表就都不能删除了，而且记录也不能随意修改或删除，这是因为这两个表中的列被 score 表引用了，即建立了相互关联。也就是说，必须先删除 score 表，然后才能删除 student 表和 course 表。

3.2.4 技能训练4：创建表结构

1. 训练目的

（1）掌握常用数据类型的用法。
（2）掌握创建表结构的两种方法。
（3）掌握表的完整性约束类型。
（4）掌握使用 SQL 命令实现数据完整性约束的方法。

2. 训练时间：2 课时

3. 训练内容

（1）使用 SSMS 管理器窗口建立表。

①打开 SSMS 管理器窗口，检查 scoresys 数据库是否存在。如果不存在，则建立该数据库；如果已经存在，则将该数据库设置为当前数据库。

②为 scoresys 数据库创建 course 表，该表的表结构参见项目 1 中的表 1-12。

③在建立 course 表后，检查它是否在 scoresys 数据库中。右击表名 course，在弹出的快捷菜单中尝试选择"重命名""删除""刷新""属性"命令，观察运行结果。

④在 course 表的快捷菜单中选择"设计"命令，进入修改状态，将 Teacher 字段的数据类型修改为 varchar，将 Term 字段的长度修改为 2，保存。

⑤在 course 表的快捷菜单中选择"编辑前 200 行"命令，进入输入记录的状态，输入任意一条记录，观察结果。

（2）使用 SQL 命令建立表。

①使用 SQL 命令为已经建立的 scoresys 数据库创建 student 表，该表的表结构参见项目 1 中的表 1-14。

②使用 SQL 命令将 Sex 字段的长度修改为 1，将 Mobile 字段的长度修改为 14。

③为 student 表增加一个 Age 字段，该字段的数据类型为 int。

（3）使用 SQL 命令为字段添加默认值约束。

①使用 SQL 命令将 course 表中 Owner 字段的默认值设置为"软件学院"。

②使用 SQL 命令将 student 表中 Birthdate 字段的默认值设置为系统日期（提示：用系统函数 getdate()实现）。

③使用 SQL 命令将 student 表中 Age 字段的默认值设置为 18。

④使用 SSMS 管理器窗口为 student 表输入任意一条记录。

（4）使用 SQL 命令创建带外键约束的表。

①确认 student 表和 course 表都已经存在。
②使用 SQL 命令建立 score 表，该表的表结构参见项目 1 中的表 1-16。
③为 score 表增加一个 SecondScore 字段，表示补考成绩，数据类型是 decimal(4,1)，其值只能是 0～60 之间的数值（提示：用 CHECK 约束 check(SecondScore>=0 and SecondScore<=60)）。
④使用 SSMS 管理器窗口为 score 表输入任意一条记录，注意观察外键的作用。
⑤将 scoresys 数据库分离，并把它对应的物理文件（一个数据文件和一个事务日志文件）保存到自己的邮箱或微信中，下次操作需要使用。

4．思考题

（1）在不同的数据库中，是否允许有相同的表名？试试看。
（2）向已经建立的表中插入一个列，插入的这个列的位置在哪里？
（3）在创建带外键约束的 score 表后，试着删除 student 表，系统会给出什么提示？原因是什么？

任务3.3 修改表结构

表结构建立以后，如果要修改表结构，则既可以使用 SSMS 管理器窗口实现，也可以使用 SQL 命令实现，方法与建表的方法基本类似。修改表结构的主要操作包括修改现有列的参数、增加列、删除列、增加约束。

3.3.1 使用SSMS管理器窗口修改表结构

在 SSMS 管理器窗口中右击表名，在弹出的快捷菜单中选择"设计"命令，即可打开表设计窗口，该窗口显示的内容与创建表结构时打开的窗口显示的内容相同，可以直接修改。在修改完成后，单击"保存"按钮或者关闭表设计窗口使修改生效。

如果表中已经输入了记录，则在修改表结构时，可能造成数据的损坏或丢失。比如，某列的数据类型发生改变，则这列的数据可能丢失；某列的长度由长变短，则原来记录中超出该列现有长度的数据将会被自动截掉，并且不可恢复。

3.3.2 使用SQL命令修改表结构

修改表结构的命令是 ALTER TABLE，格式如下：   用 SQL 命令修改表结构

```
ALTER TABLE 表名
{
  ALTER COLUMN 列名 类型 [列约束]
  ADD 列名 类型 [列约束]
  ADD CONSTRAINT 约束名 约束内容
  DROP COLUMN 列名
```

```
    [,...n]
}
```

其中，ALTER COLUMN 用于修改列的属性，ADD 用于增加列，ADD CONSTRAINT 用于增加约束，DROP COLUMN 用于删除列。

每个 ALTER TABLE 命令只能对一个列进行操作，如果同时对几个列进行操作，则系统会报错并拒绝执行命令。

【例 3-7】假设已有数据库 factory，增加一个工人信息表 employee，建立表的 SQL 命令如下：

```
USE factory
GO
CREATE TABLE employee
(
Id char(8) PRIMARY KEY,
Name char(20) NOT NULL,
Department char(20) NULL,
Age int,
Cq int,
)
```

要求：在表中增加一个 Salary 字段，删除表中的 Age 字段，修改 Cq 字段的数据类型。因为此次修改涉及 3 个列，所以要使用 3 次 ALTER TABLE 命令，命令如下：

```
ALTER TABLE employee
ADD Salary float
ALTER TABLE employee
DROP COLUMN Age
ALTER TABLE employee
ALTER COLUMN Cq decimal(4,1)
```

【例 3-8】在例 3-7 的 factory 数据库的工人信息表 employee 中，增加一个约束，将年龄（Age 字段）限制在 20～60 岁之间。

```
ALTER TABLE employee
ADD CONSTRAINT CK_Age CHECK(Age>=20 and Age<=60)
```

项目习题

一、填空题

1. 标识列的数据类型是_____，其值是从_____开始编号的。
2. 表示检查约束的函数是_____，表示唯一性约束的函数是_____，表示默认值约束的函数的_____，表示主键约束的函数是_____，表示外键约束的函数是_____。

3．ADD CONSTRAINT 命令的功能是_____。
4．删除表的命令是_____，删除数据库的命令是_____，删除约束的命令是_____。
5．标识列默认的起始编号是_____，增量是_____。

二、选择题

1．修改表的命令是（　　）。
　　A．CREATE TABLE　　　　　B．ALTER TABLE
　　C．MODIFY TABLE　　　　　D．SHIFT TABLE
2．对于非空约束，系统默认是（　　）。
　　A．0　　　　B．1　　　　C．NULL　　　　D．NOT NULL
3．在修改表结构时，一条命令可以修改（　　）个列。
　　A．1　　　　B．2　　　　C．3　　　　D．4
4．在以下数据类型中，可以设置长度的是（　　）。
　　A．date　　　B．int　　　C．real　　　D．numeric
5．在删除所有记录后，以下说法正确的是（　　）。
　　A．表结构也删除了　　　　B．表结构还在
　　C．数据库也删除了　　　　D．表也删除了
6．如果表中的某个列为主键，则该列（　　）。
　　A．一定是 NULL　　　　　B．一定是 NOT NULL
　　C．一定是 FOREIGN KEY　　D．一定是 DEFAULT
7．在以下日期中，不能正确表示"2016 年 12 月 5 日"的是（　　）。
　　A．2016/12/05　B．12/05/2016　C．05-12-2016　D．12-05-2016
8．"UPDATE abc　SET Age=20"命令表示（　　）。
　　A．设置当前记录的 Age 字段的值为 20
　　B．设置第一条记录的 Age 字段的值为 20
　　C．设置 Age 字段的值为 20
　　D．设置所有记录的 Age 字段的值为 20
9．用 DROP 命令可以删除（　　）。
　　A．表名　　　B．列名　　　C．记录　　　D．以上都可以
10．如果表被删除了，则（　　）。
　　A．可以从回收站中恢复　　B．可以用 INSERT 命令恢复
　　C．可以通过撤销操作恢复　　D．无法恢复

三、简答与操作题

1．哪些数据类型的长度是由系统规定的，用户不可以修改？举出 10 种。
2．解释名词：主键、外键、约束。
3．给数据库 salaryManager（工资管理）增加一个 manager 表（管理人员表），该表包括 MID（编号）、Name（姓名）、Sex（性别）、Birthday（出生日期）、Duty（职务）、Tele（电

话号码）和 Picture（照片）等字段，请根据常识确定各个字段的数据类型和长度。写出 SQL 命令，并使用 SSMS 管理器窗口实现。

4．给数据库 salaryManager 增加一个 salary 表（工资表），该表包括 MID（编号）、sal1（基本工资）、sal2（职务津贴）、sal3（加班补助）、sal4（绩效奖）等字段，其中 MID 字段是外键，来源于 manager 表中的 MID 字段。写出 SQL 命令。

5．对数据库 salaryManager 中的 manager 表执行以下操作，写出 SQL 命令。

（1）修改表结构，将 Sex 字段的值限制为"男"或"女"。

（2）设置 sal1 字段的默认值为 3000。

（3）为 Tele 字段添加唯一性约束。

（4）为 MID 字段添加主键约束。

（5）增加一个 AnnualSalary 字段表示年薪，将年薪限制为最多 100 万元。

项目 4 数据基本操作

主要知识点

- 向数据表中添加记录。
- 更新数据表中的数据记录。
- 删除数据表中的数据记录。

学习目标

本项目将介绍数据基本操作的相关知识，主要包括向数据表中添加记录、更新数据表中的记录和删除数据表中的记录等内容。

任务4.1 向数据表中添加记录

建立表结构相当于填写了表头的内容，但表中并没有记录，此时的表相当于空表，接下来就需要向数据表中添加记录。在 SQL Server 数据库中，既可以使用 SSMS 管理器窗口向数据表中添加记录，也可以使用 SQL 命令向数据表中添加记录。

4.1.1 使用SSMS管理器窗口向数据表中添加记录

在 SSMS 管理器窗口中右击表名，在弹出的快捷菜单中选择"编辑前 200 行"命令，如图 4-1 所示，即可打开输入记录的窗口，在该窗口中依次输入各条记录即可（注意：必须一条记录输入完成后才能输入下一条记录）。在输入记录时，当前行中各个字段的值的右侧会出现一个红色的标志，如图 4-2 所示，表示数据已经修改，提醒用户保存数据，单击"保存"按钮或者关闭窗口均可保存数据。

在输入一条记录后，系统会根据主键的值由小到大自动重新排列记录的顺序。如果输入记录后无法保存，则原因一般是当前内容不符合约束要求，按 ESC 键取消当前内容的输入后重新输入内容即可，连续按 ESC 键可以取消当前行的全部输入。图 4-3 所示为 libsys 数据库中 bookInfo 表中的全部记录。

如果在表的快捷菜单中选择"选择前 1000 行"命令，则系统会打开一个"查询编辑器"窗口，该窗口中会显示用

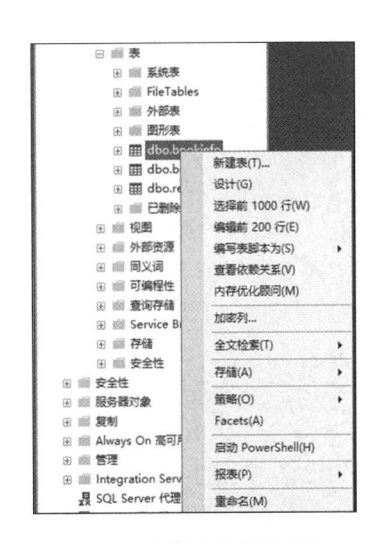

图 4-1 数据表的快捷菜单

于选择前 1000 行记录的 SQL 命令。以下是选择 bookInfo 表中前 1000 行记录的命令：

```
/****** Script for Select Top N Rows command from SSMS ******/
SELECT TOP 1000 [BookID],[BookName],[BookType],[Writer],[Publisher],[PublishDate],[Price],[BuyDate],
[BuyCount],[AbleCount],[Remark]
    FROM [libsys].[dbo].[bookInfo]
```

说明：系统在显示命令时，会给对象名加上方括号（包括表名、所有者名和列名）。TOP 1000 表示前 1000 行，如果只显示前 100 行，则表示为 TOP 100。

	BookID	BookName	BookType	Writer	Publisher	PublishDate	Price	BuyDate	BuyCount	AbleCount	Remark
	9787302395775	计算机网络技...	计算机	胡振华	清华大学出版社	2015-08-01 0.0	39	2015-12-30	30	29	出版社优秀教材
*	NULL	NULL	NULL	NULL	NULL	NULL	NULL	NULL	NULL	NULL	NULL

图 4-2　在输入记录时出现红色的标志

BookID	BookName	BookType	Writer	Publisher	PublishDate	Price	BuyDate	BuyCount	AbleCount	Remark
9787121270000	计算机网络技术实用教程	计算机	胡振华	电子工业出版社	2020-09-01 00:00:00.000	36.00	2020-10-30	20	19	NULL
9787220976553	大数据分析与应用	计算机	张安平	清华大学出版社	2021-08-20 00:00:00.000	82.00	2020-12-01	25	24	精品课程配套教材
9787302346913	Java程序设计实用教程	计算机	胡振华	清华大学出版社	2019-02-01 00:00:00.000	39.00	2020-09-20	30	29	出版社优秀教材
9787302395775	计算机网络技术教程	计算机	胡振华	清华大学出版社	2020-08-01 00:00:00.000	39.00	2020-12-30	30	29	出版社优秀教材
9787322656678	商务网页设计与艺术	艺术设计	张海	高等教育出版社	2019-04-01 00:00:00.000	55.00	2021-08-20	15	14	专业资源库配套教材
9787322656678	数据库应用技术	计算机	刘小华	电子工业出版社	2021-04-01 00:00:00.000	35.00	2021-02-01	25	20	NULL
9787431546652	电子商务基础与实务	经济管理	刘红梅	电子工业出版社	2020-08-20 00:00:00.000	82.00	2020-12-01	25	24	精品课程配套教材
9787442768891	移动商务技术设计	经济管理	胡海龙	中国经济出版社	2021-05-30 00:00:00.000	38.00	2021-08-20	28	27	NULL
9787561188064	Java程序设计基础	计算机	胡振华	大连理工大学出版社	2019-11-30 00:00:00.000	42.00	2020-03-10	50	49	"十三五"国家级规划教材
9787603658891	3D动画设计	艺术设计	刘东	电子工业出版社	2017-10-10 00:00:00.000	42.00	2019-12-20	18	17	NULL
9787322109878	面向对象程序设计	计算机	胡伏湘	清华大学出版社	2022-09-08 00:00:00.000	44.00	2023-05-04	25	20	校本教材
NULL	NULL	NULL	NULL	NULL	NULL	NULL	NULL	NULL	NULL	NULL

图 4-3　bookInfo 表中的全部记录

4.1.2　使用SQL命令向数据表中添加记录

1. 使用 INSERT…VALUES 语句向数据表中添加记录

在 SQL Server 数据库中，可以使用 INSERT…VALUES 语句向数据表中添加记录，格式如下：

INSERT [INTO] 数据表名 [(列名 1[,列名 2…])]
　　VALUES(值 1 [,值 2…])

用 SQL 命令向数据库表中添加记录

上述命令格式中的 INTO 可以省略；如果输入所有列的值，则列名列表可以省略；如果只输入部分列的值，则列名列表不可以省略，并且 VALUES 后面圆括号中的值必须与列名列表中的列名一一对应。

【例 4-1】使用 SQL 命令向 bookInfo 表中添加图 4-3 所示的 11 条记录。

--设置当前数据库为 libsys 数据库
USE libsys
GO
--使用 INSERT…VALUES 语句向数据表中添加记录
INSERT INTO bookInfo VALUES('9787302395775','计算机网络技术教程','计算机','胡振华','清华大学出版社','2015-08-01',39,'2015-12-30',30,29,'出版社优秀教材')
INSERT INTO bookInfo VALUES('9787121270000','计算机网络技术实用教程','计算机','胡振华','电子工

业出版社','2015-09-01',36,'2015-10-30',20,19,NULL)
　　INSERT INTO bookInfo VALUES('9787302346913','Java 程序设计实用教程','计算机','胡振华','清华大学出版社','2014-02-01',39,'2014-09-20',30,29,'出版社优秀教材')
　　INSERT INTO bookInfo VALUES('9787561188064','Java 程序设计基础','计算机','胡振华','大连理工大学出版社','2014-11-30',42,'2015-03-10',50,49,'"十三五"国家级规划教材')
　　INSERT INTO bookInfo VALUES('9787322656678','数据库应用技术','计算机','刘小华','电子工业出版社','2016-04-01',35,'2016-09-20',30,29,NULL)
　　INSERT INTO bookInfo VALUES('9787220976553','大数据分析与应用','计算机','张安平','清华大学出版社','2015-08-20',82,'2015-12-01',25,24,'精品课程配套教材')
　　INSERT INTO bookInfo VALUES('9787431546652','电子商务基础与实务','经济管理','刘红梅','电子工业出版社','2015-08-20',82,'2015-12-01',25,24,'精品课程配套教材')
　　INSERT INTO bookInfo VALUES('9787442768891','移动商务技术设计','经济管理','胡海龙','中国经济出版社','2016-05-30',38,'2016-08-20',28,27,NULL)
　　INSERT INTO bookInfo VALUES('9787322109877','商务网页设计与艺术','艺术设计','张海','高等教育出版社','2014-09-01',55,'2016-08-20',15,14,'专业资源库配套教材')
　　INSERT INTO bookInfo VALUES('9787603658891','3D 动画设计','艺术设计','刘东','电子工业出版社','2012-10-10',42,'2014-12-20',18,17,NULL)
　　GO

说明：（1）如果某个字段的值为空，则必须用 NULL 表示，既不可以空着，也不可以用空格表示。（2）日期型和字符串型数据必须用英文单引号引起来，但数值型数据不能用英文单引号引起来。（3）INSERT…VALUES 语句每次只能插入一条记录，如果要插入 N 条记录，则要使用 N 次 INSERT…VALUES 语句。（4）添加数据记录的成败还需考虑数据表中字段的约束情况，如果违反了约束规则，则添加数据操作就不会成功，系统也会报错。这就需要我们积极创新、不畏困难，甚至需要团队协作。

就如中国药科大学的孙庆荣博士在跨领域研究冠状病毒资源数据库的过程中所表现出的精神。根据中国药科大学 2020 年 3 月 26 日发布的消息，该校基础医学与临床药学学院 2018 级药理学专业博士生孙庆荣带领其团队成功开发了一个冠状病毒资源数据库。

据了解，这是一个专为冠状病毒科研工作者开发的资源数据库平台，旨在使学者可以便捷、迅速地查找冠状病毒（包括新冠病毒）的相关研究文献，准确掌握并深入了解冠状病毒的起源、研究历史、研究进程、研究热点等。尽管从建立到完善仅花费了 32 天，但是该数据库中整合的文献资源数却不容小觑，其共收集了 9556 篇英文研究文献、3052 篇中文研究文献、25 个英文数据资源平台、6 个中文数据资源平台及 18 个与病毒学相关的主要分析工具等。

由于是跨领域研究，孙庆荣坦言，在研究过程中发现自己对病毒的前期研究和分析不那么娴熟，他便萌生了开发、创建一个整合冠状病毒资源和相关研究的数据库的想法，从而方便非病毒学专业的科研人员从事相关研究。于是，在各自居家隔离的情况下，孙庆荣与来自药学、临床药学、中药学、生物制药等多个专业的 11 位本科生迅速组建了团队。

孙庆荣坦言，冠状病毒资源数据库的建立并不是一个轻松的过程，在数据库服务器基础环境的构建、数据整合、信息展示等环节都曾遇到各种各样的困难。面对诸多的"拦路虎"，孙庆荣通过对数据板块进行合理的规划，高效带领团队进行数据收集和整合。"虽不能到前线，但作为一名药学科研工作者，希望能利用专业所长为疫情防控尽自己的一份绵薄之力。"孙庆荣说。（来源：中国新闻网）

在数据库技术的学习和应用过程中，我们应该像孙庆荣博士一样积极创新、不畏困难、团队协作。

【例 4-2】向 bookInfo 表中添加两条记录，如图 4-4 中的灰色部分所示，这两条记录只有 BookID、BookName、BookType、Writer、Publisher、Price、BuyCount、AbleCount 这 8 个列有值，其他列没有值。

BookID	BookName	BookType	Writer	Publisher	PublishDate	Price	BuyDate	BuyCount	AbleCount	Remark
97871212700...	计算机网络技...	计算机	胡华	电子工业出版社	2020-09-01 0...	36.00	2020-10-30	20	19	NULL
97871212706...	VC++程序设计	计算机	刘水华	北京出版社	NULL	88.00	NULL	15	14	NULL
97822209765...	大数据分析与...	计算机	张安平	清华大学出版社	2021-08-20 0...	82.00	2020-12-01	25	24	精品课程配套...
97873023469...	Java程序设计	计算机	胡振华	清华大学出版社	2019-02-01 0...	39.00	2020-09-20	30	29	出版社优秀教材
97873023955...	计算机基础教程	计算机	张平军	科学出版社	NULL	55.00	NULL	100	99	NULL
97873023957...	计算机	计算机	胡振华	清华大学出版社	2020-08-15 0...	39.00	2020-12-30	30	29	出版社优秀教材
97873221098...	商务网页设计...	艺术设计	张海	高等教育出版社	2019-09-01 0...	55.00	2021-08-20	15	14	专业资源库配...
97873226566...	数据库应用技术	计算机	刘小华	电子工业出版社	2021-04-01 0...	35.00	2021-09-20	30	29	NULL
97874315466...	电子商务基础...	经济管理	刘红梅	电子工业出版社	2020-08-20 0...	82.00	2020-12-01	25	24	精品课程配套...
97874427688...	移动商务实务	经济管理	胡海龙	中国经济出版社	2020-08-15 0...	38.00	2021-08-20	28	27	NULL
97875611880...	Java程序设计	计算机	胡振华	大连理工大学...	2019-11-30 0...	42.00	2020-03-10	50	49	"十三五"国家级...
97860036588...	3D动画设计	艺术设计	刘东	电子工业出版社	2017-10-10 0...	42.00	2019-12-20	18	17	NULL
NULL	NULL	NULL	NULL	NULL	NULL	NULL	NULL	NULL	NULL	NULL

图 4-4　添加记录后的查询结果

命令如下：

INSERT bookInfo(BookID,BookName,BookType,Writer,Publisher,Price,BuyCount,AbleCount)
VALUES('9787302395555','计算机基础教程','计算机','张平军','科学出版社',55,100,99)
INSERT bookInfo(BookID,BookName,BookType,Writer,Publisher,Price,BuyCount,AbleCount)
VALUES('9787121270666','VC++程序设计','计算机','刘水华','北京出版社',88,15,14)

注意：对于没有赋值的其他列，系统会自动将各列的值设置为 NULL（见图 4-4）。在使用这种方式输入记录时，添加了 NOT NULL 约束的字段必须有内容，否则无法保存。比如，对于以下命令，系统就会提示违反 NOT NULL 约束。

INSERT bookInfo(BookID,BookName,BookType)
VALUES('9787302395777','大数据应用','计算机')

2. 使用 INSERT…SELECT 语句向数据表中添加记录

要将其他表中的数据添加到另一个表中，可以使用 INSERT…SELECT 语句实现，其格式如下：

INSERT [INTO]　表名　[(列名 1[,列名 2…])] SELECT　查询语句

在上述命令格式中，SELECT 查询语句返回的结果将插入指定的表。该查询语句是从其他表中检索数据的有效 SELECT 语句。它必须返回与列名列表中指定的列名对应的值。

【例 4-3】针对 libsys 数据库中的 bookInfo 表，将作者为"胡振华"的所有图书的数据记录添加到 bookInfo_copy 表中。

INSERT INTO bookInfo_copy
SELECT * FROM bookInfo
WHERE Writer = '胡振华'

任务4.2 更新数据表中的记录

在 SQL Server 数据库中，如果需要更新记录中某个字段的值，则与添加记录一样，既可以使用 SSMS 管理器窗口完成，也可以使用 SQL 命令完成。

4.2.1 使用SSMS管理器窗口更新数据表中的记录

在 SSMS 管理器窗口中右击表名，在弹出的快捷菜单中选择"编辑前 200 行"命令（见图 4-1），即可打开输入记录的窗口，在该窗口中可以直接更新数据表中的记录。

4.2.2 使用SQL命令更新数据表中的记录

更新数据表中记录的命令是 UPDATE，该命令可以更新记录中某个或多个字段的值，格式如下：

```
UPDATE 表名
SET 列名=表达式[,...n]
[WHERE 条件]
```

使用 SQL 命令更新数据记录

说明：[,...n]表示在一条 UPDATE 命令中可以同时对几个字段的值进行修改，如果不加 WHERE 条件子句，则所有记录的这一列的值全部修改为同一个值；如果加 WHERE 条件子句，则只对符合条件的记录进行修改。

【例 4-4】针对 libsys 数据库中的 bookInfo 表，把所有图书的库存数量（AbleCount）全部设置为 0，表示所有图书均不可以外借了。

```
UPDATE bookInfo
SET AbleCount=0
```

在执行命令后，bookInfo 表的 AbleCount 列中的数据如图 4-5 所示。

BookID	BookName	BookType	Writer	Publisher	PublishDate	Price	BuyDate	BuyCount	AbleCount	Remark
97871212700...	计算机网络技...	计算机	胡振华	电子工业出版社	2020-09-01 0...	36.00	2020-10-30	20	0	NULL
97871212706...	VC++程序设计	计算机	刘水华	北京出版社	NULL	88.00	NULL	15	0	NULL
97872209765...	大数据分析与...	计算机	张安平	清华大学出版社	2021-08-20 0...	82.00	2020-12-01	25	0	精品课程配套...
97873023469...	Java程序设计	计算机	胡振华	清华大学出版社	2019-02-01 0...	39.00	2020-09-20	30	0	出版社优秀教材
97873023955...	计算机基础教程	计算机	张平军	科学出版社	NULL	55.00	NULL	100	0	NULL
97873023957...	计算机网络技...	计算机	胡振华	清华大学出版社	2020-08-10 0...	39.00	2020-12-30	30	0	出版社优秀教材
97873221098...	商务网页设计	艺术设计	张海	高等教育出版社	2019-09-01 0...	55.00	2021-08-20	15	0	专业资源库配...
97873226506...	数据库应用技术	计算机	刘小华	电子工业出版社	2021-04-01 0...	35.00	2021-09-20	30	0	NULL
97874315466...	电子商务基础	经济管理	刘红梅	电子工业出版社	2020-08-20 0...	82.00	2020-12-01	25	0	精品课程配套...
97874427688...	移动商务技...	经济管理	胡海龙	中国经济出版社	2021-05-30 0...	38.00	2021-08-20	28	0	NULL
97875611880...	Java程序设计	计算机	胡振华	大连理工大学...	2019-11-30 0...	42.00	2020-03-10	50	0	"十三五"国家级...
97876036588...	3D动画设计	艺术设计	刘东	电子工业出版社	2017-10-10 0...	42.00	2019-12-20	18	0	NULL
NULL	NULL	NULL	NULL	NULL	NULL	NULL	NULL	NULL	NULL	NULL

图 4-5 AbleCount 列中的数据 1

【例 4-5】针对 libsys 数据库中的 bookInfo 表，对于类型为"计算机"的图书，将类型（BookType）修改为"计算机技术"。

```
UPDATE bookInfo
SET BookType='计算机技术'
WHERE BookType='计算机'
```

在执行命令后，bookInfo 表的 BookType 列中的数据如图 4-6 所示。

BookID	BookName	BookType	Writer	Publisher	PublishDate	Price	BuyDate	BuyCount	AbleCount	Remark
9787121270000	计算机网络技术实用教程	计算机技术	胡振华	电子工业出版社	2020-09-01 0...	36.00	2020-10-30	20	0	NULL
9787121270666	VC++程序设计	计算机技术	刘水华	北京出版社	NULL	88.00	NULL	15	0	NULL
9787220976553	大数据分析与应用	计算机技术	张安平	清华大学出版社	2021-08-20 0...	82.00	2020-12-01	25	0	精品课程配套...
9787302346913	Java程序设计实用教程	计算机技术	胡振华	清华大学出版社	2019-02-01 0...	39.00	2020-09-20	30	0	出版社优秀教材
9787302395555	计算机基础教程	计算机技术	张平军	科学出版社	NULL	55.00	NULL	100	0	NULL
9787302395775	计算机网络技术教程	计算机技术	胡振华	清华大学出版社	2020-08-01 0...	39.00	2020-12-30	30	0	出版社优秀教材
9787322109877	商务网页设计与艺术	艺术设计	张海	高等教育出版社	2019-09-01 0...	55.00	2021-08-20	15	0	专业资源库配...
9787322656678	数据库应用技术	计算机技术	刘小华	电子工业出版社	2021-04-01 0...	35.00	2021-09-20	30	0	NULL
9787431546652	电子商务基础与实务	经济管理	刘红梅	电子工业出版社	2020-08-20 0...	82.00	2020-12-01	25	0	精品课程配套...
9787442768891	移动商务技术	经济管理	刘海龙	中国经济出版社	2021-05-30 0...	38.00	2021-08-20	28	0	NULL
9787561188064	Java程序设计基础	计算机技术	胡振华	大连理工大学...	2019-11-30 0...	42.00	2020-03-10	50	0	"十三五"国家级...
9787603658891	3D动画设计	艺术设计	刘东	电子工业出版社	2017-10-10 0...	42.00	2019-12-20	18	0	NULL
NULL	NULL	NULL	NULL	NULL	NULL	NULL	NULL	NULL	NULL	NULL

图 4-6　BookType 列中的数据

【例 4-6】针对 libsys 数据库中的 bookInfo 表，将所有图书的库存数量（AbleCount）全部设置为购买图书本数减 1。

```
UPDATE bookInfo
SET AbleCount= BuyCount-1
```

在执行命令后，bookInfo 表的 AbleCount 列中的数据如图 4-7 所示。

BookID	BookName	BookType	Writer	Publisher	PublishDate	Price	BuyDate	BuyCount	AbleCount	Remark
97871212700...	计算机网络...	计算机技术	胡振华	电子工业出版社	2020-09-01 0...	36.00	2020-10-30	20	19	NULL
97871212706...	VC++程序设计	计算机技术	刘水华	北京出版社	NULL	88.00	NULL	15	14	NULL
97872209765...	大数据分析与...	计算机技术	张安平	清华大学出版社	2021-08-20 0...	82.00	2020-12-01	25	24	精品课程配套...
97873023469...	Java程序设计...	计算机技术	胡振华	清华大学出版社	2019-02-01 0...	39.00	2020-09-20	30	29	出版社优秀教材
97873023955...	计算机基础教程	计算机技术	张平军	科学出版社	NULL	55.00	NULL	100	99	NULL
97873023957...	计算机网络技...	计算机技术	胡振华	清华大学出版社	2020-08-01 0...	39.00	2020-12-30	30	29	出版社优秀教材
97873221098...	商务网页设计...	艺术设计	张海	高等教育出版社	2019-09-01 0...	55.00	2021-08-20	15	14	专业资源库配...
97873226566...	数据库应用技术	计算机技术	刘小华	电子工业出版社	2021-04-01 0...	35.00	2021-09-20	30	29	NULL
97874315466...	电子商务基础...	经济管理	刘红梅	电子工业出版社	2020-08-20 0...	82.00	2020-12-01	25	24	精品课程配套...
97874427688...	移动商务技术	经济管理	刘海龙	中国经济出版社	2021-05-30 0...	38.00	2021-08-20	28	27	NULL
97875611880...	Java程序设计...	计算机技术	胡振华	大连理工大学...	2019-11-30 0...	42.00	2020-03-10	50	49	"十三五"国家级...
97876036588...	3D动画设计	艺术设计	刘东	电子工业出版社	2017-10-10 0...	42.00	2019-12-20	18	17	NULL
NULL	NULL	NULL	NULL	NULL	NULL	NULL	NULL	NULL	NULL	NULL

图 4-7　AbleCount 列中的数据 2

任务4.3　删除数据表中的记录

4.3.1　删除数据表中的部分记录

1. 使用 SSMS 管理器窗口删除数据表中的部分记录

使用 SSMS 管理器窗口删除单条记录的方法是：右击要删除的记录，在弹出的快捷菜单中选择"删除"命令，如图 4-8 所示。使用 SSMS 管理器窗口删除连续多条记录的方法是：按下 Shift 键后拖动鼠标，在选择多条记录后右击，在弹出的快捷菜单中选择"删除"命令。删除不连续多条记录的方法是：按下 Ctrl 键，在依次选中要删除的各条记录后右击，在弹出的快捷菜单中选择"删除"命令。

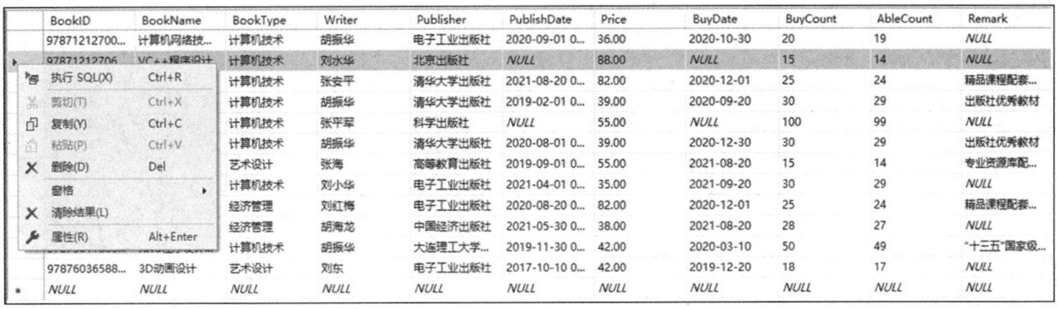

图 4-8 选择"删除"命令 1

2. 使用 SQL 命令删除数据表中的部分记录

删除记录的命令是 DELETE，格式如下：

```
DELETE [FROM] 表名
[WHERE 条件]
```

说明：FROM 可以省略，如果不加 WHERE 条件子句，则删除所有记录，仅剩下空表（即表结构）；如果加 WHERE 条件子句，则删除符合条件的记录，删除的记录无法恢复。

【例 4-7】针对 libsys 数据库中的 bookInfo 表，删除作者为"胡振华"的所有图书的记录。

```
DELETE FROM bookInfo
WHERE Writer='胡振华'
```

在执行命令后，bookInfo 表中的数据如图 4-9 所示。

图 4-9 删除作者为"胡振华"的所有图书的记录后的数据

【例 4-8】针对 libsys 数据库中的 bookInfo 表，将 10 年前出版的图书的记录删除。

```
DELETE FROM bookInfo
WHERE year(getdate())-year(PublishDate)>10
```

说明：year()函数是系统内嵌函数，用于返回日期中的年份，该年份是一个位数为 4 位的整数。

在执行命令后，bookInfo 表中的数据如图 4-10 所示。

BookID	BookName	BookType	Writer	Publisher	PublishDate	Price	BuyDate	BuyCount	AbleCount	Remark
97871212706...	VC++程序设计	计算机技术	刘水华	北京出版社	NULL	88.00	NULL	15	14	NULL
97872209765...	大数据分析与...	计算机技术	张安平	清华大学出版社	2015-08-20 0...	82.00	2015-12-01	25	24	精品课程配套
97873023955...	计算机基础教程	计算机技术	张平军	科学出版社	NULL	55.00	NULL	100	99	NULL
97873221098...	商务网页设计...	艺术设计	张海	高等教育出版社	2014-09-01 0...	55.00	2016-08-20	15	14	专业资源库配...
97873221098...	面向对象程序...	计算机技术	刘东	清华大学出版社	2022-09-08 0...	44.00	2023-05-04	25	24	校本教材
97873226566...	数据库应用技术	计算机技术	刘小华	电子工业出版社	2016-04-01 0...	35.00	2016-09-20	30	29	NULL
97874315466...	电子商务基础	经济管理	刘红梅	电子工业出版社	2015-08-20 0...	82.00	2015-12-01	25	24	精品课程配套
97874427688...	移动商务技术	经济管理	胡海龙	中国经济出版社	2016-05-30 0...	38.00	2016-08-20	28	27	NULL
NULL	NULL	NULL	NULL	NULL	NULL	NULL	NULL	NULL	NULL	NULL

图 4-10　删除 10 年前出版的图书的记录后的数据

3. 使用 SQL 命令跨表删除记录

如果需要从表 1 中删除那些与表 2 中的记录存在关联关系的数据，则命令格式如下：

DELETE　表名 1 [FROM]　表名 1,表名 2
[WHERE　条件]

【例 4-9】删除 borrowInfo 表中所有与"胡振华"相关的记录。

DELETE borrowInfo FROM bookInfo,borrowInfo
WHERE Writer='胡振华' AND bookInfo.BookID = borrowInfo.BookID

在执行命令前，borrowInfo 表中的数据如图 4-11 所示。在执行命令后，borrowInfo 表中的数据如图 4-12 所示。

ReaderID	BookID	BorrowDate	Deadline	ReturnDate
M01039546	9787322109877	2021-01-24	2020-04-23	2020-03-23
S02018786	9787431546652	2019-02-28	2019-05-27	2019-04-29
S02028217	9787220976553	2021-04-06	2021-07-05	NULL
S02028217	9787322656678	2021-09-12	2022-12-11	NULL
T01010055	9787302346913	2019-10-30	2020-04-29	2019-11-20
T01010055	9787302395775	2021-03-03	2021-09-02	2021-04-12
T01011203	9787121270000	2020-11-11	2021-05-10	2021-01-25
T03010182	9787561188064	2020-10-10	2021-04-09	2021-01-04
T03020093	9787302346913	2019-10-30	2020-04-29	2019-11-20
T03020093	9787322656678	2021-06-20	2021-12-19	NULL
T03020093	9787322656678	2021-09-12	2022-03-11	NULL
T12085566	9787322656678	2021-09-12	2022-03-11	NULL
NULL	NULL	NULL	NULL	NULL

图 4-11　执行命令前 borrowInfo 表中的数据

ReaderID	BookID	BorrowDate	Deadline	ReturnDate
M01039546	9787322109877	2021-01-24	2020-04-23	2020-03-23
S02018786	9787431546652	2019-02-28	2019-05-27	2019-04-29
S02028217	9787220976553	2021-04-06	2021-07-05	NULL
S02028217	9787322656678	2021-09-12	2022-12-11	NULL
T03020093	9787322656678	2021-06-20	2021-12-19	NULL
T03020093	9787322656678	2021-09-12	2022-03-11	NULL
T12085566	9787322656678	2021-09-12	2022-03-11	NULL
NULL	NULL	NULL	NULL	NULL

图 4-12　执行命令后 borrowInfo 表中的数据

4.3.2 删除数据表

1. 使用 SSMS 管理器窗口删除数据表

在 SSMS 管理器窗口中右击要删除的数据表的名称，在弹出的快捷菜单中选择"删除"命令，如图 4-13 所示，或者按 Delete 键，即可删除。

2. 删除数据表中的所有记录与表结构

要删除数据表中的所有记录与表结构，可以使用 DROP TABLE 命令实现，格式如下：

DROP TABLE 表名

说明：在删除表后，该表中的所有记录和表结构自然也被删除了。

4.3.3 技能训练5：记录处理

1. 训练目的

（1）掌握添加记录的两种方法。

（2）掌握使用 SQL 命令修改数据表中记录的方法。

（3）掌握使用 SQL 命令删除数据表中记录的方法。

（4）掌握删除表的方法。

2. 训练时间：2 课时

3. 训练内容

（1）使用 SSMS 管理器窗口向表中添加记录。

①确认 scoresys 数据库已经存在，并确认该数据库有 3 个表，分别是 course 表、student 表和 score 表。如果该数据库不存在，则需要重新建立该数据库，或者在自己邮箱中找到上一次操作所保存的两个文件，将其附加到数据库中。

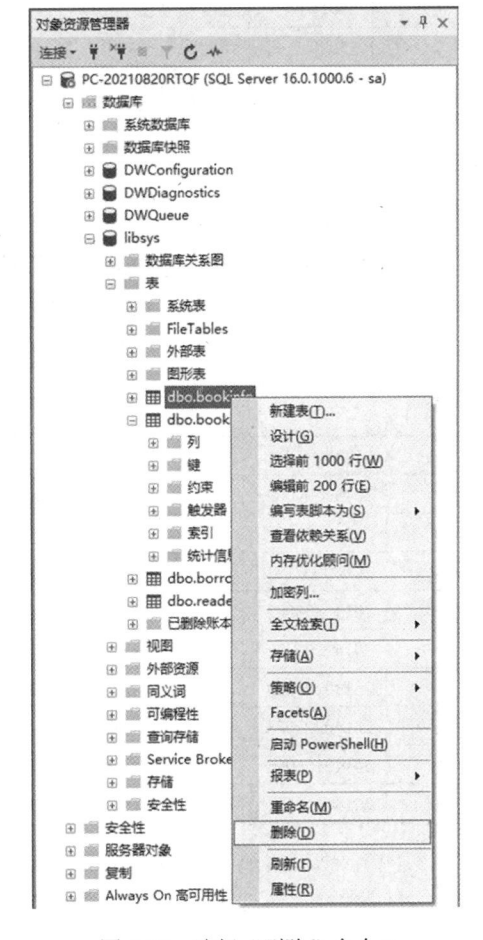

图 4-13 选择"删除"命令 2

②在 SSMS 管理器窗口中，依次展开"数据库"→"scoresys"→"表"节点，右击表名 course，在弹出的快捷菜单中选择"编辑前 200 行"命令，打开输入记录的窗口，在该窗口中输入表 4-1 所示的记录。注意：在输入字段的值时，不要加入空格，如"刘江"不要写成"刘　江"。

表 4-1 course 表中的记录

序号	CourseID	CourseName	CourseType	Owner	Period	Credit	Teacher	Term
1	1001001	计算机应用基础	公共基础	软件学院	48	3	张军军	1
2	1001002	高等数学一	公共基础	公共课部	72	4.5	李小强	1
3	1001004	大学语文	公共基础	公共课部	64	4	刘江	1
4	2100012	英语二	公共基础	公共课部	48	3	杨阳	2
5	2100015	C++程序设计	专业基础	软件学院	80	5	张军军	2
6	3301009	Java 程序设计	专业核心	软件学院	64	4	刘大会	3
7	3208911	数据库应用技术	专业核心	软件学院	64	4	张军军	3
8	4011033	商务网站设计	专业核心	软件学院	72	4.5	洪国良	4
9	4213008	大数据应用	专业方向	软件学院	48	3	张强	5
10	4333010	网络营销	专业方向	商学院	48	3	徐小东	5

（2）使用 SQL 命令向 student 表中添加记录。

①确认当前数据库是 scoresys 数据库，并打开一个"查询编辑器"窗口。

②使用 SQL 命令向 student 表中添加表 4-2 所示的记录。

表 4-2 student 表中的记录

序号	SID	SName	Dept	Class	Sex	Birthdate	Mobile	Home
1	20130205011	李学才	软件学院	软件 1305	男	1995-05-05	15807310888	湖南长沙
2	20130204009	刘明明	软件学院	软件 1303	女	1996-12-12	15573223322	湖南株洲
3	20130101122	张东	商学院	会计 1302	男	1995-08-01	15273117899	湖南长沙
4	20140107123	许小放	商学院	电商 1402	女	1996-09-10	18942513351	湖南长沙
5	20140303007	杨阳	旅游学院	旅游 1401	女	1995-10-19	18802014355	广州从化
6	20140205223	胡小军	软件学院	软件 1505	男	1997-09-22	17733555678	广州番禺
7	20130205020	杨志强	软件学院	软件 1305	男	1994-12-30	0731-23238899	湖南株洲
8	20140303088	杨阳	旅游学院	旅游 1502	男	1998-01-09	13902716544	湖北武汉
9	20140106065	周到	商学院	会计 1403	女	1996-07-01	1570213377	上海市
10	20140208161	徐华山	软件学院	物联网 1401	男	1996-07-20	18904513451	黑龙江哈尔滨

（3）使用 SQL 命令向带外键约束的数据表中添加记录。

①确认 score 表和 student 表中的记录已经输入无误。

②使用 SQL 命令向 score 表中添加表 4-3 所示的记录。

表 4-3 score 表中的记录

序号	SID	CourseID	ExamTime	Mark	ExamPlace	Memory
1	20130205011	1001001	2014-01-05 10:00:00	85	自强楼 105	NULL
2	20130205011	1001002	2014-01-06 14:30:00	73.5	致用楼 303	NULL
3	20130204009	1001002	2014-01-06 14:30:00	100	致用楼 303	NULL
4	20130101122	1001004	2014-01-07 8:30:00	90	知行楼 501	NULL
5	20140107123	2100012	2015-06-30 8:30:00	48	自强楼 305	NULL
6	20140107123	2100015	2015-07-02 10:00:00	NULL	德业楼 109	缺考

续表

序号	SID	CourseID	ExamTime	Mark	ExamPlace	Memory
7	20140303007	2100015	2015-07-02 10:00:00	88	德业楼 109	NULL
8	20140205223	3301009	2016-01-10 14:00:00	98.5	自强楼 505	NULL
9	20130205020	3208911	2015-01-08 14:00:00	80	知行楼 201	NULL
10	20140303088	4011033	2016-06-25 8:00:00	NULL	知行楼 201	缺考
11	20140106065	4011033	2016-06-25 8:00:00	65	知行楼 201	NULL
12	20140208161	4011033	2016-06-25 8:00:00	90	知行楼 201	NULL
13	20140106065	1001002	2015-07-02 18:00:00	NULL	敬业楼 108	缓考
14	20140208161	1001004	2015-07-02 18:00:00	90	敬业楼 108	免考

（4）修改记录。

分别使用 SSMS 管理器窗口和 SQL 命令实现下面的内容：

①对于 couse 表中 CourseType 列的值为"公共基础"的记录，将 CourseType 列的值全部改为"公共基础课"。

②对于 couse 表中 CourseType 列的值为"公共基础课"的记录，将 CourseType 列的值全部改回"公共基础"。

（5）删除记录。

①删除 score 表中最后的两条记录。

②使用 INSERT 命令将第①步删除的两条记录添加到 score 表中。

（6）创建数据表 test，该表中的列自定义即可，用 3 种方法删除该数据表（提示：快捷菜单、命令、Insert 键）。

（7）将 scoresys 数据库分离，并把它对应的物理文件复制后保存到自己的邮箱中，以后的操作需要继续使用。

4．思考题

（1）在 student 表中，删除 SID 列的值为 20130205011 的这条记录，会出现什么提示？试试看，并解释原因。

（2）向 score 表中添加任意一条记录，会出现什么提示？能不能添加成功？为什么？

（3）在建立表时，假如要让 Sign 字段的值必须是 a、b、c、d、e、f 中的一个字符，而不能是其他字符，该怎样设置 CHECK 约束？

项目习题

一、填空题

1．SQL Server 数据库提供_____命令来删除表中的数据。

2．在 SQL Server 数据库中，删除数据表所使用的命令是_____。

3．当更新语句中不加_____条件子句时，表中所有记录的指定字段的值将全部更新。

4．在 SQL Server 数据库中，使用_____命令更新表中的数据。

二、选择题

1. 下列说法正确的是（　　）。
   A．INSERT…VALUES 语句中的关键字 INTO 不能省略
   B．INSERT…VALUES 语句中的关键字 VALUES 不能省略
   C．INSERT…VALUES 语句一次只能添加一行数据
   D．INSERT…VALUES 语句中的字段名不能省略

2. 下列关于 UPDATE 语句的说法正确的是（　　）。
   A．UPDATE 语句一次只能修改一列的值
   B．UPDATE 语句只能用于修改，不能用于赋值
   C．UPDATE 语句中不能加 WHERE 条件子句
   D．UPDATE 语句可以指定要修改的列和想赋予的新值

3. 如果要删除数据库中已经存在的 S 表，则可以使用（　　）命令实现。
   A．DELETE TABLE S　　　　B．DELETE S
   C．DROP S　　　　　　　　D．DROP TABLE S

4. 如果要向数据表中插入一条记录，则可以使用（　　）命令实现。
   A．CREATE　　B．INSERT　　C．SAVE　　D．UPDATE

5. 下面插入数据操作错误的是（　　）。
   A．INSERT 数据表名 VALUES(值列表)
   B．INSERT INTO 数据表名 VALUES(值列表)
   C．INSERT 数据表名 VALUES(值列表)
   D．INSERT 数据表名 (值列表)

三、简答与操作题

1. 对 salaryManager 数据库中的 salary 表（工资表）执行以下操作，写出 SQL 命令。
（1）修改表结构。
（2）将 sal1 字段的值全部设置为 3000。
（3）删除 sal2 字段的值大于 5000 的全部记录。
（4）添加任意一条记录。
（5）对于 sal3 字段的值大于 2000 的全部记录，将 sal4 字段的值设置为 8000。

项目 5 数据查询

主要知识点
- 在一个表中查询数据。
- 在多个表中查询数据。
- 在查询结果中查询数据。

学习目标

本项目将介绍如何从项目 4 创建的 libsys 数据库中查询出需要的数据，以及如何在查询数据的同时进行相关计算。

任务5.1 基本数据查询

数据库用来管理海量的数据，所谓管理，最重要的工作就是从海量的数据中挑选出我们需要的数据。从数据库中挑选数据需要使用 SELECT 语句，通过 SELECT 语句从数据库中挑选出我们需要的数据的过程称为匹配查询或查询（Query），所以 SELECT 语句也被称为查询语句。SELECT 语句是 SQL 语言中使用最多的、最基本的语句，掌握了 SELECT 语句，距离掌握 SQL 语言就不远了！

5.1.1 简单数据查询

在如图 5-1 所示的 bookInfo 表中，如果我们只想知道每本书的名称和对应的销售价格，则其他列中的数据可能对我们的观察造成干扰，甚至让我们看错某本书的真正销售价格。此时，我们就可以使用 SELECT 语句选取（查询）出我们需要的列数据。

BookID	BookNa...	BookTy...	Writer	Publisher	Publish...	Price	BuyDate	BuyCount	AbleCo...	Remark
9787121...	计算机网...	计算机	胡振华	电子工业...	2020-09...	36.00	2020-10...	20	19	NULL
9787220...	大数据分...	计算机	张安平	清华大学...	2021-08...	82.00	2020-12...	25	24	精品课程...
9787302...	Java程序...	计算机	胡振华	清华大学...	2019-02...	39.00	2020-09...	30	29	出版社优...
9787302...	计算机网...	计算机	胡振华	清华大学...	2020-08...	39.00	2020-12...	30	29	出版社优...
9787322...	商务网页...	艺术设计	张海	高等教育...	2019-09...	55.00	2021-09...	15	14	专业资源...
9787322...	数据库应...	计算机	刘小华	电子工业...	2021-04...	35.00	2021-09...	30	29	NULL
9787431...	电子商务...	经济管理	刘红梅	电子工业...	2020-08...	82.00	2020-12...	25	24	精品课程...
9787442...	移动商务...	经济管理	胡海龙	中国经济...	2021-05...	38.00	2021-08...	28	27	NULL
9787561...	Java程序...	计算机	胡振华	大连理工...	2019-11...	42.00	2020-03...	50	49	"十三五"...
9787603...	3D动画...	艺术设计	刘东	电子工业...	2017-10...	42.00	2019-12...	18	17	NULL
NULL	NULL	NULL	NULL	NULL	NULL	NULL	NULL	NULL	NULL	NULL

图 5-1 bookInfo 表中的数据

在“查询编辑器”窗口中输入以下命令并执行，注意：先将 libsys 数据库设置为当前数据库，否则可能找不到数据。执行结果如图 5-2 所示。

```
SELECT BookName,Price FROM bookInfo
```

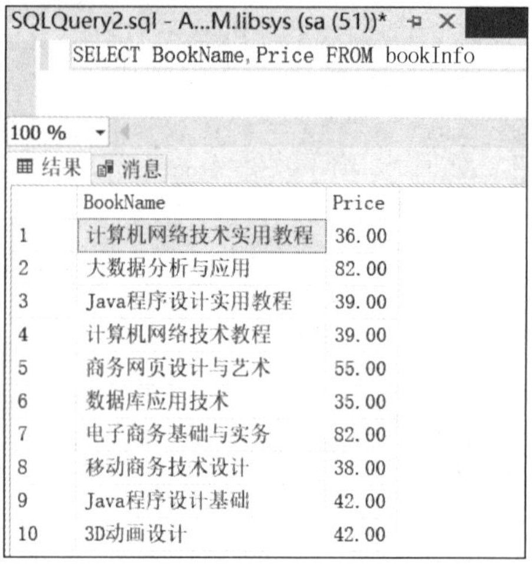

	BookName	Price
1	计算机网络技术实用教程	36.00
2	大数据分析与应用	82.00
3	Java程序设计实用教程	39.00
4	计算机网络技术教程	39.00
5	商务网页设计与艺术	55.00
6	数据库应用技术	35.00
7	电子商务基础与实务	82.00
8	移动商务技术设计	38.00
9	Java程序设计基础	42.00
10	3D动画设计	42.00

图 5-2　SELECT 语句的执行结果

由上述操作过程可以总结出，使用 SELECT 语句查询出我们需要的列数据的格式如下：

```
SELECT <列名 1[,列名 2...]>
FROM <数据表名>
```

接下来，尝试能否从 readerInfo 表中查询出 ReaderName 列、ReaderSex 列、Mobile 列和 Department 列中的数据。readerInfo 表中的数据如图 5-3 所示。

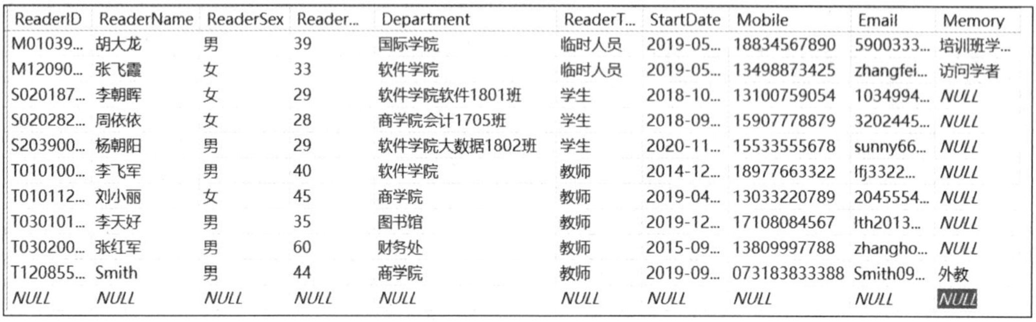

ReaderID	ReaderName	ReaderSex	Reader...	Department	ReaderT...	StartDate	Mobile	Email	Memory
M01039...	胡大龙	男	39	国际学院	临时人员	2019-05...	18834567890	5900333...	培训班学...
M12090...	张飞霞	女	33	软件学院	临时人员	2019-05...	13498873425	zhangfei...	访问学者
S020187...	李朝晖	女	29	软件学院软件1801班	学生	2018-10...	13100759054	1034994...	NULL
S020282...	周依依	女	28	商学院会计1705班	学生	2018-09...	15907778879	3202445...	NULL
S203900...	杨朝阳	男	29	软件学院大数据1802班	学生	2020-11...	15533555678	sunny66...	NULL
T010100...	李飞军	男	40	软件学院	教师	2014-12...	18977663322	lfj3322...	NULL
T010112...	刘小丽	女	45	商学院	教师	2019-04...	13033220789	2045554...	NULL
T030101...	李天好	男	35	图书馆	教师	2019-12...	17108084567	lth2013...	NULL
T030200...	张红军	男	60	财务处	教师	2015-09...	13809997788	zhangho...	NULL
T120855...	Smith	男	44	商学院	教师	2019-09...	073183833388	Smith09...	外教
NULL	NULL	NULL	NULL	NULL	NULL	NULL	NULL	NULL	NULL

图 5-3　readerInfo 表中的数据

【例 5-1】从 readerInfo 表中查询 ReaderName 列、ReaderSex 列、Mobile 列和 Department 列中的数据。

```
SELECT ReaderName,ReaderSex,Mobile,Department
FROM readerInfo
```

查询结果如图 5-4 所示。

说明：（1）SELECT 子句中的列名顺序可以和表结构中列的顺序不同；（2）在查询结

果中，列的排列顺序与 SELECT 子句中列名的排列顺序一致。

在某些特殊情况下，需要查询表中所有列的数据，这时可以在 SELECT 子句中列出所有列名。示例如下：

```
SELECT ReaderID,BookID,BorrowDate,Deadline,ReturnDate FROM borrowInfo
```

也可以使用“*”符号代替所有列名，示例如下：

```
SELECT * FROM borrowInfo
```

查询结果如图 5-5 所示。

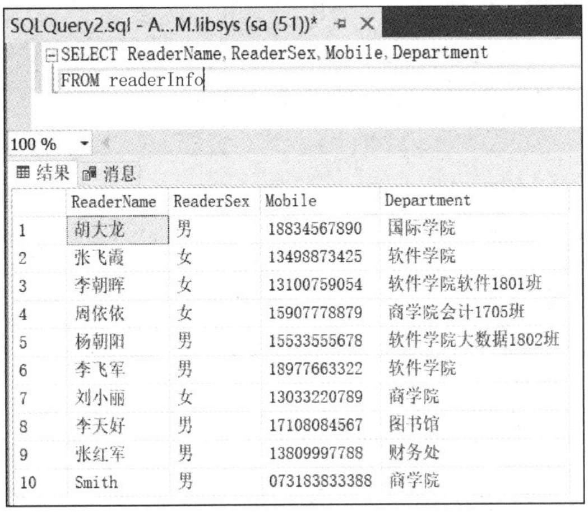

SQLQuery2.sql - A...M.libsys (sa (51))*

```
SELECT ReaderName, ReaderSex, Mobile, Department
FROM readerInfo
```

100 %

结果　消息

	ReaderName	ReaderSex	Mobile	Department
1	胡大龙	男	18834567890	国际学院
2	张飞霞	女	13498873425	软件学院
3	李朝晖	女	13100759054	软件学院软件1801班
4	周依依	女	15907778879	商学院会计1705班
5	杨朝阳	男	15533555678	软件学院大数据1802班
6	李飞军	男	18977663322	软件学院
7	刘小丽	女	13033220789	商学院
8	李天好	男	17108084567	图书馆
9	张红军	男	13809997788	财务处
10	Smith	男	073183833388	商学院

图 5-4　例 5-1 的查询结果

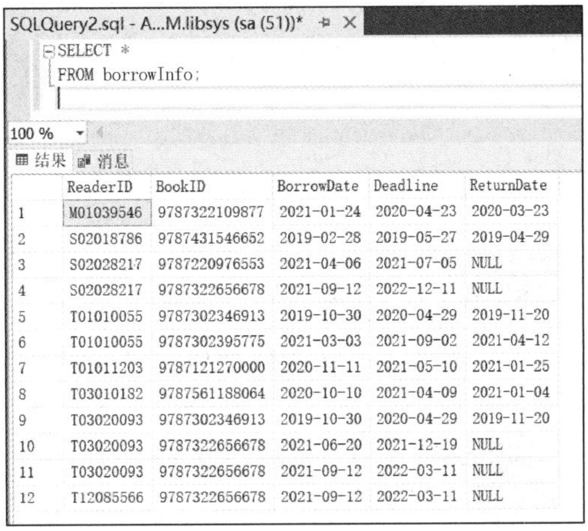

SQLQuery2.sql - A...M.libsys (sa (51))*

```
SELECT *
FROM borrowInfo;
```

100 %

结果　消息

	ReaderID	BookID	BorrowDate	Deadline	ReturnDate
1	M01039546	9787322109877	2021-01-24	2020-04-23	2020-03-23
2	S02018786	9787431546652	2019-02-28	2019-05-27	2019-04-29
3	S02028217	9787220976553	2021-04-06	2021-07-05	NULL
4	S02028217	9787322656678	2021-09-12	2022-12-11	NULL
5	T01010055	9787302346913	2019-10-30	2020-04-29	2019-11-20
6	T01010055	9787302395775	2021-03-03	2021-09-02	2021-04-12
7	T01011203	9787121270000	2020-11-11	2021-05-10	2021-01-25
8	T03010182	9787561188064	2020-10-10	2021-04-09	2021-01-04
9	T03020093	9787302346913	2019-10-30	2020-04-29	2019-11-20
10	T03020093	9787322656678	2021-06-20	2021-12-19	NULL
11	T03020093	9787322656678	2021-09-12	2022-03-11	NULL
12	T12085566	9787322656678	2021-09-12	2022-03-11	NULL

图 5-5　查询 borrowInfo 表中所有列的结果

但是一定要注意，在使用“*”符号代替所有列名时，查询速度会比较慢。特别是数据库大部分情况下是提供给其他应用程序查询数据的，如果在其他应用程序中使用“*”符号代替所有列名，则会大幅度影响应用程序的运行速度，因此强烈建议在程序开发中不要使用“*”符号代替所有列名。

在对表进行查询时，还可以同时使用“别名”代替原来的列名，共有 3 种方法引入列的别名：

（1）列名 AS 别名。

（2）列名 别名。

（3）别名=列名。

上述 3 种方法可以在一个 SELECT 语句中混合使用，如果列不指定别名，则别名就是列名本身。

【例 5-2】查询 bookInfo 表中的 BookID 列、BookName 列、Publish 列、Price 列，并在表头行中显示“书号”、“书名”、“出版社”和“价格”字样，而不显示列名。

```
SELECT BookID AS 书号,BookName 书名,出版社=Publisher, Price AS 价格
FROM bookInfo
```

查询结果如图 5-6 所示。

说明：SELECT 语句用来从数据库中查询数据，查询出的数据称为查询结果。在一般

情况下，查询结果不会改变数据库中的内容，所以别名只影响 SELECT 语句的查询结果，不会改变表中原始的列名。

图 5-6　例 5-2 的查询结果

前面的例子都是查询出表中所有的记录，但在实际工作中，一个表中可能有几万甚至几十万行记录，不可能也不需要每次都查询出全部记录，在大部分情况下，要查询出的只是符合某些条件（如"图书类型为计算机""价格在 40 元以上"等）的记录。

SELECT 语句可以通过 WHERE 子句来指定查询记录的条件，格式如下：

```
SELECT <列名 1[,列名 2…]>
FROM <表名>
WHERE <条件表达式>
```

在 WHERE 子句中，可以指定"某个列的值等于特定字符串"或"某个列的值大于一个数字"等条件。执行含有这些条件的 SELECT 语句，就可以查询出只符合该条件的记录了。

【例 5-3】查询 bookInfo 表中出版单位为"清华大学出版社"的图书的所有记录。

```
SELECT * FROM bookInfo
WHERE Publisher='清华大学出版社'
```

查询结果如图 5-7 所示。

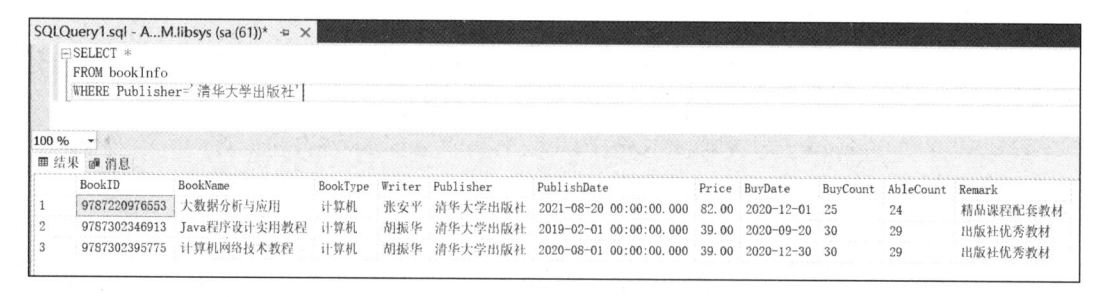

图 5-7　例 5-3 的查询结果

由图 5-7 可知，SQL Server 数据库只挑选出了符合条件的记录，表中其他不符合条件的记录没有被挑选出放在查询结果中。

在 WHERE 子句中，允许用户在条件表达式中使用各类运算符，过滤掉不符合条件的数据行，只挑选符合条件的数据行。运算符包括比较运算符、范围运算符、列表运算符、空值判断符、逻辑运算符、通配符、模式匹配符等。下面以 libsys 数据库中的 bookInfo 表为例进行说明。

1）比较运算符

比较运算符用于比较两个值的大小，表示大小关系，也叫关系运算符。比较运算符包括>（大于）、>=（大于或等于）、=（等于）、<（小于）、<=（小于或等于）、!>（不大于）、!<（不小于）、<>（不等于）、!=（不等于）。例如，"出版单位不是电子工业出版社"可以表示为"Publisher<>'电子工业出版社'"。

2）范围运算符

范围运算符用于判断一个值是否在指定的范围内，包括 BETWEEN…AND…和 NOT BETWEEN…AND…这两个运算符。例如，"出版日期介于 2010 年和 2015 年之间"可以表示为"PublishDate BETWEEN '2010-01-01' AND '2015-12-31'"。

3）列表运算符

列表运算符用于判断表达式是否出现在列表中，包括 IN(项 1,项 2…)、NOT IN(项 1,项 2…)两个运算符。例如，"作者是刘小华和张红梅两位中的一位"可以表示为"Writer IN('刘小华','张红梅')"。

4）空值判断符

空值判断符用于判断表达式是否为空，包括 IS NULL（表示为空）、IS NOT NULL（表示不为空）这两个运算符。例如，"出版日期为空"可以表示为"PublishDate IS NULL"，不能写成"PublishDate = NULL"。

5）逻辑运算符

逻辑运算符用于连接多个条件，构成复杂的表达式，其结果是一个逻辑值，表示成立（逻辑真）或不成立（逻辑假），包括 NOT、AND、OR 这 3 个运算符。

NOT 表示逻辑非运算，即取反运算。例如，NOT (13<20)的结果不成立，即逻辑假。

AND 表示逻辑与运算，可以理解为"而且"的意思，当两个表达式的结果同时成立时，其结果才为真，其他情况均为假。例如，(20>10) AND (12>=18)的结果为假。

OR 表示逻辑或运算，可以理解为"或者"的意思，即只要有一个条件成立，结果就为真，只有当两个条件都不成立时，结果才为假。例如，(20>10) OR (12>=18)的结果为真。

6）通配符

通配符常用于模糊查找，它判断列值是否与指定的字符串格式相匹配。该运算符可用于 char、varchar、text、ntext、datetime 和 smalldatetime 等类型数据的查询。

可以使用以下通配符：

（1）百分号%：匹配任意类型和长度的字符。例如，"第 1 个字符是 a 的字符串"可以表示为"a%"，"含有'中'的字符串"可以表示为"%中%"。

（2）下划线_：匹配单个任意字符，它常用来限制表达式的字符长度。例如，"第 1 个字符任意、第 2 个字符是 a、后面的字符任意的字符串"可以表示为"_a%"。

（3）方括号[]：指定一个字符、字符串或范围，要求所匹配对象为它们中的任意一个。例如，"长度为5的字符串"可以表示为"[a-z][a-z][a-z][a-z][a-z]"。

（4）[^]：其取值规则与[]相同，但它要求所匹配对象为除指定字符以外的任意一个字符，即除此之外。

7）模式匹配符

模式匹配符用于判断值是否与指定的字符通配格式相符，包括 LIKE、NOT LIKE 这两个运算符。例如，姓"刘"的作者的姓名表示为"Writer LIKE '刘%'"，不姓"刘"的作者的姓名表示为"Writer NOT LIKE '刘%'"。在使用 WHERE 子句指定条件限制查询记录的同时，也可以在 SELECT 子句中指定需要的列。

【例 5-4】查询 bookInfo 表中 2019 年以后出版的图书的记录，只需要 BookID 列、BookName 列、Writer 列、PublishDate 列中的数据。

```
SELECT BookID,BookName,Writer,PublishDate FROM bookInfo
WHERE PublishDate>='2020-01-01'
```

查询结果如图 5-8 所示。

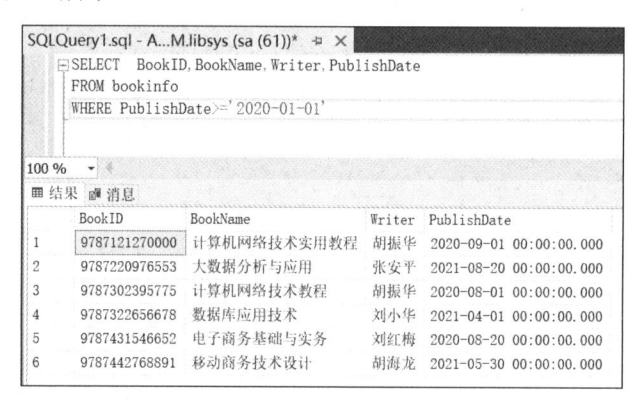

图 5-8 例 5-4 的查询结果

WHERE 条件在比较大小时，对于日期型数据，越新的日期越大；对于字符型数据，包括大小写英文字母、数字字符、标点符号、汉字。英文字母、数字字符、标点符号的大小是由它们的 ASCII 值来决定的，记住 4 个关键字符的 ASCII 值即可递推出其他字符的 ASCII 值：空格（ASCII 值为 32）、'0'（ASCII 值为 48）、'A'（ASCII 值为 65）、'a'（ASCII 值为 97）。汉字比英文字母、数字字符、标点符号都大，汉字的大小由它们的拼音来决定，按照拼音的字母顺序即可分出大小，比如"刘"<"王"，因为"liu"<"wang"，同理，"男"<"女"；如果前面的部分都相同，则越长的拼音越大，如"李"<"刘"，因为"li"<"liu"，同理，"李安"<"李安军"。

各类字符的大小顺序可以表示为：标点符号<数字字符<大写字母<小写字母<汉字。

如果 WHERE 子句中要表示一个区间段内的数据，则可以使用 BETWEEN...AND...运算符。

【例 5-5】查询 2020 年出版的图书的记录，只需要 BookID 列、BookName 列、Publisher 列中的数据。

```
SELECT BookID,BookName,Publisher,PublishDate FROM bookInfo
WHERE PublishDate BETWEEN '2020-01-01' AND '2020-12-31'
```

查询结果如图 5-9 所示。

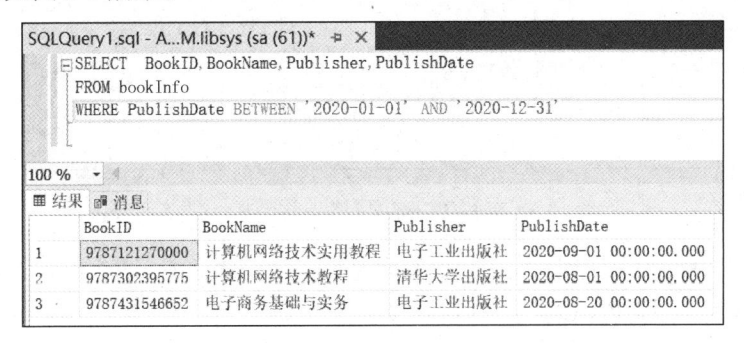

图 5-9 例 5-5 的查询结果

在例 5-5 中，WHERE 子句中还可以使用 SQL Server 数据库的内置函数 year()，将条件写为"WHERE year(PublishDate)=2020"。

在 WHERE 子句中，还可以使用 LIKE 运算符和通配符来实现模糊查询。

【例 5-6】查询"张"姓作者或"刘"姓作者编写的图书的记录。

```
SELECT * FROM bookInfo
WHERE Writer LIKE '张%' OR Writer LIKE '刘%'
```

查询结果如图 5-10 所示。

图 5-10 例 5-6 的查询结果

当 WHERE 子句中有多个条件，需要使用逻辑运算符时，要特别注意逻辑运算符之间的优先级关系。

【例 5-7】查询由电子工业出版社出版的所有图书的记录，以及不是由清华大学出版社出版的且销售价格高于 40 元的所有图书的记录。

```
SELECT * FROM bookInfo
WHERE Publisher='电子工业出版社' OR Publisher<>'清华大学出版社' AND Price>40
```

查询结果如图 5-11 所示。

图 5-11　例 5-7 的查询结果

例 5-7 中使用了多个逻辑运算符，由于运算符有优先级关系，因此先计算了 Publisher<>'清华大学出版社' AND Price>40，即先查询出了不是由清华大学出版社出版的且销售价格高于 40 元的图书的记录。如果不能确定运算符的优先级，则最好使用小括号规定运算顺序。因此，例 5-7 中的条件写成"(Publisher='电子工业出版社') OR (Publisher<>'清华大学出版社' AND Price>40)"最保险。

在 WHERE 子句中，如果在判断条件时指定列的内容为 NULL，则不能使用"="运算符，只能使用 IS NULL；如果在判断条件时指定列的内容不为空，则既可以使用<>'NULL'，也可以使用 IS NOT NULL，但建议使用 IS NOT NULL。

【例 5-8】在 bookInfo 表中，查询 Remark 列的值为 NULL 的记录的 BookID 列、BookName 列、Price 列、Remark 列中的内容。

```
SELECT BookID, BookName, Price,Remark FROM bookInfo
WHERE Remark IS NULL
```

查询结果如图 5-12 所示。

在 SQL Server 2022 中，允许在 SELECT 子句中进行计算。例如，"SELECT 3*5"的执行结果如图 5-13 所示。

图 5-12　例 5-8 的查询结果

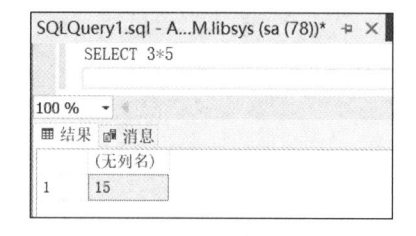

图 5-13　SELECT 子句的执行结果

当然，这样的计算并没有多大用处，但如果参与运算的数据是记录中列内的数据，就表达一定的意义了。

【例 5-9】在 bookInfo 表中记录了每本书的价格（Price）和采购数量（BuyCount），查询所有图书的名称（BookName）、价格（Price）、采购数量（BuyCount），并计算每种书的总价值。

```
SELECT BookName,Price,BuyCount,Price*BuyCount FROM bookInfo
```

查询结果如图 5-14 所示。

说明：通过计算得到的列默认没有列名，可以通过别名的方式为该列命名。

在前面各个例题的 SELECT 查询结果中，各行的排列顺序似乎是按照各行添加到数据表中的先后顺序进行排列的，但这只是由于数据量不大所产生的一个假象。当表中的数据达到几万行、几十万行时，每次执行相同条件的 SELECT 语句，查询结果的排序情况可能都不一样，也会引起 TOP 子句的查询结果的变化。为了保证 TOP 子句的查询结果的确定性，SQL 语言允许 SELECT 语句使用 ORDER BY 子句对查询结果进行排序。语法格式如下：

```
SELECT [Top (n)] <列名 1[,列名 2…]>
FROM <表名>
WHERE <条件表达式>
ORDER BY <列名 1 ASC |DESC [,列名 2 ASC |DESC…]>
```

说明：（1）当使用 ORDER BY 子句对 SELECT 查询结果进行排序时，可以选择 ASC（升序）或 DESC（降序），ASC 为默认排序顺序，可以省略；（2）对于 NULL 值，SQL Server 和 MySQL 默认它是最小值，Oracle 默认它是最大值，其他数据库管理系统需要自行测试；（3）ORDER BY 子句允许使用 SELECT 子句中定义的“别名”进行排序。

【例 5-10】 在 bookInfo 表中，查询 BuyCount 列内的值大于 20 且 BuyCount 列内的值最大的前 5 种图书的记录，只需要 BookID 列、BookName 列、Price 列、BuyCount 列、BuyDate 列中的数据。

```
SELECT TOP (5) BookID,BookName,Price,BuyCount,BuyDate FROM bookInfo
WHERE BuyCount>20
ORDER BY BuyCount DESC
```

查询结果如图 5-15 所示。

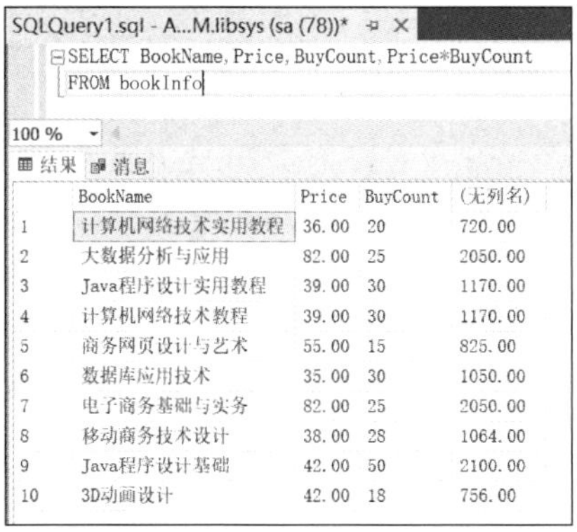

	BookName	Price	BuyCount	(无列名)
1	计算机网络技术实用教程	36.00	20	720.00
2	大数据分析与应用	82.00	25	2050.00
3	Java程序设计实用教程	39.00	30	1170.00
4	计算机网络技术教程	39.00	30	1170.00
5	商务网页设计与艺术	55.00	15	825.00
6	数据库应用技术	35.00	30	1050.00
7	电子商务基础与实务	82.00	25	2050.00
8	移动商务技术设计	38.00	28	1064.00
9	Java程序设计基础	42.00	50	2100.00
10	3D动画设计	42.00	18	756.00

图 5-14　例 5-9 的查询结果

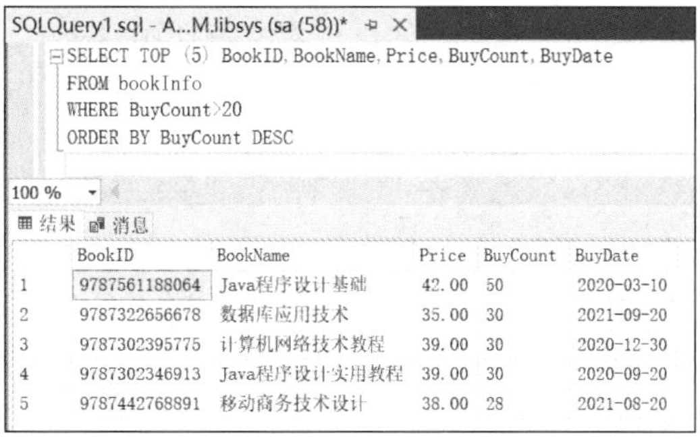

	BookID	BookName	Price	BuyCount	BuyDate
1	9787561188064	Java程序设计基础	42.00	50	2020-03-10
2	9787322656678	数据库应用技术	35.00	30	2021-09-20
3	9787302395775	计算机网络技术教程	39.00	30	2020-12-30
4	9787302346913	Java程序设计实用教程	39.00	30	2020-09-20
5	9787442768891	移动商务技术设计	38.00	28	2021-08-20

图 5-15　例 5-10 的查询结果

注意：这里指定的排序列 BuyCount 中依然有相同数据，在表中其他数据量巨大的情况下，这几条记录的排序顺序依然是随机的，为了能固定这几条记录的排序顺序，可以在 ORDER BY 子句中增加排序字段，当 BuyCount 列中的值相同时，SELECT 会按照 ORDER BY 子句中指定的第二个列进行排序。

【例 5-11】 在 bookInfo 表中，查询 BuyCount 列内的值大于 20 且 BuyCount 列内的值最大的前 5 种图书的记录，只需要 BookID 列、BookName 列、Price 列、BuyCount 列、BuyDate 列中的数据。如果 BuyCount 列中的值相同，则按照 BuyDate 列进行升序排序。

```
SELECT TOP (5) BookID,BookName,Price,BuyCount,BuyDate FROM bookInfo
WHERE BuyCount>20
ORDER BY BuyCount DESC,BuyDate
```

查询结果如图 5-16 所示。

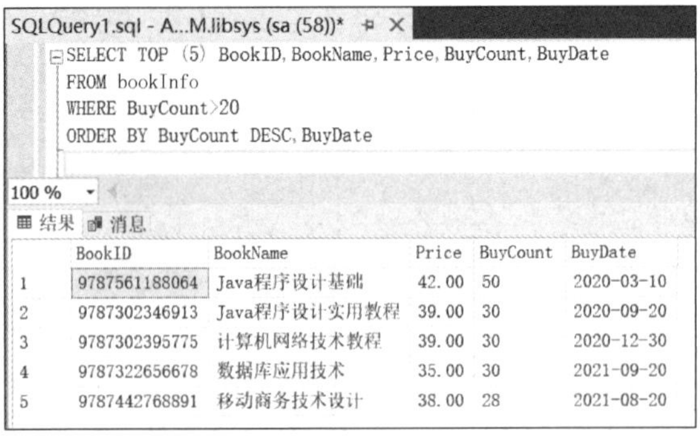

图 5-16 例 5-11 的查询结果

如果想完全避免排序出现随机情况，则最好在 ORDER BY 子句中包含具有唯一性约束的列。

5.1.2 统计数据查询

SQL 语言不仅允许 SELECT 语句进行简单的计算，还提供聚合函数用于复杂的计算。所谓聚合函数是指用于对多条记录进行记录统计、数据运算的函数，它对多条记录进行计算，返回一个值。聚合函数是 SQL 标准规定的，大多数数据库管理系统都支持使用。

聚合函数主要有 COUNT()（求记录数）、SUM()（求和）、AVG()（求平均值）、MAX()（求最大值）、MIN()（求最小值）这 5 个。

➡ 1. COUNT()函数

COUNT()函数的功能是求 SELECT 语句查询出来的记录的总数，其格式是 COUNT(*)或 COUNT() (DISTINCT 列名)。

【例 5-12】 查询 bookInfo 表中的记录数。

```
SELECT COUNT(*) AS 记录数 FROM bookInfo
```

查询结果如图 5-17 所示。

想要计算 SELECT 语句一共查询出多少条记录，尽量不要使用 COUNT(列名)，因为如果该列中有 NULL 值，则 COUNT()函数将剔除对应的记录，造成总记录数计算错误。

【例 5-13】 查询作者"胡振华"编写的图书的数量。

```
SELECT COUNT(*) AS 图书数  FROM bookInfo WHERE Writer='胡振华'
```

查询结果如图 5-18 所示。

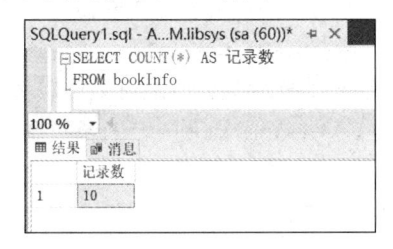

图 5-17 例 5-12 的查询结果 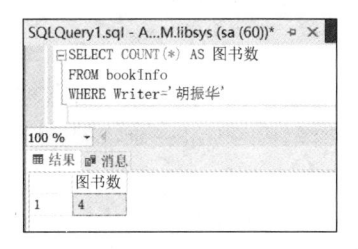   图 5-18 例 5-13 的查询结果

如果在查询结果中存在重复数据,想去除这些重复数据,则可以使用 COUNT(DISTINCT 列名)返回指定列中的不同值的数目。

【例 5-14】查询 bookInfo 表中作者的数目。

```
SELECT COUNT(DISTINCT Writer) AS  作者数  FROM bookInfo
```

查询结果如图 5-19 所示。

例 5-14 的查询结果与例 5-12 的查询结果不同,这是因为去掉了 Writer 列中的值重复的记录。

2. SUM()函数

SUM()函数用于求某个列中数据的总和,其格式是 SUM(列名)。SUM()函数要求列的数据类型只能是数值型或货币型。在统计时,SUM()函数会自动忽略 NULL 值。

【例 5-15】查询 bookInfo 表中购买图书（BuyCount）的总数。

```
SELECT SUM(BuyCount) AS  购进图书总数  FROM bookInfo
```

查询结果如图 5-20 所示。

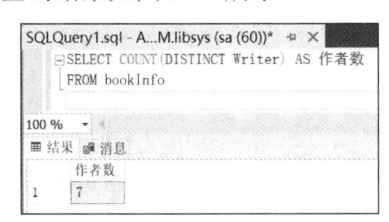

图 5-19 例 5-14 的查询结果    图 5-20 例 5-15 的查询结果

3. AVG()函数

AVG()函数用于求某个列中数据的平均值,其格式是 AVG(列名),该函数对数据类型的要求与 SUM()函数相同,并且在统计时,该函数也会自动忽略 NULL 值。

【例 5-16】查询 bookInfo 表中由清华大学出版社出版的图书的平均价格。

```
SELECT AVG(Price) AS  平均价格  FROM bookInfo
WHERE Publish='清华大学出版社'
```

查询结果如图 5-21 所示。

4．MAX()函数和 MIN()函数

MAX()函数和 MIN()函数分别用于求某个列中数据的最大值和最小值，其格式分别是 MAX(列名)和 MIN(列名)。MAX()函数和 MIN()函数要求列的数据类型是可以比较大小的，常见的是数值型、货币型、字符型和日期型。在统计时，MAX()函数和 MIN()函数均会自动忽略 NULL 值。

【例 5-17】查询 bookInfo 表中图书的最大价格和最小价格。

```
SELECT MAX(Price) AS 最大价格,MIN(Price) AS 最小价格
FROM bookInfo
```

查询结果如图 5-22 所示。

图 5-21　例 5-16 的查询结果 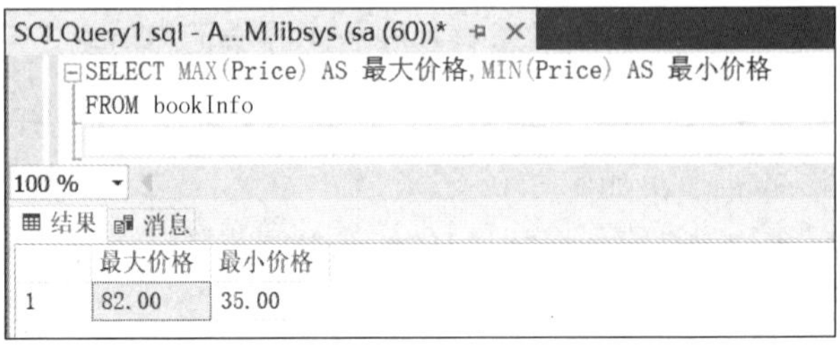　　　　图 5-22　例 5-17 的查询结果

SQL 语言除可以对查询结果的全部记录进行计算以外，还可以根据指定列进行分组计算，如查询每个出版单位各自出版的图书的数目等。指定分组依据的列通过 GROUP BY 子句完成，完整语法格式如下：

```
SELECT [Top (n)] [列名 1,列名 2...] <聚合函数 1[,聚合函数 2...]>
FROM <数据表名>
WHERE <条件表达式>
GROUP BY <列名 1[,列名 2...]>
ORDER BY <列名 1[,列名 2...]>
```

说明：（1）SELECT 子句中必须有聚合函数。虽然没有聚合函数而有 GROUP BY 子句的语句可以正常执行，但是此时 GROUP BY 子句就没有出现的意义了。（2）SELECT 子句中可以有一个或多个列名，但这些列名必须在 GROUP BY 子句中出现过。使用聚合函数计算的列不受这个限制。（3）SELECT 子句中可以为列指定别名，但 GROUP BY 子句中不能使用别名来分组。（4）分组计算结果的返回顺序是随机的，可以使用 ORDER BY 子句进行排序，但是 ORDER BY 子句只能写在 GROUP BY 子句的后面，同时 ORDER BY 子句中的列名必须在 GROUP BY 子句中出现过。

【例 5-18】查询 bookInfo 表中每个出版单位出版的图书的平均价格。

```
SELECT Publisher,AVG(Price) FROM bookInfo GROUP BY Publisher
```

查询结果如图 5-23 所示。

如果想查询平均价格大于 45 元的图书的记录，则不能使用 WHERE 子句，需要使用

HAVING 子句，HAVING 子句必须写在 GROUP BY 子句之后、ORDER BY 子句之前。格式如下：

```
SELECT [Top (n)] [列名 1,列名 2…] <聚合函数 1[,聚合函数 2…]>
FROM <数据表名>
WHERE <条件表达式>
GROUP BY <列名 1[,列名 2…]>
HAVING 聚合函数表达式
ORDER BY <列名 1[,列名 2…]>
```

【例 5-19】查询 bookInfo 表中每个出版单位出版的图书的平均价格，并返回其中平均价格大于 45 元的图书的出版单位和平均价格。

```
SELECT Publisher,AVG(Price)
FROM bookInfo
GROUP BY Publisher
HAVING AVG(Price)>45
```

查询结果如图 5-24 所示。

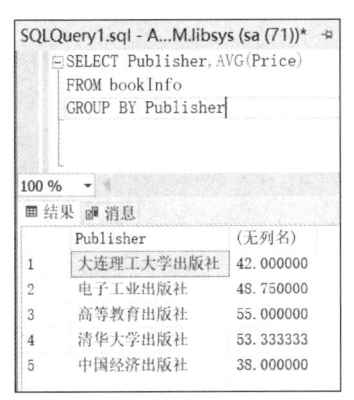

图 5-23 例 5-18 的查询结果 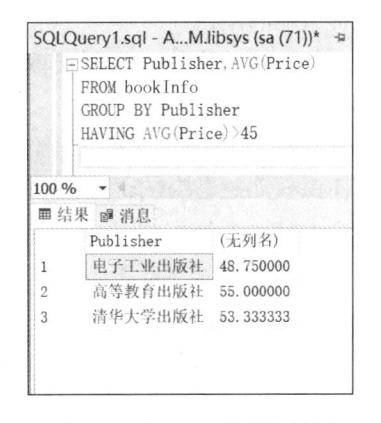   图 5-24 例 5-19 的查询结果

5.1.3 技能训练6：单表查询

1. 训练目的

（1）掌握查询数据的方法。
（2）掌握聚合函数的使用方法。
（3）掌握 GROUP BY 子句和 HAVING 子句的使用方法。

2. 训练时间：2 课时

3. 训练内容

（1）打开"查询编辑器"窗口，并且确认当前数据库是 scoresys 数据库。
（2）SELECT 语句的基本用法。

①查询 course 表中的全部记录。

②查询 course 表中的所有公共基础课，只返回课程名称（CourseName）、学分（Credit）、课时（Period）和所属部门（Owner）。

③查询 course 表中的所有专业核心课，要求在表头行中显示"课程名称"、"所属部门"、"课时"和"学分"字样，而不显示列名。（提示：给列定义别名。）

④在 course 表的快捷菜单中选择"编辑前 200 行"命令，查看结果，验证查询输出并不会影响到表的存储内容。

（3）运算符及表达式的用法。

①查询 course 表中所属部门是"软件学院"或"商学院"的记录中的课程编号（CourseID）、课程名称、任课教师（Teacher）、课时。要求至少使用 3 种方式写出表达式。

②查询 course 表中课时在 48～64 之间的记录中的课程编号、课程名称和课时。

③查询 course 表中由软件学院开设且学分在 4.0 以上的课程的编号、名称、任课教师及学分。

④查询 course 表中由姓"李"的任课教师所教的课程的编号、名称、任课教师、课时。

⑤查询 course 表中课程名称含有"设计"的课程的全部信息。

（4）聚合函数的用法。

①查询 course 表中由软件学院开设的课程的数目。

②查询 course 表中的最大课时。

③查询 course 表中课程的最小学分。

④查询任课教师姓名中的最大值和最小值，并说明为什么是这个结果。

⑤统计第 1 学期（列名是 Term）的总课时、总学分、平均课时和平均学分。

（5）查询结果的排序与分组。

①查询 course 表中的所有记录，并按照课时对查询结果进行升序排序。

②查询 course 表中学分低于 5 分的所有课程的记录，要求对查询结果先按照课时进行降序排序，如果课时相同，则再按照学分进行降序排序。（提示：用级联排序。）

③在 course 表中，分部门计算所开设课程的学分总和。

④在 course 表中，查询各个部门开设课程的总数，只返回开设课程总数超过 2 的部门。

⑤在 course 表中，查询所属部门为"软件学院"的各位教师所教课程的数目。

4．思考题

（1）如何表示任课教师姓名（列名为 Teacher）的第 2 个字为"大"？写出表达式。

（2）如果试图求出字符型列中数据的平均值，则系统会给出什么提示？试试看。

（3）如何理解 SELECT 语句中 WHERE 子句和 HAVING 子句的区别？自己举两个例子试试。

任务5.2　多表连接查询

在创建数据库时，由于各方面的原因，所有数据不能存放在一个表中。例如，在 libsys 数据库中，bookInfo 表中存放了图书信息（如图书名称、作者姓名等信息），borrowInfo 表中存放了图书借阅信息（如借书日期、应归还日期等信息），readerInfo 表中存放了读者信息（如读者姓名、所在部门等信息）。此时，如果想知道某本书被谁借走了，就必须综合这 3 个表中的信息才能得到答案。这种情况我们称为连接查询。

在查询数据时，如果数据的来源是数据库中两个或两个以上的表，则系统会先按照一定的规则将这些表中的数据组合到一起，构成一个虚拟的大表，然后就可以像普通表一样，在这个虚拟表中查询数据了。在通常情况下，多个表之间有着公共的字段或者通过外键约束来建立连接关系。如果两个表没有任何相同的字段，则可以通过比较类型相同的两个列中值的大小进行查询。

5.2.1 交叉连接查询

交叉连接又称笛卡儿积，即系统会将一个表中的每条记录和其他表中的每条记录分别组合，形成若干条记录，构成一个新的虚拟表。

交叉连接查询的语法格式如下：

SELECT 列名 1[,列名 2…]
FROM 表名 1 CROSS JOIN 表名 2 [CROSS JOIN 表名 3…]
[WHERE 查询条件]

以两个表为例，交叉连接的规则如图 5-25 所示。每个表只有 3 条记录，构成了一个有 9 条记录的表，就像乘法一样，所以称为"笛卡儿积"。

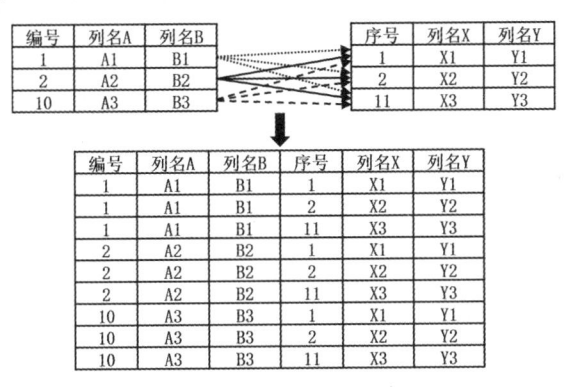

图 5-25 交叉连接的规则

不过交叉连接在数据管理工作中的实际用处不大，其一般用来产生一个数据量巨大的虚拟表，为数据库管理员进行性能测试提供数据。虽然交叉连接在实际工作中的用处不大，但是数据库管理系统依然会机械地按照交叉连接的规则为用户提供查询服务。

【例 5-20】在 readerInfo 表和 borrowInfo 表的交叉连接中，查询读者姓名为"胡大龙"的记录，只需返回 readerInfo 表中 ReaderID 列和 ReaderName 列内的数据，以及 borrowInfo 表中 ReaderID 列和 BookID 列内的数据。

SELECT readerInfo.ReaderID,ReaderName,borrowInfo.ReaderID,BookID
FROM readerInfo,borrowInfo

WHERE ReaderName='胡大龙'

查询结果如图 5-26 所示。

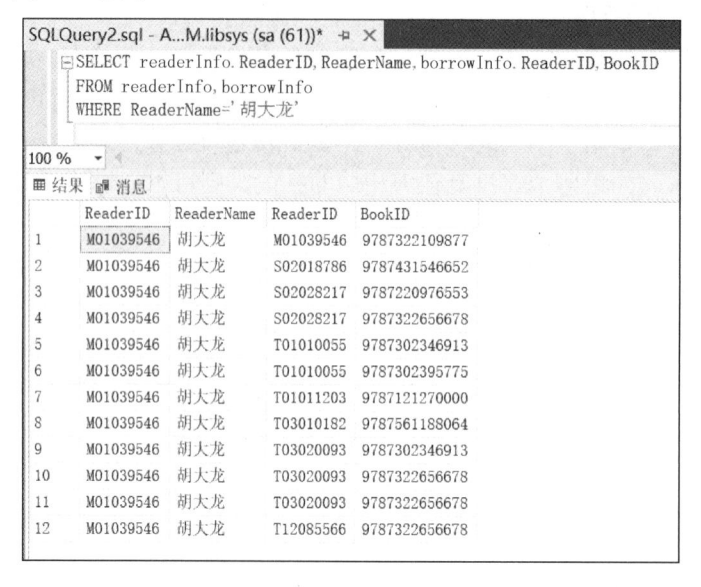

图 5-26　例 5-20 的查询结果

说明：(1) 从第二条到之后的记录，可以看到借书人的 ReaderID 字段的值与胡大龙的 ReaderID 字段的值根本不一样，但数据库依然机械地按照交叉连接的规则将它们组合到了一起，这样的数据对了解信息根本没什么用，甚至会带来错误。(2) 在交叉连接查询中，关键字 CROSS JOIN 可以用逗号代替。(3) 由于两个表中都有 ReaderID 列，因此要以"表名.列名"的形式指定哪个 ReaderID 列显示在哪个位置。因为 ReaderName 列和 BookID 列各自只存在一个表中，所以就不需要通过表名进行区分了。

5.2.2　内连接查询

在交叉连接中，由于没有限制，比如对于交叉连接的两个表，其中一个表的每条记录都会和另一个表中的每条记录连接在一起，因此产生的绝大部分数据是无效信息。那么，如果给记录的连接加上一个限制，则得到的数据就是有效信息了，这就是内连接。内连接查询的语法格式如下：

内连接查询

SELECT 列名 1[,列名 2...] FROM 表名 1
INNER JOIN 表名 2 ON 连接条件
[INNER JOIN 表名 3 ON 连接条件...]
[WHERE 查询条件]

以两个表为例，如果查询语句为以下形式：

SELECT * FROM 表 1
INNER JOIN 表 2 ON 编号=序号

则内连接的规则如图 5-27 所示。

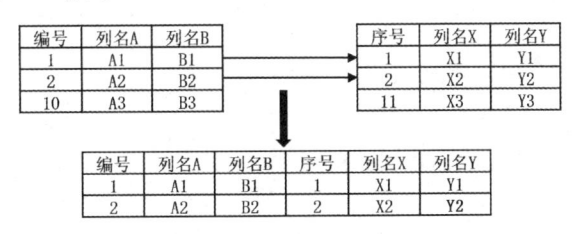

图 5-27 内连接的规则

说明：内连接只会把符合连接条件的两条记录连接在一起。

【例 5-21】在 readerInfo 表和 borrowInfo 表的内连接中，查询曾经借过书的每位读者的借书证号和姓名，以及所借图书的编号。

```
SELECT readerInfo.ReaderID,ReaderName,borrowInfo.ReaderID,BookID
FROM readerInfo INNER JOIN borrowInfo
ON readerInfo.ReaderID=borrowInfo.ReaderID
```

查询结果如图 5-28 所示。

例 5-21 中特意把 borrowInfo 表中 ReaderID 列内的数据也返回了，通过观察，这次查询出的借书信息是正确的。

图 5-28 例 5-21 的查询结果

5.2.3 外连接查询

SQL 中的外连接查询分为左连接、右连接和全连接，语法格式和内连接查询的语法格式类似，只有一个单词不同。外连接查询的语法格式如下：

外连接查询

```
SELECT 列名 1[,列名 2...] FROM 表名 1
   LEFT（或 RIGHT，或 Full） JOIN 表名 2 ON 连接条件
```

[LEFT（或 RIGHT，或 FUll） JOIN 表名 3 ON 连接条件...]
[WHERE 查询条件]

以两个表为例，如果查询语句为以下形式：

SELECT * FROM 表 1
INNER（或 RIGHT，或 FUll） JOIN 表 2 ON 编号=序号

则外连接的规则如图 5-29 所示。

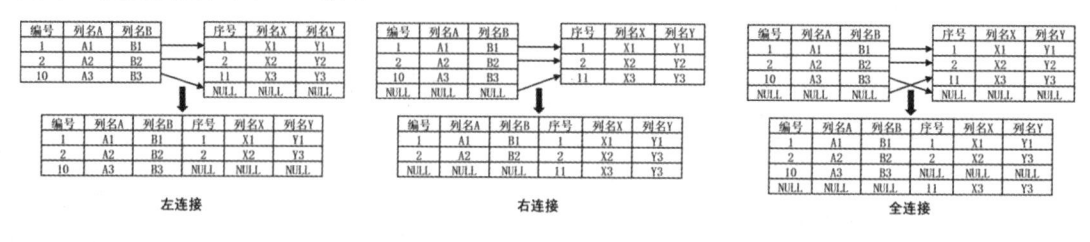

图 5-29 外连接的规则

这里以左连接为例，分析一下外连接的连接方式。右连接的情况与左连接正好相反。

左连接以左表为主，即左表中的所有记录无论如何都会被返回，右表只返回符合连接条件的记录，具体分为以下 3 种情况：

（1）如果表 1 中的某条记录在表 2 内刚好只有一条记录可以匹配，则在返回的结果中会生成一个新行。

（2）如果表 1 中的某条记录在表 2 内有 N 条记录可以匹配，则在返回的结果中也会生成 N 个新行，这些行所包含的表 1 的字段值是重复的。

（3）如果表 1 中的某条记录在表 2 内没有匹配的记录，则在返回的结果中仍然会生成一个新行，只是该行所包含的表 2 的字段值都是 NULL。

全连接返回两个表中的全部记录，符合连接条件的记录相互匹配，不符合连接条件的记录与 NULL 匹配。

【例 5-22】在 readerInfo 表和 borrowInfo 表的外连接中，查询每位读者的借书证号和姓名，以及图书编号，曾借过书的读者就返回图书的编号，没借过书的读者就返回 NULL。

```
SELECT readerInfo.ReaderID,ReaderName, BookID
FROM readerInfo LEFT JOIN borrowInfo
ON readerInfo.ReaderID=borrowInfo.ReaderID
```

查询结果如图 5-30 所示。

与例 5-21 相比，左连接将没有借过书的读者的记录也查询出来了。

有些初学者可以理解外连接就是先将左边或右边的表中的记录全部查询出来，再和另一个表进行连接，但是经常分不清楚哪个表是左边的表，哪个表是右边的表。此时可以观察表名在语句中的位置，表名在 JOIN 的左边或前面的表就是左边的表，表名在 JOIN 的右边或后面的表就是右表。

在内连接、左连接、右连接和全连接中，两个表内记录的匹配模式一样，只是选取的记录的数量不一样，如果用数学集合知识表示，则 4 种连接选取的记录的数量如图 5-31 所示。

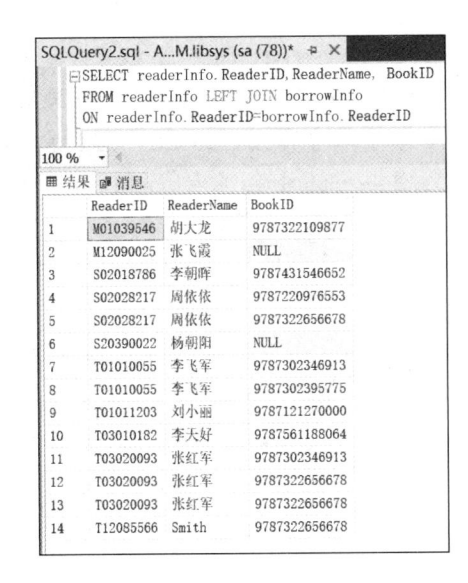

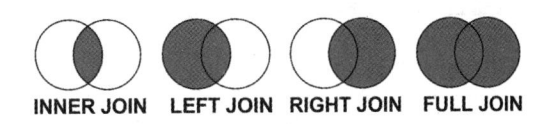

图 5-30 例 5-22 的查询结果 　　　　　　　　图 5-31 4 种连接选取的记录的数量

内连接是使用最频繁的连接语句，SQL 语言提供了一种简单写法，格式如下：

SELECT 列名 1[,列名 2…]
FROM 表名 1,表名 2 [,表名 3…]
WHERE 查询条件

【例 5-23】通过 readerInfo 表、borrowInfo 表和 bookInfo 表来查询每位读者都曾经借过哪些图书。

SELECT R.ReaderID,ReaderName,B1.BookID,BookName
FROM readerInfo R,borrowInfo B1,bookInfo B2
WHERE R.ReaderID=B1.ReaderID AND B1.BookID=B2.BookID

查询结果如图 5-32 所示。

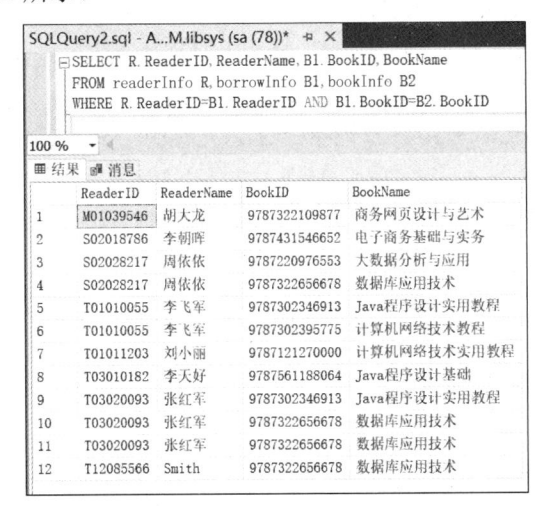

图 5-32 例 5-23 的查询结果

说明：(1) 为了降低书写表名的难度，FROM 子句中为每个表起了一个别名，格式和用法与列的别名类似。(2) 在前面 SQL 语言提供的内连接的简单写法格式中，如果缺少 WHERE 子句，就变成了交叉连接语句。(3) SELECT 子句中的 B1.BookID 也可以使用 B2.BookID，查询结果不变。这说明 borrowInfo 表作为连接 readerInfo 表与 bookInfo 表的桥梁，可以不返回该表中的任何一个列。

5.2.4 自连接查询

在如图 5-33 所示的 readerInfo 表中，如果想查询哪些读者的年龄比胡大龙的年龄大，则应该如何编写查询语句？

	ReaderID	ReaderName	ReaderSex	ReaderAge	Department	ReaderType	Mobile
1	M01039546	胡大龙	男	39	国际学院	临时人员	18834567890
2	M12090025	张飞霞	女	33	软件学院	临时人员	13498873425
3	S02018786	李朝晖	女	29	软件学院软件1801班	学生	13100759054
4	S02028217	周依依	女	28	商学院会计1705班	学生	15907778879
5	S20390022	杨朝阳	男	29	软件学院大数据1802班	学生	15533555678
6	T01010055	李飞军	男	40	软件学院	教师	18977663322
7	T01011203	刘小丽	女	45	商学院	教师	13033220789
8	T03010182	李天好	男	35	图书馆	教师	17108084567
9	T03020093	张红军	男	60	财务处	教师	13809997788
10	T12085566	Smith	男	44	商学院	教师	073183833388

图 5-33 readerInfo 表中的部分列

是否可以使用以下语句？

SELECT ReaderID,ReaderName,ReaderSex,ReaderAge,Department,ReaderType,Mobile
FROM readerInfo
WHERE ReaderAge>39

当然不可以，因为在查询之前，我们并不知道胡大龙的年龄是 39 岁，WHERE 子句中的查询条件无法编写。有人说，那先查询出胡大龙的年龄，把结果写在 WHERE 子句的查询条件中就可以了。这的确是一个正确的思路，我们将在 5.3.1 节中介绍这个思路的实现方法。在本节中，我们可以使用连接查询的方法解决这个问题。

【例 5-24】在 readerInfo 表中，查询年龄比胡大龙的年龄大的所有读者的姓名和年龄。
思考过程：

（1）姓名和年龄都在 readerInfo 表中，那么如何进行连接查询呢？可以想象将 readerInfo 表抄写两份，这样就有两个表进行连接了。查询语句如下：

SELECT a.ReaderName a 表中的姓名,a.ReaderAge a 表中的年龄,b.ReaderName b 表中的姓名,b.ReaderAge b 表中的年龄
FROM readerInfo a,readerInfo b

说明：①由于本例是一个表与自己进行连接，表名相同，因此为了区分列的来源，必须为表起别名。②为了便于理解，在语句中为每个列命名了别名。③由于没有 WHERE 子句，因此上述查询语句生成了如图 5-34 所示的交叉连接查询结果。

图 5-34 readerInfo 表的交叉连接查询结果的部分数据

（2）在上述查询语句的基础上，加入 WHERE 子句，得到的查询语句如下：

SELECT a.ReaderName a 表中的姓名,a.ReaderAge a 表中的年龄,b.ReaderName b 表中的姓名,b.ReaderAge b 表中的年龄
FROM readerInfo a,readerInfo b
WHERE a.ReaderName='胡大龙'

可以得到如图 5-35 所示的内连接查询结果，这里使用 a.ReaderName 或 b.ReaderName 作为查询条件，查询结果是一样的。

（3）在上述查询语句的基础上，再加入查询条件"a 表中的年龄<b 表中的年龄"，并对查询的列进行修改，就可以得到最终的查询语句：

SELECT b.ReaderName,b.ReaderAge
FROM readerInfo a,readerInfo b
WHERE a.ReaderName='胡大龙' AND a.ReaderAge<b.ReaderAge

查询结果如图 5-36 所示。

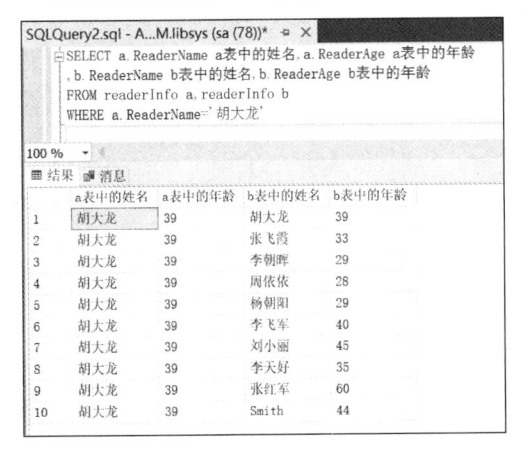

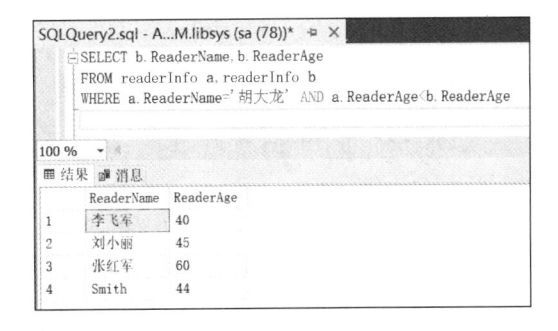

图 5-35 内连接查询结果　　　　图 5-36 例 5-24 的查询结果

在例 5-24 中，这种一个表与自身进行连接查询的方法被称为自连接查询。

连接查询语句的编写比较复杂，希望通过例 5-24 的思考过程，能让读者进一步理解连接查询。连接查询大部分可以用 5.3.1 节将要介绍的子查询替代，但由于连接查询的速度比子查询的速度要快，因此在实际工作中应尽量使用连接查询。

5.2.5 技能训练7：多表连接查询

1. 训练目的

（1）了解多表连接的 4 种方法及区别。
（2）掌握使用多表连接查询数据的方法。
（3）掌握使用自连接查询数据的方法。
（4）掌握将复合条件转换为表达式的方法。

2. 训练时间：2 课时

3. 训练内容

（1）打开"查询编辑器"窗口，并且确认当前数据库是 scoresys 数据库。
（2）多表连接的 4 种方法。
①采用自连接的方法，在 student 表中查询年龄比刘明明的年龄更大的学生的记录。
②采用自连接的方法，在 student 表中查询和刘明明同一个学院的学生的记录。
③查询成绩在 60 分及以上的学生的学号、课程编号、课程名称和成绩。
④查询有不及格（成绩小于 60 分）记录的学生的姓名、课程名称和成绩。
⑤查询参加了"大学语文"课程考试的学生的姓名、考试时间和成绩。
（3）表的别名的用法，对于以下 3 个操作，要求所有表名均采用别名。
①查询参加了"C++程序设计"课程考试，并且成绩为优秀（成绩大于 90 分）的学生名单。
②查询在"知行楼 501"教室参加了考试的所有学生的姓名、班级、联系电话、课程名称。
③输出"李学才"同学的成绩表，包括课程名称、课程类型、学分、学时、任课教师和成绩。

4. 思考题

（1）某个列中的值为 NULL，在进行数据查询时，如果要比较大小，则系统是怎样处理 NULL 值的？
（2）有时候命令没错，但查询结果中没有记录，这是正常现象吗？
（3）左连接、右连接和全连接的作用分别是什么？什么时候会用到？

任务5.3 子查询和联合查询

当数据存放在多个表中，想要查询相关信息时，除使用连接查询以外，还可以使用子查询。在大多数情况下，连接查询的速度比子查询的速度快，推荐使用连接查询。但是，当需要连接的表超过 3 个时，连接查询语句的复杂度太高，不利于 Bug 修复和后期维护，此时推荐使用子查询。使用子查询实现多表查询，语句结构更加清晰，编写相对简单，更加容易反映查询的思路。

5.3.1 子查询

对于任务 5.2 中"查询哪些读者的年龄比胡大龙的年龄大"的问题，有人提出如果 WHERE 子句中可以直接使用查询结果，就可以写出以下语句解决问题：

SELECT ReaderName,ReaderAge FROM readerInfo
WHERE ReaderAge>(查询胡大龙年龄的 SELECT 语句)

SQL 语言确实支持这种查询方式，这种查询方式称为子查询。上面的查询语句可以改写成以下形式：

SELECT ReaderName,ReaderAge FROM readerInfo
WHERE ReaderAge>
(SELECT ReaderAge
FROM readerInfo
WHERE ReaderName='胡大龙')

当一个 SELECT 语句被放在其他 SQL 语句中时，这个 SELECT 语句就被称为子查询。子查询也被称为内部查询或内部选择，而包含子查询的语句也被称为外部查询或外部选择。子查询语句必须放在英文圆括号中。子查询不能包含 COMPUTE 或 FOR BROWSE 子句，并且 ORDER BY 子句只能在子查询语句中包含 TOP 子句时出现。SQL Server 数据库不支持子查询包含 ntext、text 和 image 等数据类型的结果。

子查询可以嵌套在 SELECT、INSERT、UPDATE 或 DELETE 语句或其他子查询语句中。当子查询嵌套在另一个子查询中时，SQL Server 数据库允许最多 32 层的子查询嵌套。SQL 语言允许在任何可以使用表达式的地方使用子查询。

【例 5-25】在 libsys 数据库中查询借阅了图书编号为 "9787220976553" 的读者的记录。
用子查询实现的语句如下：

SELECT * FROM readerInfo
WHERE ReaderID IN
　　(SELECT ReaderID
　　 FROM borrowInfo
　　 WHERE BookID='9787220976553'
　　)

查询结果如图 5-37 所示。

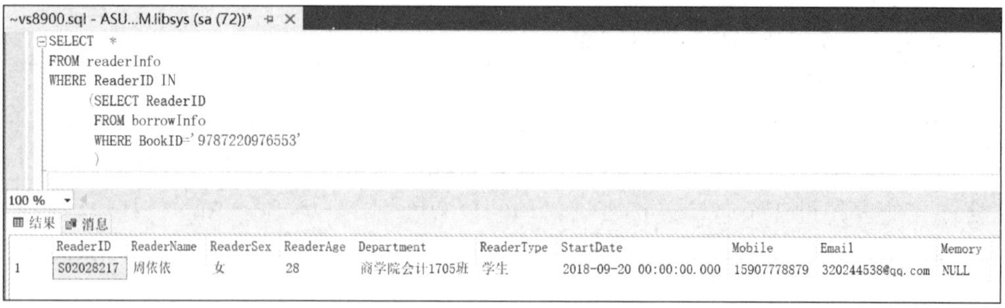

图 5-37 例 5-25 的查询结果

说明：（1）本例中语句的执行过程是：先执行子查询语句"SELECT ReaderID FROM borrowInfo WHERE BookID='9787220976553'"，其结果（称为中间结果）并不显示出来，而是作为外部查询语句"SELECT * FROM readerInfo WHERE ReaderID IN"的条件，再执行外部查询语句，返回查询结果。（2）由于不清楚子查询会返回多少个数据，因此外部查询语句中的 WHERE 子句只能使用 IN 运算符，不能使用=运算符。

【例 5-26】使用子查询来查询图书《数据库应用技术》目前在哪些读者手中，要求返回 ReaderName 列、Department 列、Mobile 列中的数据。

分析：先通过 bookInfo 表查询到《数据库应用技术》的 BookID，然后在 readerInfo 表中通过 BookID 查询到当前借阅人员的 ReaderID，最后才能在 borrowInfo 表中通过 ReaderID 查询到借阅人员的 ReaderName、Department、Mobile，因此本例要用到 3 个表才能实现。另外，本例还有一个隐藏条件，即借了未还，这是通过分析用户需要而得到的结论。

```
SELECT ReaderName,Department,Mobile
FROM readerInfo
WHERE ReaderID IN
    (SELECT ReaderID
    FROM borrowInfo
    WHERE ReturnDate IS NULL AND BookID IN
        (SELECT BookID
        FROM bookInfo
        WHERE BookName='数据库应用技术'
        )
    )
```

查询结果如图 5-38 所示。

例 5-26 也可以用多表连接查询实现，语句如下：

```
SELECT ReaderName,Department,Mobile
FROM readerInfo AS r,borrowInfo AS b1,bookInfo AS b2
WHERE r.ReaderID=b1.ReaderID AND b1.BookID=b2.BookID
AND b2.BookName='数据库应用技术' AND b1.ReturnDate IS NULL
```

这些查询既可以使用子查询表示，也可以使用多表连接查询表示，具体使用哪一种要根据具体情况和用户习惯而定。通常，在使用子查询表示时，可以将一个复杂的查询分解为一系列逻辑清晰、易于理解的简单查询，但是执行速度比连接查询稍差。

虽然多表连接查询和子查询都涉及两个或多个表，但是要注意多表连接查询与子查询的区别：多表连接查询的结果中的数据可以来自多个表，而带子查询的 SELECT 语句的结果中的数据则只能来自外部查询包含的那个表，子查询的结果只是 WHERE 子句的一部分，作为条件使用，不会出现在最终查询结果中。

在子查询中，连接内部查询与外部查询的运算符经常使用 IN，表示一个值在一个集合中是否出现，子查询很少使用=运算符，这也是子查询与多表连接查询的显著区别。

【例 5-27】查询截止当前时间，最后一个借书的读者的借书证号（ReaderID）、姓名（ReaderName）、所在部门（Department）。

```
SELECT ReaderID,ReaderName,Department
FROM readerInfo
WHERE ReaderID = (
    SELECT TOP 1 ReaderID
    FROM borrowInfo
    ORDER BY BorrowDate DESC
)
```

查询结果如图 5-39 所示。

说明：（1）在子查询语句中，只有当存在 TOP 子句时才能使用 ORDER BY 子句，否则数据库会报错。（2）如果可以肯定子查询只会返回一个数据，则外部查询语句中的 WHERE 子句也可以使用=运算符。

图 5-38　例 5-26 的查询结果　　　　图 5-39　例 5-27 的查询结果

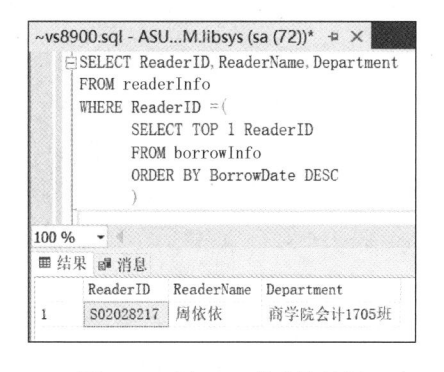

从上面的操作可知，相对于其他查询来说，子查询较难，但我们在操作数据库的过程中，要有不畏困难的精神。阿里巴巴集团在创建之后，为了支撑公司每天巨量的数据处理工作，一直使用全球非常先进的 Oracle 数据库管理系统。但随着公司业务的不断扩大，特别是每年"双十一"活动期间，由于数据库管理系统的速度不够快，经常造成系统卡顿。2010 年，阿里巴巴集团开始自主研发数据库管理系统 OceanBase。2016 年，OceanBase 完

成了对 Oracle 的全面替换，支撑着数亿人能够随时随地网购、移动支付，再也没发生过系统卡顿情况。OceanBase 是"用出来"的数据库，它经历了最为严苛的极限场景的考验，如"双十一""新春红包"等活动。上千名工程师不断打磨 OceanBase 的性能和稳定性，让其能胜任各行各业的数据管理任务。2019 年 10 月 2 日，在数据库领域的全球顶级比赛 TPC-C 测试中，OceanBase 数据库以两倍于第二名的优势成绩，打破了由 Oracle 数据库保持了 9 年的世界纪录，成为"数据库领域世界杯"的首个中国冠军。同年"双十一"活动期间，OceanBase 数据库再次刷新数据库处理峰值，达到了 6100 万次/秒。

在学习和掌握数据库使用技术的过程中，我们也要像阿里巴巴集团的工程师一样，不怕困难，不惧挑战，最终掌握数据库使用技术。

5.3.2 联合查询

SQL 语言提供了 UNION 和 UNION ALL 运算符，可以将多个 SELECT 查询结果连接成一个查询结果。语法格式如下：

```
SELECT 列名列表 FROM 表名1 WHERE 条件
UNION
SELECT 列名列表 FROM 表名2 WHERE 条件
[UNION
SELECT 列名列表 FROM 表名3 WHERE 条件...]
```

【例 5-28】先在 readerInfo 表中查询年龄小于 35 岁的读者的姓名和年龄，在 bookInfo 表中查询采购数量大于 25 的图书的名称和采购数量，然后将两个查询结果连接为一个查询结果。

```
SELECT ReaderName,ReaderAge
FROM readerInfo
WHERE ReaderAge<35
UNION ALL
SELECT BookName,BuyCount
FROM bookInfo
WHERE BuyCount>25
```

查询结果如图 5-40 所示。

说明：(1) UNION 运算符就是机械地将多个 SELECT 语句的查询结果在垂直方向上连接成一个查询结果。(2) 参与连接的每个查询结果的列的数目和顺序必须相同，并且列的数据类型必须兼容。(3) 查询结果连接后生成的结果中的列名由第一个 SELECT 语句决定。(4) 当多个查询结果中存在完全相等的多个记录时，UNION 运算符会自动去重，只留下一条记录。UNION ALL 运算符不会去重，会将所有记录保留下来。(5) ORDER BY 子句只能写在最后一个 SELECT 语句的后面，并且是对连接结果中的所有记录进行排序。

UNION 运算符最大的用处是将行转换成列。

【例 5-29】在 readerInfo 表中，查询所有读者年龄的最大值、最小值和平均值，查询结果以 3 行的形式返回。

根据聚合函数的用法，以前我们只能写出以下语句：

SELECT MAX(ReaderAge) AS 最大值,MIN(ReaderAge) AS 最小值,AVG(ReaderAge) AS 平均值 FROM readerInfo

查询结果如图 5-41 所示，只能在一行中返回所有数据。

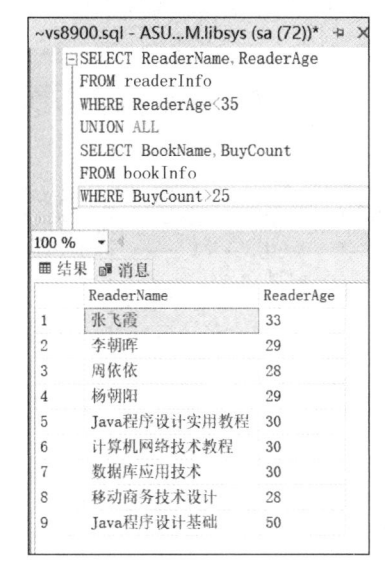

图 5-40　例 5-28 的查询结果

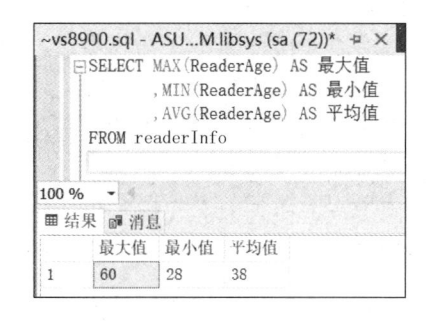

图 5-41　例 5-29 的查询结果 1

如果要在 3 行中返回数据，就可以使用 UNION 运算符，语句如下：

SELECT '平均值' AS 类别,AVG(ReaderAge) AS 数据 FROM readerInfo UNION
SELECT '最大值' AS 类别,MAX(ReaderAge) AS 数据 FROM readerInfo UNION
SELECT '最小值' AS 类别,MIN(ReaderAge) AS 数据 FROM readerInfo

查询结果如图 5-42 所示。

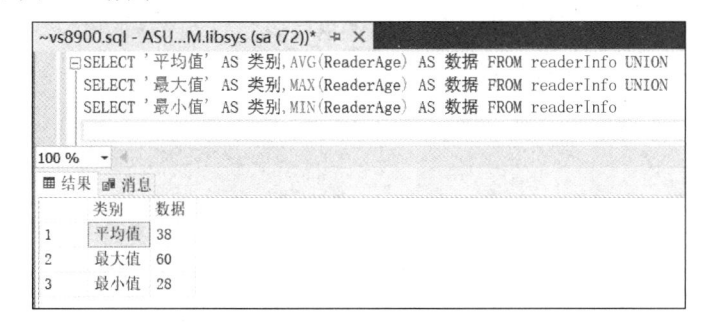

图 5-42　例 5-29 的查询结果 2

5.3.3　技能训练8：子查询

➡1. 训练目的

（1）掌握子查询的使用方法。

（2）掌握子查询与多表连接查询的转换方法。

2．训练时间：1 课时

3．训练内容

（1）打开"查询编辑器"窗口，并且确认当前数据库是 scoresys 数据库。

（2）两个表的子查询。

①使用子查询输出学习了"高等数学一"课程的学生的学号、成绩、考试时间、考试地点。

②使用多表连接查询实现第①步。

③使用子查询输出考试地点是"致用楼303"教室的课程编号、学号、学生姓名、考试时间、成绩。

④使用多表连接查询实现第③步。

（3）3 个表的子查询。

①使用子查询输出参加了"数据库应用技术"课程考试的学生的学号、学生姓名、考试时间和考试地点。

②使用多表连接查询实现第①步。

③使用子查询输出所有课程的考试情况，包括学生姓名、课程名称、成绩。

④使用多表连接查询实现第③步。

⑤使用子查询输出没有参加"C++程序设计"课程考试的学生的学号、姓名、考试时间和考试地点。

⑥使用多表连接查询实现第⑤步。

4．思考题

（1）有没有这样的情况：使用多表连接查询可以实现，但使用子查询不可以实现？举例试试。

（2）如果给表定义了别名，则还能不能使用原表名？

（3）可不可以同时给表名和列名都设置别名？

项目习题

一、填空题

1．"Age 列中值的范围是 20～40"既可以表示为"Age _____ 20 _____ 40"，也可以表示为"Age>=20 _____ Age<=40"。

2．表示不等于的运算符有_____和_____。

3．如果 Sex 列为空，则写成表达式是_____。

4．如果 x=5，y=10，则(x>y) or (x*3>y)的结果是_____。

5．第一个字符是"刘"，后面的字符随意，可以用通配符表示为_____。

6．模式匹配符包括_____和_____。

7. 如果 a 表和 b 表中都有相同的 Name 列，则 a 表中的 Name 列表示为_____，b 表中的 Name 列表示为_____。

8. 在 ORDER BY 子句中，常用到关键字 ASC 和 DESC，ASC 表示_____，DESC 表示_____，默认值是_____。

9. 多表连接方式包括左连接、右连接、_____和_____，最常用的连接方式是_____。

10. 如果有 GROUP BY 子句，则在 SELECT 后面的列名必须包含在_____中，或者包含在_____子句中，否则系统会拒绝执行语句。

二、选择题

1. COUNT()函数的功能是（　　）。
   A．求列数　　　　　　　　　B．求记录数
   C．求当前记录号　　　　　　D．求记录值

2. 在用 MAX()函数求最大值时，对于空值，系统的处理办法是（　　）。
   A．认为其是最大值　　　　　B．认为其是最小值
   C．认为其是 0　　　　　　　D．自动忽略

3. 以下（　　）类型数据不能用 SUM()函数求和。
   A．date　　　　　　　　　　B．money
   C．decimal　　　　　　　　 D．bigint

4. 在用 ORDER BY 子句对查询结果进行排序时，用于排序依据的列可以是两个，但只有当第一个列中的值（　　）时，第二个列才能生效。
   A．相等　　　B．不相等　　　C．较大　　　D．较小

5. 在用 MIN()函数求最小值时，不能使用的数据类型是（　　）。
   A．varchar　　　　　　　　　B．汉字
   C．datetime　　　　　　　　 D．image

6. 含有通配符的式子"%s%"表示（　　）。
   A．中间含有 s 的字符串　　　B．前面含有%的字符串
   C．后面含有%的字符串　　　 D．字符串%s%

7. HAVING 子句只能用于含有（　　）的 SELECT 语句中。
   A．WHERE 子句　　　　　　 B．FROM 子句
   C．ORDER BY 子句　　　　　D．GROUP BY 子句

8. 多表连接查询的应用范围比子查询更（　　）。
   A．大　　　B．小　　　C．一样　　　D．不好比较

9. 如果在查询语句中的所有列名的前面都加上表名限制，则查询速度比不加表名限制更（　　）。
   A．快　　　B．慢　　　C．一样　　　D．不能确定

10. 在进行多表连接查询时，一般遵循的原则是（　　）。
    A．表越少越好　　　　　　　B．表越多越好
    C．不能超过 3 个表　　　　　D．不能超过两个表

三、简答与操作题

1. 系统提供了哪些聚合函数？在计算时，各个函数对空值的处理方式是怎么样的？
2. SQL Server 数据库提供了几种多表连接方式？最常用的是哪一种连接方式？
3. 要表示成绩（列名为 Mark）在 60～100 分之间，有哪几种表达式？
4. WHERE 子句与 HAVING 子句有什么区别？
5. 多表连接查询与子查询有什么区别？
6. 什么时候需要在列名的前面加上表名进行约束？一般原则是什么？
7. 在 libsys 数据库中执行以下查询操作，请写出 SQL 命令。

（1）查询 bookInfo 表中由电子工业出版社出版的图书的数目。

（2）查询图书馆一共有多少本书可以外借。

（3）查询图书馆中最贵的书是哪几本。

（4）输出所有借了书没有归还的人的姓名。

（5）输出所有借了《Java 程序设计实用教程》这本书的人的姓名和所在部门。

（6）查询 2019 年 10 月 30 日这天借了书的人的所有信息。

（7）查询没有借过《数据库原理与应用》这本书的人的姓名、所在部门、联系电话。

项目6 数据库的编程操作

主要知识点

- 视图的创建与应用。
- 游标的创建与应用。
- 存储过程的创建与管理。
- 触发器的创建与管理。
- 索引与事务的应用。

学习目标

本项目将介绍数据库的编程操作，读者需掌握创建视图、维护视图的方法，能够使用视图对数据库中的数据进行修改、删除等操作；掌握使用游标提取、更新和删除数据的方法；掌握存储过程的使用方法；掌握使用触发器对数据进行完整性检查的方法，能够运用触发器对数据进行维护；掌握索引的功能与分类，能够使用索引对数据库中的数据进行快速查询；掌握事务的隔离级别，能够使用事务处理数据。

任务6.1 视图的创建与应用

6.1.1 创建视图

视图（View）是数据库的另一种对象，与表的级别相同，以表的方式显示，有列名和若干行数据。视图是一个虚拟表，它的数据来源于表（一个或多个表，称为基表），甚至是视图，其内容由 SELECT 语句定义。同真实的表一样，视图的作用类似于筛选，通过视图可以将用户所关心的数据显示出来，而不关心的数据则不显示出来。视图的操作方式与表非常相似。

1. 视图的功能

从用户角度来看，一个视图是从一个特定的角度来查看数据库中的数据；从数据库系统内部来看，一个视图是由 SELECT 语句组成的查询定义的虚拟表；从显示形式来看，视图就如同一个表，对表能够进行的一般操作（如查询、添加、修改、删除等）都可以应用于视图。

视图本身不存放数据，存放的是 SQL 查询语句。使用视图的原因主要有两个：一个原因是安全，视图可以隐藏一些数据，比如对于职工信息表，可以用视图只显示工号和姓名，而不显示身份证号和手机号码等；另一个原因是可以使复杂的查询易于理解和使用。

使用视图的优点如下：

（1）视点集中：视图相当于提供了一个特定的"窗口"，用户所看到的数据只与用户的需求有关系，即视图显示的数据都是关心的数据，并不显示多余的数据。

（2）方便操作：视图可以将几个表中的数据集中到一起，对该视图进行操作相当于对表进行操作，操作界面简洁明了。

（3）数据安全：用户通过视图只能查询和修改他们所能见到的数据，而不能看到其他没有权限的数据或敏感信息。

（4）定制数据：视图能够实现让不同的用户以不同的方式看到不同或相同的数据集。

2. 视图的分类

视图分为两类：用户视图和系统视图，前者是由用户建立的，后者是由系统自动建立的，伴随数据库存在。在系统视图中，一种以 INFORMATION_SCHEMA 开头，视图名全部用大写字母表示，表示与系统信息和模式相关，初始记录为空；还有一种以 sys（系统）开头，视图名全部用小写字母表示，记录了当前数据库的数据信息。例如，系统视图 sys.objects 的记录内容如图 6-1 所示。

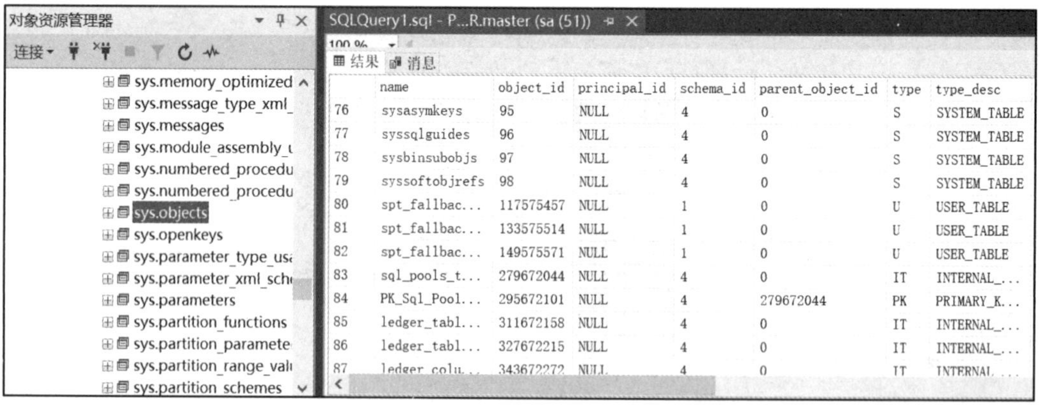

图 6-1 系统视图 sys.objects 的记录内容

由图 6-1 可以看出，系统视图 sys.objects 反映的是当前数据库的所有对象，包括 name（对象名）、object_id（对象编号）、principal_id（主编号）、schema_id（模式号）、parent_object_id（父对象号）、type（对象类型）、create_date（创建日期）等列。每条记录就是一个对象的相关信息，type 列表示对象类型，其中 U 表示用户定义表，S 表示系统基表，PK 表示主键约束，FK 表示外键约束，IT 表示内部表，V 表示视图，P 表示 SQL 存储过程。

系统视图不可以修改，但可以使用 SELECT 语句查询或编辑前 200 行数据。用户视图不可以修改表结构，但可以进行添加、删除、修改操作，不过会受到一些限制，因为这些操作会直接影响到表中的数据。

3. 使用 SSMS 管理器窗口创建视图

视图的创建方法有两种：一种是使用 SSMS 管理器窗口，另一种是使用 SQL 命令。本任务的例题均以 libsys 数据库为例。

使用 SSMS 管理器窗口创建视图主要包括筛选表及字段、输入条件、设置视图名等步骤。

【例 6-1】创建视图 View1_bookInfo，其功能是存储 bookInfo 表中由电子工业出版社出版的图书的编号、名称、类型、作者姓名、出版单位、销售价格、采购数量和库存数量。

第 1 步，添加表。在 SSMS 管理器窗口中依次展开"数据库"→"libsys"节点，右击"视图"节点，在弹出的快捷菜单中选择"新建视图"命令，在弹出的"添加表"对话框的"表"选项卡中选择 bookInfo 表，如图 6-2 所示，单击"添加"按钮，然后关闭该对话框。

有时一个视图涉及多个表，此时需要添加多个表，方法有两种：一种是在按下 Ctrl 键的同时选择多个要添加的表，然后单击"添加"按钮；另一种是在选择一个要添加的表后就单击一次"添加"按钮，直到多个表都添加完成。表添加完成以后，单击"关闭"按钮。如果表之间存在外键关系，则系统会以图示的方式自动显示它们的关联情况。

第 2 步，选择视图包含的列。经过上一步添加表后，在窗口的上半部分，系统会自动将表中的所有列显示出来，如图 6-3 所示，以粗体格式显示的列名表示该列为主键，*代表全部列。选择 BookID、BookName、BookType、Writer、Publisher、Price、BuyCount、AbleCount 共 8 个列。

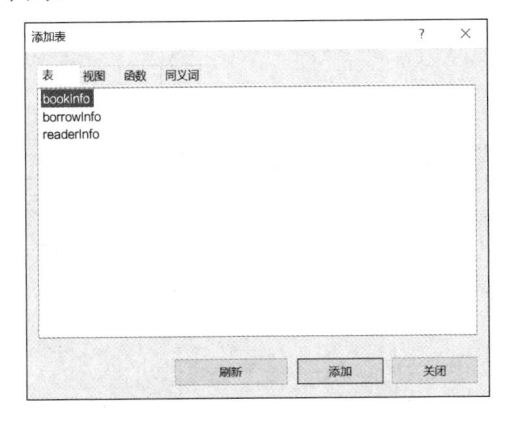

图 6-2　"添加表"对话框　　　　　　　图 6-3　选择视图包含的列

第 3 步，设置筛选条件。在窗口的下半部分，系统会产生如图 6-4 所示的窗格，在该窗格中可以为列名设置别名，以及设置某个列是否输出、排序类型、排序顺序等信息。在"Publisher"所在行的"筛选器"文本框中输入筛选条件"='电子工业出版社'"。由图 6-4 可知，在用户进行设置的同时，系统会在代码窗口中显示创建该视图的 SELECT 语句。

图 6-4　设置筛选条件

第 4 步，输入视图名，保存视图。单击工具栏中的"保存"按钮，在弹出的"选择名称"对话框的"输入视图名称"文本框中输入视图名"View1_bookInfo"，然后单击"确定"按钮。单击"对象资源管理器"窗口中的"刷新"按钮，"视图"节点中会出现刚才创建的视图的名称 dbo.View1_bookInfo。

第 5 步，显示视图的内容。在代码窗口中右击，在弹出的快捷菜单中选择"执行 SQL"命令，或者在"对象资源管理器"窗口中右击视图名 View1_bookInfo，在弹出的快捷菜单中选择"选择前 1000 行"命令，即可显示视图的内容，如图 6-5 所示。从上面的操作过程可以发现，视图的核心命令是 SELECT 语句，换句话说，视图就是用来保存 SELECT 语句的查询结果的。

	BookName	BookID	BookType	Writer	Publisher	Price	BuyCount	AbleCount
1	计算机网络技术实用教程	9787121270000	计算机	胡振华	电子工业出版社	36.00	20	19
2	数据库应用技术	9787322656678	计算机	刘小华	电子工业出版社	35.00	30	29
3	电子商务基础与实务	9787431546652	经济管理	刘红梅	电子工业出版社	82.00	25	24
4	3D动画设计	9787603658891	艺术设计	刘东	电子工业出版社	42.00	18	17

图 6-5　视图的内容

➡4．使用 SQL 命令创建视图

创建视图的命令格式如下：

```
CREATE VIEW [ schema_name . ] view_name [ (column [ ,...n ] ) ]
[ WITH <view_attribute> [ ,...n ] ]
AS select_statement
[ WITH CHECK OPTION ]
[ ; ]
<view_attribute> ::=
{
    [ ENCRYPTION ]
    [ SCHEMABINDING ]
    [ VIEW_METADATA ]
}
```

格式说明：

（1）schema_name：视图所属架构的名称。

（2）view_name：视图名，视图名必须遵循标识符的规则，可以选择是否指定视图所有者的名称。

（3）column：视图中的列使用的名称。需要列名的情况有：列是从算术表达式、函数或常量派生的；两个或更多的列具有相同的名称（通常是因为连接）；视图中的某个列的名称与其派生来源列的名称不一致。如果未指定 column 参数的值，则视图中的列名将与 SELECT 语句中的列名相同。

（4）AS：指定视图要执行的操作。

（5）select_statement：定义视图的 SELECT 语句，该语句可以使用多个表和其他视图。视图定义中的 SELECT 语句不能包括下列内容：

- ORDER BY 子句，除非在 SELECT 语句的选择列表中有一个 TOP 子句。
- 关键字 INTO。
- OPTION 子句。
- 引用临时表或表变量。

（6）WITH CHECK OPTION：在对视图进行 UPDATE、INSERT 和 DELETE 操作时，要保证更新、插入或删除的记录满足视图中 SELECT 语句的条件表达式。

（7）为了保密，可以使用 WITH ENCYPTION 对存放的 CREATE VIEW 的文本加密，但是使用该选项后，创建视图的命令将不会再显示（即使是创建者也没有办法）。

（8）SCHEMABINDING：将视图绑定到基表的架构。

（9）VIEW_METADATA：指定当引用视图的查询请求浏览模式元数据时，SQL Server 实例将向 DB-Library、ODBC 和 OLE DB API 返回有关视图的元数据信息，而不返回基表的元数据信息。

（10）SELECT 语句的完整格式为 "SELECT … FROM … WHERE …"。

【例 6-2】创建视图 View2_TeacherReader，其功能是获得所有教师读者的借书证号、姓名、所在部门、读者类型、联系电话和电子邮箱。

```
CREATE VIEW View2_TeacherReader
AS
SELECT ReaderID,ReaderName,Department,ReaderType,Mobile,Email
FROM readerInfo
WHERE ReaderType='教师'
```

【例 6-3】创建视图 View3_NoReturnReader，其功能是获取当前尚未归还图书的图书编号、图书名称、读者姓名、读者类型、借书日期、应归还日期和实际归还日期。要求将 CREATE VIEW 语句的原始文本转换为模糊格式（可以通过 WITH ENCRYPTION 实现）。

分析：要查询的信息包括图书名称、读者姓名、借书日期等，分别来源于 bookInfo 表、readerInfo 表、borrowInfo 表。

视图创建语句如下：

```
CREATE VIEW View3_NoReturnReader
WITH ENCRYPTION
AS
SELECT bk.BookID,bk.BookName,rd.ReaderName,rd.ReaderType,br.BorrowDate,br.Deadline, br.ReturnDate
FROM borrowInfo br
INNER JOIN bookInfo bk ON br.BookID=bk.BookID
INNER JOIN readerInfo rd ON br.ReaderID=rd.ReaderID
WHERE br.ReturnDate IS NULL
```

视图创建好以后，可以显示视图的内容，以及对视图进行删除、重命名、显示视图属性等操作。

6.1.2 应用视图

视图是一个虚拟表，本身并不存储数据，它的数据来源于表，因此对视图的操作实际上就是对表的操作。与表相比，使用视图对表进行添加记录、更新记录和删除记录等操作会更加简洁方便，命令格式与表操作的命令格式相同，只需将表操作的命令格式中的表名修改成视图名即可。

只要满足以下条件，就可以通过视图修改基表中的数据：

（1）任何修改（包括 UPDATE、INSERT 和 DELETE 语句）都只能引用一个基表中的列。

（2）视图中正在修改的列必须直接引用表列中的基础数据。

（3）被修改的列不受 GROUP BY 子句、HAVING 子句或 DISTINCT 子句的影响。

（4）在视图的查询语句中，TOP 子句不能与 WITH CHECK OPTION 子句一起使用。

1. 通过视图向基表中添加记录

使用 INSERT 命令通过视图可以向基表中添加记录，该命令要求满足上面列出的通过视图修改基表中数据的 4 个条件，命令格式与向表中添加记录的命令格式相同。

【例 6-4】利用例 6-1 中所创建的视图 View1_bookInfo（功能是存储 bookInfo 表中由电子工业出版社出版的图书的相关信息）向 bookInfo 表中添加一条记录。

```
INSERT INTO View1_bookInfo
VALUES('9787121446795','Spring Boot 实用教程','计算机','郑阿奇','电子工业出版社',66.5,20,18)
```

通过上面的命令，系统在 View1_bookInfo 视图中添加了一条记录，在 bookInfo 表中也添加了同一条记录，记录中那些没有设置值的列内的值被设置为了 NULL。

注意：虽然创建视图的命令中的条件是"Publisher='电子工业出版社'"，但在向视图中添加记录时，Publisher 字段的值并不一定要求是"电子工业出版社"。

2. 通过视图更新基表中的记录

使用 UPDATE 命令通过视图可以更新基表中的记录，该命令的要求与 INSERT 命令的要求相同，命令格式与更新表中记录的命令格式相同。

【例 6-5】利用例 6-1 中所创建的 View1_bookInfo 视图修改 bookInfo 表中的记录，要求将图书类型（BookType 字段）由"经济管理"修改为"经管类"。

```
UPDATE View1_bookInfo
SET BookType='经管类'
WHERE BookType='经济管理'
```

此时，将 bookInfo 表中满足"Publisher='电子工业出版社'"和"BookType='经济管理'"条件的图书记录内的 BookType 字段值修改为"经管类"。

3. 通过视图删除基表中的记录

使用 DELETE 命令通过视图可以删除基表中的记录，该命令的要求与 INSERT 命令的要求相同，命令格式与删除表中记录的命令格式相同。

【例 6-6】利用例 6-1 中所创建的 View1_bookInfo 视图删除 bookInfo 表中图书编号为"9787121446795"的记录。

```
DELETE FROM View1_bookInfo
WHERE BookID ='9787121446795'
```

在执行上述命令后，系统的提示信息与对表操作时的提示信息都相同，表明对视图的操作表面上是在对视图进行操作，实质上是对表进行操作。

注意：在通过视图删除表中的记录时，如果该记录存在外键约束，则删除操作会出错。

6.1.3 修改视图

在定义视图后，可以在 SQL Server 数据库引擎中修改其定义，而无须使用 SSMS 管理器窗口或 T-SQL 命令删除并重新创建视图。

1. 修改视图

1）使用 SSMS 管理器窗口修改视图

【例 6-7】修改 View1_bookInfo 视图，将其功能修改为存储 bookInfo 表中由清华大学出版社出版的图书的编号、名称、类型、作者姓名、出版单位和销售价格。

第 1 步，在 SSMS 管理器窗口中依次展开"数据库"→"libsys"→"视图"节点。

第 2 步，右击要修改的视图的名称 View1_bookInfo，在弹出的快捷菜单中选择"设计"命令，打开查询设计器的图表窗格。

第 3 步，在查询设计器的图表窗格中，通过以下一种或多种方式修改视图：

- 勾选要添加的元素的复选框，或者取消勾选要删除的元素的复选框。
- 在图表窗格中右击，在弹出的快捷菜单中选择"添加表"命令，然后在弹出的"添加表"对话框的"表"选项卡中选择要添加的表，单击"添加"按钮，然后关闭该对话框。系统会自动将该表中的所有列显示出来，此时可以选择要添加到视图的列。
- 右击要删除的表的标题栏，在弹出的快捷菜单中选择"删除"命令。

这里取消 BuyCount 列和 AbleCount 列的选中状态，在"Publisher"所在行的"筛选器"文本框中输入筛选条件"='清华大学出版社'"。

第 4 步，单击工具栏中的"保存"按钮保存视图。

2）使用 SQL 命令修改视图

修改视图的命令格式如下：

```
ALTER VIEW [ schema_name . ] view_name [ ( column [ ,...n ] ) ]
[ WITH <view_attribute> [ ,...n ] ]
AS select_statement
[ WITH CHECK OPTION ] [ ; ]

<view_attribute> ::=
{
    [ ENCRYPTION ]
    [ SCHEMABINDING ]
    [ VIEW_METADATA ]
}
```

说明：

修改视图的命令格式与创建视图的命令格式一致，只是将 CREATE 修改为了 ALTER。

【例 6-8】修改 View2_TeacherReader 视图，将其功能修改为获得所有教师读者的借书证号、姓名、性别、联系电话和电子邮箱。

第 1 步，在 SSMS 管理器窗口中连接到数据库引擎的实例"libsys"。

第 2 步，单击工具栏中的"新建查询"按钮，打开一个新的"查询编辑器"窗口。

第 3 步，在"查询编辑器"窗口中输入以下 SQL 命令，然后单击"执行"按钮。

```
ALTER VIEW View2_TeacherReader
AS
SELECT ReaderID, ReaderName, ReaderSex, Mobile, Email
FROM dbo.readerInfo
WHERE (ReaderType = '教师')
```

2. 删除视图

1）使用 SSMS 管理器窗口删除视图

【例 6-9】删除 View1_bookInfo 视图。

第 1 步，在 SSMS 管理器窗口中依次展开"数据库"→"libsys"→"视图"节点。

第 2 步，右击要删除的视图的名称 View1_bookInfo，在弹出的快捷菜单中选择"删除"命令。

第 3 步，在弹出的"删除对象"对话框中单击"确定"按钮。

2）使用 SQL 命令修改视图

删除视图的命令格式如下：

```
DROP VIEW [ IF EXISTS ] [ schema_name . ] view_name [ ...,n ] [ ; ]
```

格式说明：

- IF EXISTS：如果视图存在，则删除。
- schema_name：视图所属架构的名称。
- view_name：要删除的视图的名称。

【例 6-10】删除 View2_TeacherReader 视图。

第 1 步，在 SSMS 管理器窗口中连接到数据库引擎的实例"libsys"。

第 2 步，单击工具栏中的"新建查询"按钮，打开一个新的"查询编辑器"窗口。

第 3 步，在"查询编辑器"窗口中输入以下 SQL 命令，然后单击"执行"按钮。

```
DROP VIEW View2_TeacherReader
```

6.1.4 技能训练9：视图的创建与管理

1. 训练目的

（1）了解视图与表的相同点及区别。

（2）掌握创建视图的两种方法。

（3）掌握视图的管理方法。

（4）掌握使用视图对表进行添加记录、更新记录和删除记录等操作的方法。

2．训练时间：2 课时

3．训练内容

每执行一个操作，就刷新"视图"节点，观察视图是否已经建立，有哪些列，记录是什么，怎么来的。

（1）使用 SSMS 管理器创建视图。

①确认 scoresys 数据库已经存在，并且是当前数据库，该数据库中有 3 个表，分别是 course 表、student 表和 score 表，每个表中都有记录。如果该数据库不存在，则需要重新创建该数据库。

建议：将创建 scoresys 数据库（包括表及记录）的 SQL 命令做成一个 SQL 脚本文件，并存放在自己的邮箱中，在每次操作时，只需用 SQL Server 2022 打开这个文件，单击"执行"按钮，即可创建数据库，同时实训环境和数据也都部署好了。

②使用 SSMS 管理器窗口创建视图 View1_course，其功能是显示 course 表中的全部信息。

③使用 SSMS 管理器窗口创建视图 View2_course，其功能是显示 course 表中所属部门为"公共课部"的课程编号、课程名称、课程类型、所属部门、课时和学分。

（2）使用 SQL 命令创建视图。

①使用 SQL 命令创建视图 View3_student，其功能是输出 student 表中所有软件学院的学生，只显示学号（SID）、姓名（SName）、所在院系（Dept）、班级（Class）和联系电话（Mobile）。

②使用 SQL 命令创建视图 View4_student，其功能是输出 student 表中 2000 年 1 月 1 日以后出生的男学生的学号（SID）、姓名（SName）、性别（Sex）和联系电话（Mobile）。

③使用 SQL 命令创建视图 View5_student，其功能是输出 student 表中所有学生的全部信息。

（3）视图的管理。

①使用 SSMS 管理器窗口查询 View2_course 视图中的记录，然后生成 SQL 脚本。

②使用 SQL 命令删除 View4_student 视图。

（4）使用视图修改表中的记录。

①使用 View2_course 视图将 course 表中的所属部门由"公共课部"修改成"基础课部"。

②使用 View1_course 视图向 course 表中添加一条记录，内容自定。

③使用 View1_course 视图删除第②步中添加的记录。

4．思考题

（1）表中某个列具有非空约束，而以该表为基表的视图中并没有涉及此列，能否利用这个视图给表添加记录？试试看。

（2）在删除视图后，其对应的基表是不是也被删除了？试试看。

（3）如果基表对应的视图已经建立，基表中的记录发生变化，则视图中的记录是否也会自动发生变化？试试看。

任务6.2 游标的创建与应用

6.2.1 游标的创建

关系型数据库中的操作会对整个行集起作用。例如，由 SELECT 语句返回的行集包括满足该语句中 WHERE 子句条件的所有行。这种由语句返回的完整行集称为结果集，应用程序并不总能将整个结果集作为一个单元进行有效的处理。这些应用程序需要一种机制以便每次处理一行或一部分行，游标可以满足上述要求。

游标的基本操作包括创建游标、打开游标、循环读取游标、关闭游标和删除游标。

创建游标的命令格式如下：

```
DECLARE cursor_name CURSOR [ LOCAL | GLOBAL ]
    [ FORWARD_ONLY | SCROLL ]
    [ STATIC | KEYSET | DYNAMIC | FAST_FORWARD ]
    [ READ_ONLY | SCROLL_LOCKS | OPTIMISTIC ]
    [ TYPE_WARNING ]
    FOR select_statement
    [ FOR UPDATE [ OF column_name [ ,...n ] ] ]
[;]
```

格式说明：

（1）cursor_name：游标名，游标名必须遵循标识符的规则。

（2）LOCAL：局部游标，指定该游标仅在创建它的批处理、存储过程或触发器作用域内有效。

（3）GLOBAL：全局游标，指定该游标在当前连接范围内均有效。在由该连接执行的任何存储过程或批处理中，都可以引用该游标。

如果 GLOBAL 和 LOCAL 参数都未指定，则由数据库选项中的"默认游标"值（GLOBAL 或 LOCAL）决定。

（4）FORWARD_ONLY：指定游标只能向前移动，并从第一行滚动到最后一行。FETCH NEXT 是唯一支持的提取游标数据的方式。

（5）STATIC：指定游标始终以第一次打开时的样式显示结果集，并制作数据的临时副本供游标使用。

（6）KEYSET：指定当打开游标时，游标中行的成员身份和顺序已经固定。

（7）DYNAMIC：定义一个游标，无论更改是发生于游标内部还是由游标外的其他用户执行，在四处滚动游标并提取新记录时，该游标均能反映对其结果集中的行所做的所有数据更改。

（8）FAST_FORWARD：指定已启用了性能优化的 FORWARD_ONLY 和 READ_ONLY 游标。如果还指定了 SCROLL 或 FOR_UPDATE，则无法指定 FAST_FORWARD。该类型的游标不允许从游标内修改数据。

（9）READ_ONLY：禁止通过该游标进行更新。无法在 UPDATE 或 DELETE 语句的

WHERE CURRENT OF 子句中引用游标。

（10）SCROLL_LOCKS：指定通过游标进行的定位更新或删除一定会成功。

（11）OPTIMISTIC：指定如果行自读入游标以来已得到更新，则通过游标进行的定位更新或定位删除不成功。

（12）TYPE_WARNING：指定如果游标从所请求的类型隐式转换为另一种类型，则向客户端发送警告消息。

（13）select_statement：定义游标结果集的 SELECT 语句。在游标声明的 select_statement 中不允许使用关键字 COMPUTE、COMPUTE BY、FOR BROWSE 和 INTO。

（14）FOR UPDATE [OF column_name [,...n]]：定义游标中可更新的列。如果提供了 "OF column_name [, ... n]"，则只允许修改所列出的列。如果指定了 UPDATE，但未指定列的列表，则除非指定了 READ_ONLY 并发选项，否则可以更新所有的列。

【例 6-11】创建游标 book_cursor。

第 1 步，在 SSMS 管理器窗口中连接到数据库引擎的实例 "libsys"。

第 2 步，单击工具栏中的 "新建查询" 按钮，打开一个新的 "查询编辑器" 窗口。

第 3 步，在 "查询编辑器" 窗口中输入以下 SQL 命令，然后单击 "执行" 按钮。

```
USE libsys
GO
DECLARE book_cursor CURSOR
    FOR SELECT * FROM bookInfo;
```

6.2.2 游标的应用

在创建好游标以后，可以先使用 "OPEN cursor_name;" 语句打开游标，再使用 "FETCH cursor_name;" 语句检索游标中的数据。

1. 使用游标提取数据

使用游标可以检索特定的行，命令格式如下：

```
FETCH
        [ [ NEXT | PRIOR | FIRST | LAST
            | ABSOLUTE { n | @nvar }
            | RELATIVE { n | @nvar }
            ]
            FROM
        ]
{ { [ GLOBAL ] cursor_name } | @cursor_variable_name }
[ INTO @variable_name [ ,...n ] ]
```

格式说明：

（1）NEXT：返回紧跟在当前行之后的结果行，并将当前行添加到返回的行中。如果 FETCH NEXT 为对游标的第一次提取操作，则返回结果集中的第一行。NEXT 为默认的游标提取选项。

（2）PRIOR：返回紧邻当前行前面的结果行，并且当前行递减为返回行。如果 FETCH PRIOR 为对游标的第一次提取操作，则不会返回任何行，并且游标位于第一行之前。

（3）FIRST：返回游标中的第一行并将其作为当前行。

（4）LAST：返回游标中的最后一行并将其作为当前行。

（5）ABSOLUTE {n|@nvar}：如果 n 或@nvar 为正，则返回从游标起始处开始向后的第 n 行，并将返回行变成新的当前行。如果 n 或@nvar 为负，则返回从游标末尾处开始向前的第 n 行，并将返回行变成新的当前行。如果 n 或@nvar 为 0，则不返回行。n 必须是整型常量，并且@nvar 必须是 smallint、tinyint 或 int 类型数据。

（6）RELATIVE {n|@nvar}：如果 n 或@nvar 为正，则返回从当前行开始向后的第 n 行，并将返回行变成新的当前行。如果 n 或@nvar 为负，则返回从当前行开始向前的第 n 行，并将返回行变成新的当前行。如果 n 或@nvar 为 0，则返回当前行。在对游标进行第一次提取时，如果在将 n 或@nvar 设置为负数或 0 的情况下指定 FETCH RELATIVE，则不返回行。n 必须是整型常量，并且@nvar 必须是 smallint、tinyint 或 int 类型数据。

（7）GLOBAL：指定 cursor_name 引用全局游标。

（8）cursor_name：要从中进行提取操作的已经打开的游标的名称。当同时存在以 cursor_name 作为名称的全局游标和局部游标时，如果指定 GLOBAL，则 cursor_name 指全局游标；如果未指定 GLOBAL，则 cursor_name 指局部游标。

（9）@cursor_variable_name：游标变量名，引用要从中进行提取操作的已经打开的游标。

（10）INTO @variable_name [,...n]：允许将提取操作的列数据放到局部变量中。列表中的各个变量从左到右与游标结果集中的相应列相关联。各个变量的数据类型必须与相应的结果集中列的数据类型匹配，或者是结果集中列的数据类型所支持的隐式转换。变量的数目必须与游标选择列表中的列数一致。

【例 6-12】利用游标 book_cursor 每次从 bookInfo 表中获取一条记录。

在例 6-11 所打开的"查询编辑器"窗口中输入以下命令：

```
OPEN book_cursor    --打开游标
FETCH NEXT FROM book_cursor;    --获取下一条记录
```

此时显示 bookInfo 表中的第一条记录，当需要显示下一条记录时，只需选中上述的"FETCH NEXT FROM book_cursor;"语句，然后单击"执行"按钮即可，重复执行该步骤，可以依次显示 bookInfo 表中的记录。

【例 6-13】利用游标逐条读取 readerInfo 表中的记录，每条记录包括借书证号、读者姓名、所在部门、联系电话。

第 1 步，在 SSMS 管理器窗口中连接到数据库引擎的实例"libsys"。

第 2 步，单击工具栏中的"新建查询"按钮，打开一个新的"查询编辑器"窗口。

第 3 步，在"查询编辑器"窗口中输入以下命令，然后单击"执行"按钮。

```
USE libsys
GO
--声明游标
DECLARE reader_cursor CURSOR
```

```
         FOR SELECT ReaderID,ReaderName,Department,Mobile FROM readerInfo;
--打开游标
OPEN reader_cursor
--声明局部变量,用来存储 FETCH 语句返回的值
DECLARE @id CHAR(10),
            @name CHAR(10),
            @dept VARCHAR(30),
            @mobile VARCHAR(12);
--读取第一条记录,把读取到的数据保存到变量中
FETCH NEXT FROM reader_cursor INTO @id, @name, @dept, @mobile;
--循环读取游标结果集中的记录
print '读取游标数据如下:';
--判断 FETCH 语句是否成功,如果成功,则@@fetch_status 返回 0,否则返回负数
while (@@fetch_status = 0)
begin
    print '借书证号:' + @id + ', 读者姓名:' + @name + ', 所在部门:' + @dept + ', 联系电话:' + @mobile;
    --继续读取下一条记录
    FETCH NEXT FROM reader_cursor INTO @id, @name, @dept, @mobile;
END
--关闭游标
CLOSE reader_cursor;
```

结果如图 6-6 所示。

```
读取游标数据如下:
借书证号 : M01039546 , 读者姓名: 胡大龙       , 所在部门 : 国际学院, 联系电话 : 18834567890
借书证号 : M12090025 , 读者姓名: 张飞霞       , 所在部门 : 软件学院, 联系电话 : 13498873425
借书证号 : S02018786 , 读者姓名: 李朝晖       , 所在部门 : 软件学院软件1801班, 联系电话 : 13100759054
借书证号 : S02028217 , 读者姓名: 周依依       , 所在部门 : 商学院会计1705班, 联系电话 : 15907778879
借书证号 : S20390022 , 读者姓名: 杨朝阳       , 所在部门 : 软件学院大数据1802班, 联系电话 : 15533555678
借书证号 : T01010055 , 读者姓名: 李飞军       , 所在部门 : 软件学院, 联系电话 : 18977663322
借书证号 : T01011203 , 读者姓名: 刘小丽       , 所在部门 : 商学院, 联系电话 : 13033220789
借书证号 : T03010182 , 读者姓名: 李天好       , 所在部门 : 图书馆, 联系电话 : 17108084567
借书证号 : T03020093 , 读者姓名: 张红军       , 所在部门 : 财务处, 联系电话 : 13809997788
借书证号 : T12085566 , 读者姓名: Smith       , 所在部门 : 商学院, 联系电话 : 073183833388
```

图 6-6 使用游标提取数据

2. 使用游标更新或删除数据

除了可以使用游标读取数据,还可以使用游标更新或删除数据。

1) 使用游标更新数据

【例 6-14】使用游标逐条将 bookInfo 表中 BookType 列内的值由"经济管理"修改成"经管类"。

第 1 步,在 SSMS 管理器窗口中连接到数据库引擎的实例"libsys"。
第 2 步,单击工具栏中的"新建查询"按钮,打开一个新的"查询编辑器"窗口。
第 3 步,在"查询编辑器"窗口中输入以下命令,然后单击"执行"按钮。

```
--声明变量,用来存储 FETCH 语句返回的值
DECLARE @Id CHAR(20);
```

```
--声明游标
DECLARE IdCursor CURSOR FOR(SELECT BookID FROM bookInfo WHERE BookType='经济管理')
FOR UPDATE OF BookType;
--打开游标
OPEN IdCursor;
--获取游标中的第一条记录
FETCH NEXT FROM IdCursor INTO @Id;
--当成功获取游标中的记录时，循环执行
WHILE @@FETCH_STATUS = 0
BEGIN
  --逐条将 BookType 列中的值由"经济管理"修改成"经管类"
  UPDATE bookInfo SET BookType='经管类' WHERE BookID = @Id;
    --移动游标到下一条记录
    FETCH NEXT FROM IdCursor INTO @Id;
END;
CLOSE IdCursor;
```

结果显示两行受影响。再次查询 bookInfo 表中的数据，发现 BookType 列中的值已经由"经济管理"修改成了"经管类"。

2）使用游标删除数据

【例 6-15】使用游标逐条删除 borrowInfo 表中 ReturnDate 列内的值为空的记录。

第 1 步，在 SSMS 管理器窗口中连接到数据库引擎的实例"libsys"。

第 2 步，单击工具栏中的"新建查询"按钮，打开一个新的"查询编辑器"窗口。

第 3 步，在"查询编辑器"窗口中输入以下命令，然后单击"执行"按钮。

```
--声明变量，用来存储游标获得的数据
DECLARE @ReaderID CHAR(10);
DECLARE @BookID CHAR(20);
DECLARE @BorrowDate DATE;
--声明游标，获取 ReturnDate 列中的值为空的记录
DECLARE borrowCursor CURSOR FOR SELECT ReaderID,BookID,BorrowDate FROM borrowInfo
WHERE ReturnDate IS NULL;
--打开游标
OPEN borrowCursor;
--获取游标中的第一条记录
FETCH NEXT FROM borrowCursor INTO @ReaderID,@BookID,@BorrowDate;
--当成功获取游标中的记录时，循环执行
WHILE @@FETCH_STATUS = 0
BEGIN
  --逐条删除归还日期为空的图书借阅记录
  DELETE FROM borrowInfo WHERE ReaderID=@ReaderID AND BookID = @bookId AND
BorrowDate=@BorrowDate;
  --移动游标到下一条记录
  FETCH NEXT FROM borrowCursor INTO @ReaderID,@BookID,@BorrowDate;
```

```
END;
CLOSE borrowCursor;
```

结果显示 5 行受影响。

再次查询 borrowInfo 表中的所有记录，发现查询结果中没有归还日期为空的记录。

6.2.3 关闭与释放游标

1. 关闭游标

在使用完游标后，需要关闭游标。关闭游标的命令格式如下：

```
CLOSE cursor_name;
```

格式说明：cursor_name 表示游标名。

2. 释放游标

如果游标不再使用，则可以释放游标。释放游标的命令格式如下：

```
DEALLOCATE cursor_name;
```

格式说明：cursor_name 表示游标名。

6.2.4 技能训练10：游标的创建与使用

1. 训练目的

（1）掌握创建游标的方法。
（2）掌握游标的使用步骤。
（3）掌握使用游标提取、更新、删除数据的方法。

2. 训练时间：2 课时

3. 训练内容

（1）使用游标逐条读取读者的借书记录，要求输出图书编号、图书名称、作者姓名、出版单位、出版时间、读者姓名、读者类型、借书日期、应归还日期。

①在 SSMS 管理器窗口中连接到数据库引擎的实例"libsys"。
②单击工具栏中的"新建查询"按钮，打开一个新的"查询编辑器"窗口。
③创建游标 readerBorrowCursor，其功能是存储所有读者的借书记录，包括图书编号、图书名称、作者姓名、出版单位、出版时间、读者姓名、读者类型、借书日期和应归还日期。
④打开游标 readerBorrowCursor。
⑤使用循环逐条读取游标中的数据。
⑥关闭游标。
⑦释放游标。

（2）使用游标更新 borrowInfo 表中的记录，将图书的应归还日期由"2022-03-11"修改为"2022-04-15"。

①在 SSMS 管理器窗口中连接到数据库引擎的实例"libsys"。

②单击工具栏中的"新建查询"按钮，打开一个新的"查询编辑器"窗口。

③创建游标 borrowCursor_1，其功能是将图书的应归还日期由"2022-03-11"修改为"2022-04-15"。

④打开游标 borrowCursor_1。

⑤使用循环逐条更新数据。

⑥关闭游标。

⑦释放游标。

4．思考题

（1）使用游标的步骤包括哪些？

（2）使用游标有哪些优点？

任务6.3　存储过程的创建与管理

存储过程（Stored Procedure）简称过程，就是为了完成一定的功能而编写的程序段，由一系列 SQL 语句构成，相当于 C 语言中的函数或 Java 语言中的方法，通过调用存储过程名来执行存储过程。存储过程存放在数据库对象中，属于数据库，与表和视图的级别相同。

6.3.1　创建存储过程

存储过程的创建方法有两种：一种是使用 SSMS 管理器窗口，另一种是使用 SQL 命令。本任务的例题均以 libsys 数据库为例。

创建存储过程

1．使用 SSMS 管理器窗口创建存储过程

【例 6-16】创建存储过程 P0_GetBookInfoTest，其功能是获取 bookInfo 表中指定作者和出版单位的图书的信息（包括图书编号、图书名称、作者姓名、出版单位和销售价格）。

第 1 步，在 SSMS 管理器窗口中依次展开"数据库"→"libsys"→"可编程性"节点，右击"存储过程"节点，在弹出的快捷菜单中选择"新建"→"存储过程"命令，打开包含创建存储过程的语句的窗口。

第 2 步，在"查询"菜单中选择"指定模板参数的值"命令。

第 3 步，在弹出的"指定模板参数的值"对话框中输入如图 6-7 所示的参数值。

第 4 步，单击"确定"按钮。

第 5 步，在"查询编辑器"窗口中，使用以下语句替换 SELECT 语句：

SELECT BookID,BookName,Writer,Publisher,Price
FROM bookInfo
WHERE Writer=@Writer AND Publisher=@Publisher;

第 6 步，选择"查询"菜单中的"执行"命令，创建存储过程。该存储过程作为数据库中的对象创建。

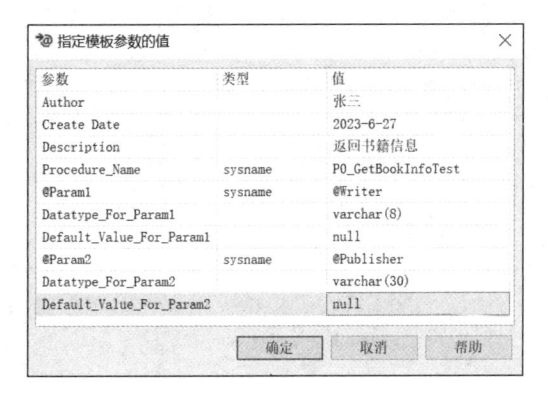

图 6-7 在"指定模板参数的值"对话框中输入参数值

第 7 步，在弹出的"执行过程"窗口中，输入"胡振华"作为参数@Writer 的值，并输入"清华大学出版社"作为参数@Publisher 的值，如图 6-8 所示。

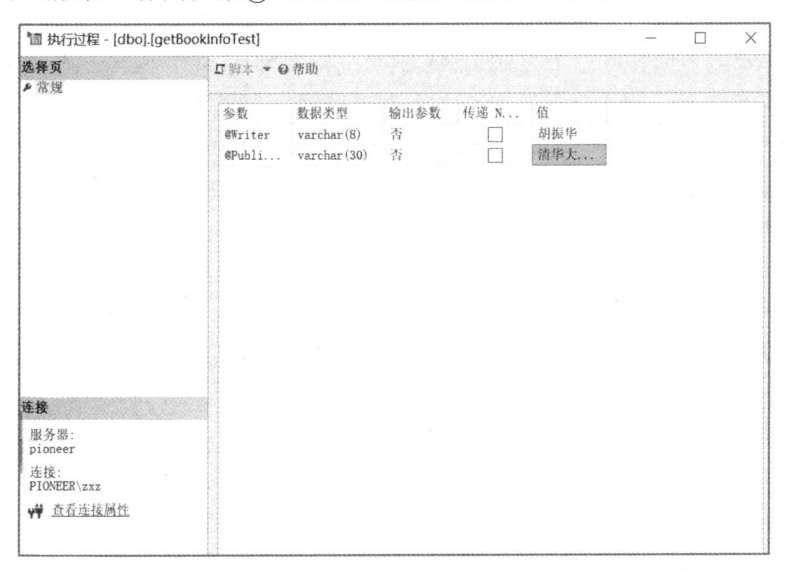

图 6-8 在"执行过程"窗口中输入值

查询结果如图 6-9 所示。

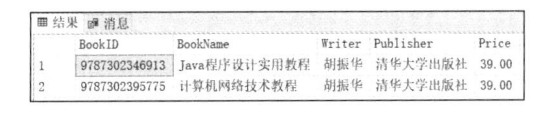

图 6-9 存储过程 P0_GetBookInfoTest 的查询结果

2. 使用 SQL 命令创建存储过程

（1）创建存储过程的命令格式如下：

CREATE { PROC | PROCEDURE }

```
        [schema_name.] procedure_name [ ; number ]
        [ { @parameter_name [type_schema_name.] data_type }
            [ VARYING ] [ NULL ] [ = default ] [ OUT | OUTPUT | [READONLY]
        ] [ ,...n ]
[ WITH <procedure_option> [ ,...n ] ]
[ FOR REPLICATION ]
AS { [ BEGIN ] sql_statement [;] [ ...n ] [ END ] }
[;]

<procedure_option> ::=
        [ ENCRYPTION ]
        [ RECOMPILE ]
        [ EXECUTE AS Clause ]
```

格式说明：

①schema_name：存储过程所属架构的名称。

②procedure_name：存储过程的名称。存储过程的名称必须遵循标识符的规则，并且在架构中必须唯一。

注意：在命名存储过程时避免使用 sp_前缀，这是因为 SQL Server 数据库使用该前缀来指定系统存储过程，如果存在同名的系统存储过程，则使用该前缀可能导致应用程序代码中断。

可以在 procedure_name 的前面使用一个数字符号（#procedure_name）来创建局部临时存储过程，使用两个数字符号（##procedure_name）来创建全局临时存储过程。局部临时存储过程仅对创建了它的连接可见，并且在关闭该连接后将被删除。全局临时存储过程可用于所有连接，并且在使用该存储过程的最后一个会话结束时将被删除。

存储过程或全局临时存储过程的完整名称（包括##）不能超过 128 个字符，局部临时存储过程的完整名称（包括#）不能超过 116 个字符。

③;number：用于对同名的存储过程分组的可选整数。使用一个 DROP PROCEDURE 语句可以将这些分组存储过程一起删除。

④@parameter_name：存储过程中声明的参数。通过将@符号用作第一个字符来指定参数名称，参数名称必须遵循标识符的规则。每个存储过程的参数仅用于该存储过程本身，其他存储过程中可以使用相同的参数名称。

可以声明一个或多个参数，参数个数的最大值是 2100。除非定义了参数的默认值或将参数的值设置为等于另一个参数的值，否则用户必须在调用存储过程时为每个声明的参数提供值。如果存储过程包含表值参数，并且该参数在调用中缺失，则传入空表。参数只能用于代替常量表达式，而不能用于代替表名、列名或其他数据库对象的名称。

如果指定了 FOR REPLICATION，则无法声明参数。

⑤[type_schema_name.] data_type：参数的数据类型及该数据类型所属的架构。所有 Transact-SQL 数据类型都可以用作参数。

可以使用用户定义的表类型创建表值参数。表值参数只能是 INPUT 参数，并且这些参数必须带有关键字 READONLY。

游标数据类型只能是 OUTPUT 参数，并且必须带有关键字 VARYING。

⑥ [VARYING] [NULL] [= default] [OUT | OUTPUT | [READONLY]：
- VARYING：指定输出参数支持的结果集。该参数由存储过程动态构造，其内容可能发生改变，仅适用于游标参数。
- default：参数的默认值。如果为参数定义了默认值，则无须指定该参数的值即可执行存储过程，默认值必须是常量或 NULL，当默认值是常量时，可以使用通配符的形式，这使其可以在将该参数传递到存储过程时使用关键字 LIKE。
- OUT | OUTPUT：指明参数是输出参数。使用 OUTPUT 参数将值返回给存储过程的调用方，不能将表值数据类型指定为存储过程的 OUTPUT 参数。
- READONLY：不能在存储过程的主体中更新或修改参数。如果参数类型为表值数据类型，则必须指定 READONLY。

⑦ <procedure_option> 表示存储过程选项，各个选项介绍如下。
- RECOMPILE：数据库引擎不缓存该存储过程的查询计划，强制在每次执行该存储过程时都对该存储过程进行编译。
- ENCRYPTION：指示 SQL Server 数据库将 CREATE PROCEDURE 语句的原始文本转换为模糊格式。
- EXECUTE AS Clause：指定在其中执行存储过程的安全上下文。

⑧ FOR REPLICATION：指定为了复制操作而创建该存储过程。

⑨ { [BEGIN] sql_statement [;] [...n] [END] }：构成存储过程主体的一个或多个 Transact-SQL 语句。可以使用可选的关键字 BEGIN 和 END 将这些语句括起来。

（2）创建存储过程的步骤如下：

第 1 步，检查存储过程是否已经存在，如果已经存在，则先用 DROP PROCEDURE 命令删除该存储过程。

第 2 步，编写 SQL 语句。

这是实现存储过程功能的关键内容，在 SQL 语句编写完成后，单击"分析"按钮测试 SQL 语句中有没有语法错误。

第 3 步，补充其他内容，完成存储过程的编写。

按照 CREATE PROCEDURE 命令的语法格式完成存储过程的编写，单击"执行"按钮。

（3）创建无参数存储过程。

【例 6-17】创建存储过程 P1_AllBook，其功能是显示 bookInfo 表中由电子工业出版社出版的全部图书的记录。

第 1 步，在 SSMS 管理器窗口中连接到数据库引擎的实例"libsys"。

第 2 步，单击工具栏中的"新建查询"按钮，打开一个新的"查询编辑器"窗口。

第 3 步，在"查询编辑器"窗口中输入以下命令，然后单击"执行"按钮。

```
USE libsys                          --打开 libsys 数据库
GO
--判断是否存在存储过程 P1_All Book，如果存在，则删除该存储过程
DROP PROCEDURE IF EXISTS P1_AllBook
GO
```

```
CREATE PROCEDURE P1_AllBook         --创建存储过程
AS
BEGIN
SELECT *
FROM bookInfo
WHERE Publisher='电子工业出版社'
END
```

【例 6-18】创建存储过程 P2_BookBorrow，其功能是显示由清华大学出版社出版的图书的编号、名称、销售价格、出版日期、外借情况（包括图书编号、图书名称、销售价格、出版日期、借阅人、借阅人所在部门、借阅人联系电话、借书日期、应归还日期）。要求将 CREATE PROCEDURE 语句的原始文本转换为模糊格式（可以通过 WITH ENCRYPTION 实现）。

第 1 步，在 SSMS 管理器窗口中连接到数据库引擎的实例"libsys"。
第 2 步，单击工具栏中的"新建查询"按钮，打开一个新的"查询编辑器"窗口。
第 3 步，在"查询编辑器"窗口中输入以下命令，然后单击"执行"按钮。

```
USE libsys
GO
CREATE PROC P2_BookBorrow
WITH ENCRYPTION
AS
BEGIN
    SELECT bookInfo.BookID,BookName,Price,PublishDate,ReaderName,Department,Mobile, BorrowDate, ReturnDate
    FROM bookInfo,readerInfo,borrowInfo
    WHERE Publisher='清华大学出版社'
  AND bookInfo.BookID=borrowInfo.BookID AND borrowInfo.ReaderID=readerInfo.ReaderID
END
```

执行上述命令，即可创建存储过程。

（4）创建带输入参数的存储过程。

存储过程是一个子程序，可以在创建存储过程的代码中设计若干个参数，这种参数称为形式参数，而在调用存储过程时，传递给存储过程的参数称为实际参数。

在定义参数时，必须明确该参数是输入参数还是输出参数。如果参数的后面添加了关键字 OUTPUT，则该参数是输出参数；如果参数的后面没有添加关键字 OUTPUT，则该参数是输入参数，带输入参数的存储过程使用更广泛。

【例 6-19】创建存储过程 P3_BookWriter，其功能是显示 bookInfo 表中由指定作者编写的全部图书的记录。

分析：指定作者并不知道是谁，必须在执行存储过程时才能知道，所以需要将作者（对应的列名为 Writer）设置为输入参数。如果将参数名设为 editor，则其数据类型及长度必须与 bookInfo 表中 Writer 列内数据的数据类型及长度匹配。

```
USE libsys
```

```
GO
DROP PROCEDURE IF EXISTS P3_BookWriter
GO
CREATE PROC P3_BookWriter
@editor varchar(8)
AS
BEGIN
  SELECT *
  FROM bookInfo
  WHERE Writer=@editor
END
```

如果要查询由作者"胡振华"编写的图书的记录，则执行该存储过程的命令如下：

```
EXEC P3_BookWriter '胡振华'
```

查询结果会显示由作者"胡振华"编写的所有图书的记录，如图6-10所示。

	BookID	BookName	BookType	Writer	Publisher	PublishDate	Price	BuyDate	BuyCoun
1	9787121270000	计算机网络技术实用教程	计算机	胡振华	电子工业出版社	2020-09-01 00:00:00.000	36.00	2020-10-30	20
2	9787302346913	Java程序设计实用教程	计算机	胡振华	清华大学出版社	2019-02-01 00:00:00.000	39.00	2020-09-20	30
3	9787302395775	计算机网络技术教程	计算机	胡振华	清华大学出版社	2020-08-01 00:00:00.000	39.00	2020-12-30	30
4	9787561188064	Java程序设计基础	计算机	胡振华	大连理工大学出版社	2019-11-30 00:00:00.000	42.00	2020-03-10	50

图6-10 存储过程P3_BookWriter的查询结果

【例6-20】创建存储过程P4_WriterPublisher，其功能是显示bookInfo表中由指定作者编写并由指定出版单位出版的图书的记录。

分析：指定作者和指定出版单位都不明确，但在调用存储过程时会指定，所以需要设置两个输入参数，一个参数表示作者（对应的列名Writer），另一个参数表示出版单位（对应的列名是Publisher）。这两个参数的数据类型及长度必须与bookInfo表中Writer列和Publisher列内数据的数据类型及长度匹配。

```
CREATE PROC P4_WriterPublisher
@editor varchar(8),@press varchar(30)
AS
BEGIN
  SELECT *
  FROM bookInfo
  WHERE Writer=@editor AND Publisher=@press
END
```

假如要查询由作者"刘小华"编写并由"电子工业出版社"出版的图书的记录，则执行该存储过程的命令如下：

```
EXEC P4_WriterPublisher '刘小华','电子工业出版社'
```

在使用存储过程时，要注意以下两点：

①在定义参数时，形式参数名（如@editor、@press）最好不要与对应的列名完全相同，

以免引起混淆，但相同并不会出错。

②在执行存储过程时，实际参数要与形式参数的个数相等、类型一致、顺序相同。

（5）创建带输入参数和输出参数的存储过程。

存储过程可以带输出参数，用于将运行结果返回给该存储过程的调用方。在定义输出参数时，需要在参数的后面添加关键字 OUTPUT。

在编写存储过程时，经常需要定义变量，以保存中间结果。在 SQL Server 2022 中，定义变量的命令是 DECLARE，格式如下：

```
DECLARE 变量名 类型(长度)
```

在调用带输出参数的存储过程时，也需要设计一段代码才能将结果保存到指定的变量中，供其他程序使用。

【例 6-21】创建一个存储过程 P5_ReaderType，其功能是根据输入的读者姓名判断该读者的类型。如果其是教师，则返回"教师读者"；如果其是学生，则返回"学生读者"；否则返回"其他读者"。

```
1   USE libsys
2   GO
3   CREATE PROCEDURE P5_ReaderType
4   @name char(10),@information char(20) OUTPUT
5   AS
6   BEGIN
7     DECLARE @type char(10)
8     SET @type=(SELECT ReaderType FROM readerInfo WHERE ReaderName=@name)
9     IF exists(SELECT ReaderType FROM readerInfo WHERE ReaderName=@name)
10      IF @type='教师'
11        SET @information='教师读者'
12      ELSE IF @type='学生'
13        SET @information='学生读者'
14      ELSE
15        SET @information='其他读者'
16    SELECT @name AS '读者姓名', @information AS '读者类型'
17  END
```

程序说明：

①第 4 行代码表示声明两个参数：@name（输入参数）和@information（输出参数），用于将运行结果从存储过程返回给调用者。

②第 7 行代码表示声明一个变量@type，用于保存读者的类型信息。该变量是一个局部变量，变量的作用域从声明变量的地方开始到声明变量的存储过程的结尾。

③第 8 行代码表示使用 SET 命令给变量@type 赋值。但这个语句有风险，因为如果输入的姓名有重名现象（如两个读者的姓名相同），则该语句将会无法执行。解决方案是再编写一个存储过程，通过存储过程的嵌套调用，让各个读者的类型信息分别显示。

④第 9 行代码中的 exists()是一个系统函数，格式是 exists(表达式)，用于返回表达式是否成立的一个逻辑值。

⑤第 16 行代码用于输出@information 的值，如果没有该语句，则在执行存储过程时不会显示运行结果。

如果要查询读者"张红军"的类型，则调用存储过程 P5_ReaderType，并为存储过程指定两个参数值，第一个参数值为"张红军"，第二个参数值任意（符合命名规范即可）。命令如下：

EXEC P5_ReaderType '张红军',xxx

查询结果如图 6-11 所示。

图 6-11　存储过程 P5_ReaderType 的查询结果

事实上，上面命令中的"xxx"没有任何意义，只是为了让实际参数的个数达到 2，与形式参数的个数相等而已，因此"xxx"可以是任意一个字符串，甚至是常量。比如，以下命令也可以执行：

EXEC P5_ReaderType '张红军',2022

如果要将输出结果保存在变量中，便于后续访问，则需要编写一段代码。示例如下：

DECLARE @result CHAR(20)
EXEC P5_ReaderType '张红军', @result OUTPUT
SELECT @result as '读者类型'

上述代码表示将存储过程的查询结果保存在变量@result 中。

6.3.2　执行存储过程

1. 执行系统存储过程

系统存储过程以前缀 sp_开头。因为从逻辑意义上讲，这些系统存储过程出现在所有用户定义的数据库和系统定义的数据库中，所以可以在任意数据库中执行这些系统存储过程，而不必完全限定系统存储过程的名称。但是，建议使用 sys 架构名称对所有系统存储过程的名称进行架构限定，以防止名称冲突，如"EXEC sys.sp_who;"。

2. 执行用户定义的存储过程

当执行用户定义的存储过程时，建议使用架构名称来限定存储过程的名称。这种做法可以使性能得到小幅度提升，因为数据库引擎不必搜索多个架构。如果某个数据库在多个架构中存在同名的存储过程，则还可以防止执行错误的存储过程。例如，执行例 6-21 中的存储过程 P5_ReaderType，命令如下：

USE libsys
GO

```
EXEC dbo.P5_ReaderType '张红军', xxx
GO
```

dbo 为系统预先定义的架构，新创建的存储过程的默认架构为 dbo。

3. 使用 SSMS 管理器窗口执行存储过程

（1）在 SSMS 管理器窗口中依次展开"服务器"→"数据库"→"libsys"→"可编程性"→"存储过程"节点。

（2）右击需要执行的存储过程的名称，在弹出的快捷菜单中选择"执行存储过程"命令。

（3）在弹出的"执行过程"窗口中输入参数的值（见 6.3.1 节中的"1. 使用 SSMS 管理器窗口创建存储过程"部分）。

（4）单击"确定"按钮，执行存储过程。

4. 使用 Transact-SQL 命令执行存储过程

执行存储过程的命令格式如下：

```
[ { EXEC | EXECUTE } ]
    procedure_name
        [ { value | @variable [ OUT | OUTPUT ] } ] [ ,...n ]
        [ WITH <execute_option> [ ,...n ] ]    }
[;]
<execute_option>::=
{
    RECOMPILE
    | { RESULT SETS UNDEFINED }
    | { RESULT SETS NONE }
    | { RESULT SETS ( <result_sets_definition> [,...n ] ) }
}
```

格式说明：

（1）value：要传递给模块或传递给命令的参数值。如果未指定参数的名称，则必须按照模块中定义的顺序提供参数值。

（2）@variable：用来存储参数或返回参数的变量。

（3）OUTPUT：指定模块或命令字符串返回一个参数。该模块或命令字符串中的匹配参数也必须是已使用关键字 OUTPUT 创建的。

（4）RECOMPILE：在执行模块后，强制编译、使用和放弃新计划。

（5）RESULT SETS UNDEFINED：该选项不保证将返回任何结果（如果有），并且不提供任何定义。如果返回任何结果，则说明语句正常执行而没有发生错误，否则不会返回任何结果。

（6）RESULT SETS NONE：保证执行语句不返回任何结果。如果返回任何结果，则会中止批处理。

（7）RESULT SETS (<result_sets_definition> [,...n])：保证返回 result_sets_definition 中指定的结果。对于返回多个结果集的语句，需要提供多个 result_sets_definition 部分，将每

个 result_sets_definition 用括号括上，并以逗号隔开。

【例 6-22】执行存储过程 P0_GetBookInfoTest，其功能是获取作者为"张安平"、出版单位为"清华大学出版社"的图书的信息。

第 1 步，在 SSMS 管理器窗口中连接到数据库引擎的实例"libsys"。

第 2 步，单击工具栏中的"新建查询"按钮，打开一个新的"查询编辑器"窗口。

第 3 步，在"查询编辑器"窗口中输入以下命令，然后单击"执行"按钮。

```
EXEC P0_GetBookInfoTest '张安平','清华大学出版社'
```

6.3.3 管理存储过程

1. 修改存储过程

修改存储过程的方法有两种：一种是使用 SSMS 管理器窗口，另一种是使用 T-SQL 命令。

1）使用 SSMS 管理器窗口修改存储过程

【例 6-23】修改存储过程 P0_GetBookInfoTest，其功能是获取 bookInfo 表中由指定作者编写且采购数量大于指定数量的图书的信息（包括图书编号、图书名称、作者姓名、出版单位、出版时间、销售价格和采购数量）。

第 1 步，在 SSMS 管理器窗口中依次展开"服务器"→"数据库"→"libsys"→"可编程性"→"存储过程"节点。

第 2 步，右击存储过程名 P0_GetBookInfoTest，在弹出的快捷菜单中选择"修改"命令。

第 3 步，在弹出的窗口中，修改存储过程的文本如下：

```
-- ================================================
-- Template generated from Template Explorer using:
-- Create Procedure (New Menu).SQL
--
-- Use the Specify Values for Template Parameters
-- command (Ctrl-Shift-M) to fill in the parameter
-- values below.
--
-- This block of comments will not be included in
-- the definition of the procedure.
-- ================================================
SET ANSI_NULLS ON
GO
SET QUOTED_IDENTIFIER ON
GO
-- ================================================
-- Author:        张三
-- Create date: 2023-6-27
-- Description:   返回书籍信息
```

```
-- =============================================
ALTER    PROCEDURE P0_GetBookInfoTest
    -- Add the parameters for the stored procedure here
    @Writer varchar(8) = null,
    @BuyCount int
AS
BEGIN
    -- SET NOCOUNT ON added to prevent extra result sets from
    -- interfering with SELECT statements.
    SET NOCOUNT ON;

    -- Insert statements for procedure here
    SELECT BookID,BookName,Writer,Publisher,Price,BuyCount
    FROM bookInfo
    WHERE Writer=@Writer AND BuyCount>@BuyCount;
END
GO
```

第 4 步，如果要测试语法，则在"查询"菜单中选择"分析"命令；如果要保存对存储过程定义的修改，则在"查询"菜单中选择"执行"命令；如果要将修改后的存储过程另存为 T-SQL 脚本，则在"文件"菜单中选择"另存为"命令，在弹出的"另存为"对话框中，系统会默认指定一个文件名，可以接受该文件名，也可以将其修改为其他名称，然后单击"保存"按钮。

在"查询"菜单中选择"执行"命令。

第 5 步，单击工具栏中的"新建查询"按钮，打开一个新的"查询编辑器"窗口，在该窗口中输入以下命令，然后单击"执行"按钮。

```
USE libsys
GO
EXEC P0_GetBookInfoTest '胡振华',20
GO
```

查询结果如图 6-12 所示。

	BookID	BookName	Writer	Publisher	Price	BuyCount
1	9787302346913	Java程序设计实用教程	胡振华	清华大学出版社	39.00	30
2	9787302395775	计算机网络技术教程	胡振华	清华大学出版社	39.00	30
3	9787561188064	Java程序设计基础	胡振华	大连理工大学出版社	42.00	50

图 6-23　例 6-23 的查询结果

2）使用 SQL 命令修改存储过程

修改存储过程的命令格式如下：

```
ALTER { PROC | PROCEDURE } [schema_name.] procedure_name [ ; number ]
    [ { @parameter_name [ type_schema_name. ] data_type }
```

```
            [ VARYING ] [ = default ] [ OUT | OUTPUT ] [READONLY]
    ] [ ,...n ]
[ WITH <procedure_option> [ ,...n ] ]
[ FOR REPLICATION ]
AS { [ BEGIN ] sql_statement [;] [ ...n ] [ END ] }
[;]
<procedure_option> ::=
    [ ENCRYPTION ]
    [ RECOMPILE ]
    [ EXECUTE AS Clause ]
```

修改存储过程的命令格式与创建存储过程的命令格式基本一致,只需将创建存储过程的命令格式中的 CREATE 修改成 ALTER 即可。

【例 6-24】修改存储过程 P1_AllBook,其功能是显示 bookInfo 表中由电子工业出版社出版的计算机类的图书的信息。

第 1 步,在 SSMS 管理器窗口连接到数据库引擎的实例"libsys"。

第 2 步,单击工具栏中的"新建查询"按钮,打开一个新的"查询编辑器"窗口。

第 3 步,在"查询编辑器"窗口中输入以下命令,然后单击"执行"按钮。

```
USE libsys                            --打开 libsys 数据库
GO
ALTER PROCEDURE P1_AllBook            --修改存储过程
AS
BEGIN
SELECT *
FROM bookInfo
WHERE Publisher='电子工业出版社' AND BookType='计算机'
END
```

2. 删除存储过程

删除存储过程的方法有两种:一种是使用 SSMS 管理器窗口,另一种是使用 T-SQL 命令。

1)使用 SSMS 管理器窗口删除存储过程

【例 6-25】删除存储过程 P0_GetBookInfoTest。

第 1 步,在 SSMS 管理器窗口中依次展开"数据库"→"libsys"→"可编程性"→"存储过程"节点。

第 2 步,右击存储过程名 P0_GetBookInfoTest,在弹出的快捷菜单中选择"删除"命令。。

第 3 步,在弹出的"删除对象"对话框中单击"确定"按钮。

(2)使用 T-SQL 命令删除存储过程。

删除存储过程的命令格式如下:

```
DROP { PROC | PROCEDURE } [ IF EXISTS ] { [ schema_name. ] procedure } [ ,...n ]
```

格式说明:

①IF EXISTS：有条件地删除存储过程（仅当其已存在时）。
②schema_name：存储过程所属架构的名称。
③procedure：要删除的存储过程的名称。

【例 6-26】删除存储过程 P1_AllBook。

第 1 步，在 SSMS 管理器窗口中连接到数据库引擎的实例"libsys"。
第 2 步，单击工具栏中的"新建查询"按钮，打开一个新的"查询编辑器"窗口。
第 3 步，在"查询编辑器"窗口中输入以下命令，然后单击"执行"按钮。

```
/*判断是否存在存储过程 P1_AllBook，如果存在，则删除该存储过程*/
DROP PROCEDURE IF EXISTS P1_AllBook
GO
```

6.3.4 技能训练11：存储过程的创建与执行

1. 训练目的

（1）了解存储过程的功能。
（2）掌握系统存储过程的用法。
（3）掌握无参数存储过程、带输入参数存储过程的创建与执行方法。
（4）了解带输出参数存储过程的创建与执行方法。
（5）掌握存储过程的应用方法。

2. 训练时间：3 课时

3. 训练内容

每建立一个存储过程，就刷新"可编程性"节点下的"存储过程"节点，观察存储过程是否已经建好。

（1）系统存储过程的使用。

①确认 scoresys 数据库已经存在，并且是当前数据库，该数据库中有 3 个表，分别是 course 表、student 表和 score 表，每个表中都有记录。如果该数据库不存在，则需要重新建立该数据库。

②在 SSMS 管理器窗口中依次展开"数据库"→"scoresys"→"可编程性"→"存储过程"→"系统存储过程"节点，找到"sys.sp_helpdb"，查看其参数和返回值的类型。

③执行系统存储过程：打开一个新的"查询编辑器"窗口，在该窗口中输入以下命令，然后单击"执行"按钮。

```
SP_HELPDB scoresys
```

观察执行结果，了解系统存储过程的功能和执行方法。

（2）使用 SQL 命令创建无参数的存储过程并执行。

①创建一个存储过程 Proc1，其功能是显示 student 表中 2001 年及以后出生的学生的所有信息。

②创建一个存储过程 Proc2，其功能是显示 student 表中软件学院的男生的学号、姓名、

班级、联系电话号码和籍贯。

③分别用各种方法执行存储过程 Proc1 和 Proc2，观察执行结果。

（3）使用 SQL 命令创建带输入参数的存储过程并执行。

①创建一个存储过程 Proc3，其功能是输入学生姓名后，显示其学号、性别、班级、联系电话。

②创建一个存储过程 Proc4，其功能是输入学生姓名和课程名称后，显示学号、课程编号、学生姓名、班级、考试时间、考试地点和成绩。

③分别执行存储过程 Proc3 和 Proc4，尝试输入不同的参数值，以显示不同的结果。

（4）使用 SQL 命令创建带输入参数和输出参数的存储过程并执行。

①创建一个存储过程 Proc5，其功能是输入学生姓名和课程名称后，检查该学生这门课程的成绩：如果成绩大于或等于 60 分，则显示"成绩合格"；如果成绩小于 60 分，则显示"成绩不合格"；如果没有记录，则显示"该学生没有参加本课程的考试"。

②编写一段代码用来执行存储过程 Proc5，掌握带输出参数的存储过程的执行方法。

（5）存储过程的综合应用。

①创建一个存储过程 Proc6，其功能是向 student 表中插入一条记录。

②创建一个存储过程 Proc7，其功能是修改 score 表中的成绩（Mark 列），即用补考成绩替换原来的成绩。（提示：至少要用到两个输入参数，分别代表学号和课程编号。）

③分别执行存储过程 Proc6 和 Proc7，尝试输入不同的参数值，以显示不同的结果。

4．思考题

（1）观察系统存储过程的名称和相关参数，你会使用了吗？找一个试试看。

（2）可以把变量变成输入参数吗？编写一个存储过程，观察它们的区别。

（3）试着使用 SSMS 管理器窗口创建一个存储过程并执行。

任务6.4 触发器的创建与管理

触发器为特殊类型的存储过程，可以在 INSERT、UPDATE 或 DELETE 语句执行时自动生效，以便影响触发器中定义的表或视图。触发器可以用于强制执行业务规则和保证数据的完整性。数据库系统会将触发器和触发它的语句作为可以在触发器内回滚的单个事务对待。如果检测到错误（如磁盘空间不足），则整个事务自动回滚。

6.4.1 触发器的分类

触发器是表的对象，由系统自动触发执行，不要也不能使用命令来执行，它是对表约束（在建立表时）的补充。触发器在 INSERT、UPDATE 和 DELETE 语句上操作，并且有助于在表或视图中修改数据时强制执行业务规则，保证数据的完整性。可以将触发器分为两类：AFTER 触发器和 INSTEAD OF 触发器。

1. AFTER 触发器

在执行 INSERT、UPDATE 或 DELETE 语句的操作之后执行 AFTER 触发器。如果违反了约束，则永远不会执行 AFTER 触发器。因此，这些触发器不能用于任何可能防止违反约束的处理。

2. INSTEAD OF 触发器

INSTEAD OF 触发器用来代替通常的触发动作，即当对表进行 INSERT、UPDATE 或 DELETE 操作时，系统不是直接对表执行这些操作，而是把操作内容交给触发器，让触发器检查所进行的操作是否正确，操作正确才进行相应的操作。因此，INSTEAD OF 触发器的动作要早于表的约束处理。既可以在表上定义 INSTEAD OF 触发器，也可以在视图上定义 INSTEAD OF 触发器。INSTEAD OF 触发器用来替代触发语句的标准操作。因此，触发器可以用于对一个或多个列执行错误或值检查，然后在插入、更新或删除行之前执行其他操作。例如，在工资表中，当"小时工资"列中的更新值超过指定值时，可以将触发器定义为产生错误消息并回滚该事务，或者在将记录插入工资表之前，在审计跟踪中插入新记录。INSTEAD OF 触发器的主要优点是可以使不能更新的视图支持更新。例如，基于多个基表的视图必须使用 INSTEAD OF 触发器来支持引用多个表中数据的插入、更新和删除操作。

在触发器操作中，系统会创建 INSERTED 表和 DELETED 表这两个临时表，如表 6-1 所示。

表 6-1　INSERTED 表和 DELETED 表

触发操作	INSERTED 表	DELETED 表
INSERT	存放插入的数据	无
UPDATE	存放更新后的数据	存放更新前的数据
DELETE	无	存放被删除的数据

INSERTED 表存放由于 INSERT 或 UPDATE 语句的执行，而导致需要添加到该触发器作用的表中的所有新记录，即保存要插入表中的新记录和要在表中更新的新记录，在表中插入新记录或更新表中的记录时，也将记录副本存入 INSERTED 表。

DELETED 表存放由于 DELETE 或 UPDATE 语句的执行，而导致要从被该触发器作用的表中删除的记录。

当执行 INSERT 命令插入记录时，只用到 INSERTED 表，保存插入的新记录；当执行 DELETE 命令删除记录时，只用到 DELETED 表，保存被删除的那条记录；当执行 UPDATE 命令修改记录时，要用到两个表，相当于删除旧记录，插入新记录。可以看出，这两个临时表中都只保存 1 条记录。

这两个表既是逻辑表，也是虚拟表，不会存储在数据库中，并且两个表都是只读的。这两个表的结构总是与被触发器修改的表的结构相同。当触发器完成工作后，这两个表就会被删除。

6.4.2 创建触发器

1. 触发器的创建方法

触发器的创建方法有两种：一种是使用 SSMS 管理器窗口，另一种是使用 SQL 命令。

1）使用 SSMS 管理器窗口创建触发器

【例 6-27】创建触发器 TR0_Insert_BookInfoTest，其功能是当在 bookInfo 表中插入一条记录时，输出该记录中的图书编号、图书名称、作者姓名、出版单位和销售价格等信息。

第 1 步，在 SSMS 管理器窗口中依次展开"数据库"→"libsys"→"表"→"dbo.bookInfo"节点，右击"触发器"节点，在弹出的快捷菜单中选择"新建触发器"命令。

第 2 步，在"查询"菜单中选择"指定模板参数的值"命令。

第 3 步，在弹出的"指定模板参数的值"对话框中输入如图 6-13 所示的参数值。

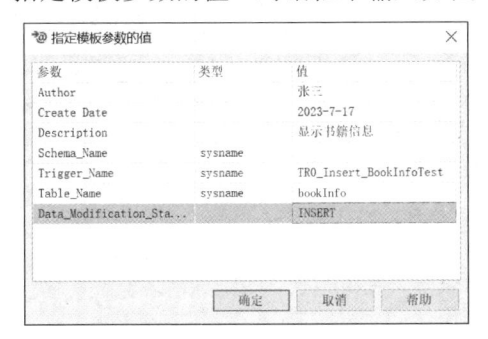

图 6-13 在"指定模拟参数的值"对话框中输入参数值

第 4 步，单击"确定"按钮。

第 5 步，在"查询编辑器"窗口中，使用以下语句替换注释"-- Insert statements for trigger here"：

```
DECLARE @publishdate Date
SELECT @publishdate = PublishDate FROM INSERTED
IF @publishdate > GETDATE()
    PRINT '插入书籍失败，出版日期必须在当前日期之前'
ROLLBACK TRANSACTION
```

第 6 步，在"查询"菜单中选择"执行"命令，创建触发器。

如果要查看在"对象资源管理器"窗口中列出的触发器，则可以右击"触发器"节点，在弹出的快捷菜单中选择"刷新"命令。

第 7 步，在"查询编辑器"窗口输入以下命令，插入一本图书的记录：

```
USE libsys
GO
INSERT INTO bookInfo VALUES ('9787111669807','Java 语言程序设计 基础篇','计算机','梁勇','机械工业出版社','2024-05-01',139,'2022-01-10',20,19,'出版社优秀教材' );
```

第 8 步，单击"执行"按钮，"消息"窗口中显示的提示信息如图 6-14 所示。

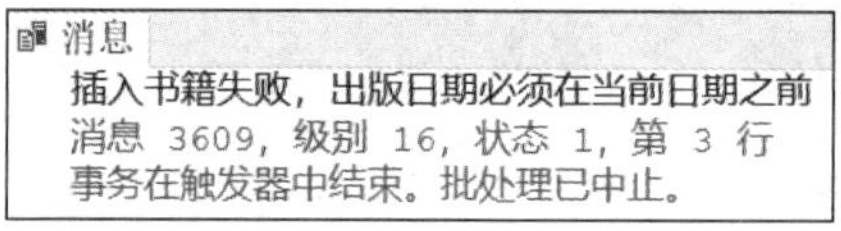

> 消息
> 插入书籍失败，出版日期必须在当前日期之前
> 消息 3609，级别 16，状态 1，第 3 行
> 事务在触发器中结束。批处理已中止。

图 6-14 触发器 TR0_Insert_BookInfoTest 禁止插入错误日期的图书信息

2）使用 SQL 命令创建触发器

在创建触发器之前，首先需要确定触发器对应的表、要触发哪个操作、是采用 AFTER 触发器还是采用 INSTEAD OF 触发器。

创建触发器的命令格式如下：

```
CREATE TRIGGER [ schema_name . ]trigger_name
ON { table | view }
[ WITH <dml_trigger_option> [ ,...n ] ]
{ FOR | AFTER | INSTEAD OF }
{ [ INSERT ] [ , ] [ UPDATE ] [ , ] [ DELETE ] }
[ WITH APPEND ]
[ NOT FOR REPLICATION ]
AS { sql_statement   [ ; ] [ ,...n ] }

<dml_trigger_option> ::=
    [ ENCRYPTION ]
    [ EXECUTE AS Clause ]
```

格式说明：

- CREATE TRIGGER 必须作为批处理的第 1 条语句才可以执行。
- schema_name：触发器所属架构的名称。
- trigger_name：触发器的名称。触发器的名称必须遵循标识符的规则，但不得以#或##开头。
- table | view：运行触发器的表或视图。
- WITH ENCRYPTION：让 CREATE TRIGGER 语句的文本复杂难懂。使用 WITH ENCRYPTION 可以防止将触发器作为 SQL Server 数据库复制的一部分进行发布。
- EXECUTE AS：指定用于执行该触发器的安全上下文。
- FOR | AFTER：指定仅当触发 SQL 语句中指定的所有操作都已成功启动时，触发器才触发。无法对视图定义 AFTER 触发器。
- INSTEAD OF：指定启动触发器（而不是触发 SQL 语句），从而覆盖触发语句的操作。在表或视图上，每个 INSERT、UPDATE 或 DELETE 语句最多可以定义一个 INSTEAD OF 触发器。
- { [DELETE] [,] [INSERT] [,] [UPDATE] }：指定在删除、插入或更新表或视图时，激活触发器，至少指定一个选项，可以使用这些选项的任意顺序组合。
- WITH APPEND：WITH APPEND 无法与 INSTEAD OF 触发器一起使用，或者在显式声明 AFTER 触发器后也无法使用。为了实现后向兼容性，仅在指定了 FOR（但没有指定 INSTEAD OF 触发器或 AFTER 触发器）时，才使用 WITH APPEND。
- NOT FOR REPLICATION：指示在复制代理修改触发器中涉及的表时不应运行该触发器。
- sql_statement：触发条件和操作。触发条件用于确定尝试的 DML、DDL 或登录事件是否会导致触发器运行。

2. 分类创建触发器

1）创建 INSERT 触发器

【例 6-28】为 bookInfo 表创建一个 INSERT 触发器 TR1_Insert_BookInfo，其功能是向 bookInfo 表中添加一条记录，如果购买日期（BuyDate）为空，则禁止插入图书的记录。

第 1 步，创建触发器 TR1_Insert_BookInfo。代码如下：

```
USE libsys
GO
CREATE TRIGGER TR1_Insert_BookInfo
ON bookInfo
FOR INSERT
AS
  DECLARE @buydate Date
  SELECT @buydate = BuyDate FROM INSERTED
    IF @buydate IS NULL
    BEGIN
      PRINT '插入书籍失败，请为书籍指定购买日期'
    ROLLBACK TRANSACTION
    END
```

在上面的代码中，FOR 与 AFTER 的功能一样，执行上述代码，即可为 bookInfo 表创建触发器，当向表中插入记录时，系统会自动检测 BuyDate 字段的值是否为空（在 bookInfo 表的创建语句中，BuyDate 字段的值可以为空），如果 BuyDate 字段值的为空，则禁止插入图书的记录。

第 2 步，在"查询编辑器"窗口输入以下命令，向 bookInfo 表中插入一本图书的记录：

```
USE libsys
GO
INSERT INTO bookInfo VALUES('9787111669807','Java 语言程序设计 基础篇','计算机','梁勇','机械工业出版社','2021-05-01',139,null,20,19,'出版社优秀教材' )
```

第 3 步，单击"执行"按钮，"消息"窗口中显示的提示信息如图 6-15 所示。

```
消息
插入书籍失败，请为书籍指定购买日期
消息 3609，级别 16，状态 1，第 1 行
事务在触发器中结束。批处理已中止。
```

图 6-15 图书记录插入失败后的提示信息

在 borrowInfo 表中添加一条记录，此时，bookInfo 表中的图书库存数量应该减一，可以通过触发器实现。但是，触发器并不是设计得越多越好，触发器要用得恰到好处，触发器的程序代码块不能过于复杂，避免使用触发器进行大量数据处理，避免过多的触发器嵌套，因为触发器会打乱程序中的源代码结构，为将来的程序修改、源代码阅读带来很大不便。因此，在触发器的设计过程中，需要有精益求精、追求极致的工匠精神，必须确保设计出来的触发器能高效地运行。

在数据库领域就有这样一个人，他就是东华大学计算机学院第一任院长乐嘉锦老师。乐嘉锦老师一直投身于数据库系统的研究。随着互联网的发展和大数据时代的到来，计算机的作用越来越不可忽视。乐嘉锦老师认为将数据库应用于现代医疗体系能够在很大程度上减轻医疗行业的负担，提高就诊效率。乐嘉锦老师深知这项工程意义非凡。在毕业后，乐嘉锦老师与瑞金医院合作，以大数据为基础，结合机器学习算法来研发智慧医疗系统。从项目研发到设计落地，乐嘉锦老师严谨认真、一丝不苟，全心投入研发的每个环节。智慧医疗系统的开发不仅为医生和病人提供了便利，还推动了医学、计算机科学的发展。乐嘉锦老师平易近人、修身律己、以德育人、精耕细作、求真务实。作为首任院长，提出院训"打井精神"，告诫师生在学术领域一定要有锲而不舍、不辞辛劳的"打井精神"。我们在数据库的编程操作中也要有锲而不舍、不辞辛劳的"打井精神"。

2）创建 UPDATE 触发器

【例 6-29】为 bookInfo 表创建一个 UPDATE 触发器 TR2_Update_BookInfo，其功能是更新 bookInfo 表中的一条记录，在更新记录时，如果库存数量（AbleCount）大于或等于采购数量（BuyCount），则禁止更新记录。

第 1 步，创建触发器 TR2_Update_BookInfo。代码如下：

```
USE libsys
GO
CREATE TRIGGER TR2_Update_BookInfo
ON bookInfo
FOR UPDATE
AS
  DECLARE @buycount INT
  DECLARE @ablecount INT
  SELECT @buycount = BuyCount, @ablecount = AbleCount FROM INSERTED
    IF @ablecount >= @buycount
    BEGIN
      PRINT '更新书籍失败，书籍库存数量必须小于书籍采购数量'
    ROLLBACK TRANSACTION
    END
```

第 2 步，在"查询编辑器"窗口输入以下命令，更新图书编号为"9787302395775"的记录，将图书采购数量修改为 20，将图书库存数量修改为 21。

```
USE libsys
GO
UPDATE bookInfo SET BuyCount=20,AbleCount=21 WHERE BookID='9787302395775';
```

第 3 步，单击"执行"按钮，"消息"窗口中显示的提示信息如图 6-16 所示。

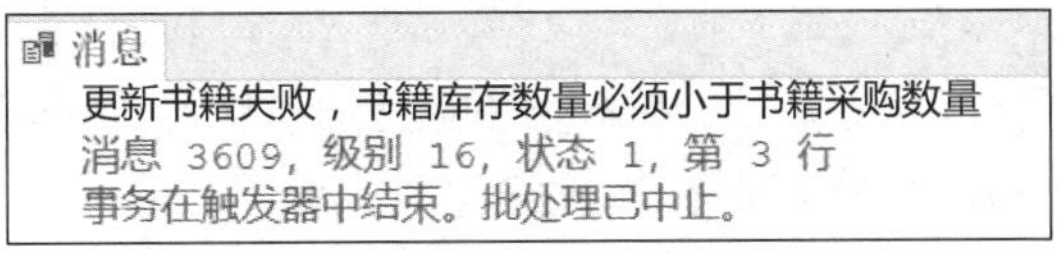

```
消息
更新书籍失败，书籍库存数量必须小于书籍采购数量
消息 3609，级别 16，状态 1，第 3 行
事务在触发器中结束。批处理已中止。
```

图 6-16　图书记录更新失败后的提示信息

3）创建 DELETE 触发器

【例 6-30】为 bookInfo 表创建一个 DELETE 触发器 TR3_Delete_BookInfo，其功能是如果要删除 bookInfo 表中的记录（即某本书的信息），则需要先检查这本书是否有外借情况，如果有外借，则不可以删除。

分析：在 bookInfo 表中，BuyCount 字段表示图书的采购数量，AbleCount 字段表示图书的库存数量，当图书上架时，这两个字段的值之间的关系是 BuyCount-AbleCount=1，表示留 1 本书不外借，判断某本书能不能外借的条件是 BuyCount-AbleCount>1，因此在触发器中需要定义两个变量 buycount 和 ablecount，分别表示 BuyCount 字段的值和 AbleCount 字段的值。

```
1   USE libsys                                    --打开 libsys 数据库
2   GO
3   /*判断是否存在触发器 TR3_Delete_BookInfo，如果存在，则删除该触发器*/
4   IF OBJECT_ID('TR3_Delete_BookInfo','TR')  IS NOT NULL
5   DROP TRIGGER TR3_Delete_BookInfo              --删除触发器
6   GO
7   CREATE TRIGGER TR3_Delete_BookInfo            --创建触发器
8   ON bookInfo
9   AFTER DELETE
10    AS
11      DECLARE @buycount int
12      DECLARE @ablecount int
13  /*将临时表中检索出的被删除记录的 BuyCount 字段的值和 AbleCount 字段的值保存到变量中*/
14      SELECT @buycount=BuyCount FROM DELETED
15      SELECT @ablecount=AbleCount FROM DELETED
16      IF @buycount - @ablecount > 1
17      BEGIN
18         RAISERROR('不允许删除这条记录，因为本书还有外借', 16,1)
19         ROLLBACK TRANSACTION                   --回滚事务，撤销从表中删除的记录
20      END
```

程序说明：

①第 14 行和第 15 行代码表示从临时表 DELETED 中取出 BuyCount 字段的值和 AbleCount 字段的值，并分别赋给变量@BuyCount1 和@AbleCount1，然后进行运算，不可以省略变量而直接从临时表 DELETED 中对 BuyCount 字段的值和 AbleCount 字段的值进行运算，即第 14～16 行代码简写成"IF BuyCount - AbleCount > 1"是不行的。

②第 18 行代码中的 RAISERROR()是用于显示提示信息的系统函数。这行代码也可以

写成"SELECT'不允许删除这条记录，因为本书还有外借'"或"PRINT'不允许删除这条记录，因为本书还有外借'"。

③在"查询编辑器"窗口中输入以下命令，更新图书编号为"9787603658891"的记录，将图书采购数量修改为30，将图书库存数量修改为28。

```
USE libsys
GO
UPDATE bookInfo SET BuyCount=30,AbleCount=28 WHERE BookID='9787603658891';
```

单击"执行"按钮。然后在"查询编辑器"窗口中输入以下命令，删除图书编号为"9787603658891"的记录：

```
USE libsys
GO
DELETE FROM bookInfo WHERE BookID = '9787603658891'
```

单击"执行"按钮，此时，删除操作违反了触发器的规则，不能删除该图书的记录，"消息"窗口中显示的提示信息如图6-17所示。

图6-17 图书记录删除失败后的提示信息

如果直接在SSMS管理器窗口中删除这条记录，则系统给出的提示信息如图6-18所示。

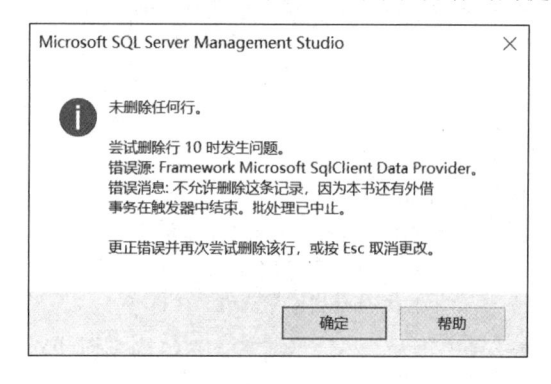

图6-18 禁止删除记录的提示信息

也就是说，当不管采用什么方式删除违反触发器规则的记录时，系统都会给出提示信息，并禁止删除记录。

上面的程序中用到了一个系统函数RAISERROR()，其功能是产生提示信息并设定错误代码和状态值，格式如下：

RAISERROR(提示信息,错误程序代码,状态值)

参数说明：提示信息最多可以包含2047个字符；错误程序代码是用户定义的与消息关联的严重级别，可使用0~18之间的严重级别，0表示正确，18以上被认为致命错误，一般为 16；状态值是一个 1～127 之间的任意整数，表示有关错误调用状态的信息，默认为 1。

4）创建 INSTEAD OF 触发器

AFTER 触发器虽然使用非常广泛，但是经常要在语句块中加入 ROLLBACK TRANSACTION，以撤销刚刚进行的操作，而 INSTEAD OF 触发器则可以免除这个麻烦，不需要在语句块中加入 ROLLBACK TRANSACTION 命令，因为触发器先执行，再执行相应的记录操作。

【例 6-31】为 readerInfo 表创建一个触发器 TR4_Insert_ReaderInfo，其功能是在插入记录时，必须保证读者的年龄（Age）在 18～60 岁之间。

第 1 步，创建触发器 TR4_Insert_ReaderInfo。代码如下：

```
USE libsys
GO
CREATE TRIGGER TR4_Insert_ReaderInfo
ON readerInfo
INSTEAD OF INSERT
AS
  BEGIN
    DECLARE @age INT
    SELECT @age=ReaderAge FROM INSERTED
    IF @age<18 OR @age>60
      RAISERROR('读者的年龄必须在18~60 岁之间！',16,1)
  END
```

第 2 步，在"查询编辑器"窗口中输入以下命令，向 readerInfo 表中插入一条记录，年龄是 65 岁：

```
USE libsys
GO
INSERT INTO readerInfo VALUES('T01010056',' 谢 俊 ',' 男 ',65,' 软 件 学 院 ',' 教 师 ','2008-12-20','13973187654',
  'xiejun@163.com',NULL)
```

第 3 步，单击"执行"按钮，"消息"窗口中显示的提示信息如图 6-19 所示。

```
消息
消息 50000，级别 16,状态 1,过程 TR4_ Insert_ ReaderInfo,行 9 [批起始行 2]
读者的年龄必须在18~60岁之间!
(1 行受影响)
```

图 6-19 禁止插入记录的提示信息

虽然 1 行受影响，但是刷新 readerInfo 表可以发现，该记录并没有添加到 readerInfo 表中。也就是说，INSERT 命令并没有真正执行，而是被触发器阻止在数据表之外了。

INSTEAD OF 触发器虽然简单，但是它的缺陷也很明显，即一个表不能带两个及以上 INSTEAD OF 触发器，因此在实际使用时并不常使用 INSTEAD OF 触发器。

6.4.3 管理触发器

1. 修改触发器

修改触发器的方法有两种：一种是使用 SSMS 管理器窗口，另一种是使用 SQL 命令。

1）使用 SSMS 管理器窗口修改触发器

在 SSMS 管理器窗口中右击要修改的触发器的名称，在弹出的快捷菜单中选择"修改"命令，在打开的窗口中修改触发器的代码，然后单击工具栏中的"执行"按钮即可。

以下是修改 bookInfo 表的 TR0_Insert_BookInfoTest 触发器的代码：

```sql
USE [libsys]
GO
/****** Object:  Trigger [dbo].[TR0_Insert_BookInfoTest]    Script Date: 2023/7/17 9:26:00 ******/
SET ANSI_NULLS ON
GO
SET QUOTED_IDENTIFIER ON
GO
-- =============================================
-- Author:       张三
-- Create date: 2023-7-17
-- Description: 显示书籍信息
-- =============================================
ALTER TRIGGER .[dbo].[TR0_Insert_BookInfoTest]
    ON  .[dbo].[bookinfo]
    AFTER INSERT
AS
BEGIN
    -- SET NOCOUNT ON added to prevent extra result sets from
    -- interfering with SELECT statements.
    SET NOCOUNT ON;

    DECLARE @publishdate Date
    SELECT  @publishdate = PublishDate FROM INSERTED
    IF @publishdate > GETDATE()
       PRINT  '插入书籍失败，出版日期必须在当前日期之前'
    ROLLBACK TRANSACTION
END
```

可以看出，修改触发器是使用 ALTER TRIGGER 命令实现的，命令格式与创建触发器的命令格式一样，只是用 ALTER 替换了 CREATE。

2）使用 SQL 命令修改触发器

修改触发器的命令格式如下：

ALTER TRIGGER [schema_name .]trigger_name

```
ON { table | view }
[ WITH <dml_trigger_option> [ ,...n ] ]
{ FOR | AFTER | INSTEAD OF }
{ [ INSERT ] [ , ] [ UPDATE ] [ , ] [ DELETE ] }
[ WITH APPEND ]
[ NOT FOR REPLICATION ]
AS { sql_statement   [ ; ] [ ,...n ] }

<dml_trigger_option> ::=
    [ ENCRYPTION ]
    [ EXECUTE AS Clause ]
```

修改触发器的命令格式与创建触发器的命令格式基本一致，只需将创建触发器的命令格式中的 CREATE 修改为 ALTER 即可。

2. 删除触发器

在删除触发器后，该触发器将从当前数据库中删除，它所基于的表和数据不会受到影响，删除表将自动删除其上的所有触发器。

删除触发器的方法有两种：一种是使用 SSMS 管理器窗口，另一种是使用 SQL 命令。

1）使用 SSMS 管理器窗口删除触发器

①在 SSMS 管理器窗口中连接到数据库引擎的实例，然后展开该实例。

②展开所需的数据库，再展开"表"节点，然后展开包含要删除的触发器的表。

③展开"触发器"节点，右击要删除的触发器的名称，在弹出的快捷菜单中选择"删除"命令。

④在弹出的"删除对象"对话框中确认要删除的触发器，然后单击"确定"按钮。

【例 6-32】使用 SSMS 管理器窗口删除 bookInfo 表上的 TR0_Insert_BookInfoTest 触发器。

第 1 步，在 SSMS 管理器窗口中依次展开"数据库"→"libsys"→"表"→"dbo.bookInfo"→"触发器"节点。

第 2 步，右击触发器名 TR0_Insert_BookInfoTest，在弹出的快捷菜单中选择"删除"命令，在弹出的"删除对象"对话框中单击"确定"按钮，删除该触发器。

2）使用 SQL 命令删除触发器

删除触发器的命令格式如下：

```
DROP TRIGGER [ IF EXISTS ] [schema_name.]trigger_name [ ,...n ] [ ; ]
```

格式说明：

①IF EXISTS：有条件地删除触发器（仅当其已存在时）。

②schema_name：触发器所属架构的名称。

③trigger_name：要删除的触发器的名称。

【例 6-33】使用 SQL 命令删除 bookInfo 表上的 TR1_Insert_BookInfo 触发器。

在"查询编辑器"窗口中输入以下命令，然后单击"执行"按钮，即可删除

TR1_Insert_BookInfo 触发器。

```
USE libsys
GO
DROP TRIGGER IF EXISTS TR1_Insert_BookInfo;
```

6.4.4 技能训练12：触发器的创建与使用

1. 训练目的

（1）了解触发器的功能与分类。
（2）掌握触发器的创建和应用方法。
（3）掌握两个临时表 INSERTED 和 DELETED 的功能与用法。
（4）掌握使用触发器实现数据完整性约束的方法。

2. 训练时间：3 课时

3. 训练内容

每建立一个触发器，就刷新表名下的"触发器"节点，确保触发器已经建好。

（1）准备工作。

确认 scoresys 数据库已经存在，并且是当前数据库，该数据库中有 3 个表，分别是 course 表、student 表和 score 表，每个表中都有记录。如果该数据库不存在，则需要创建该数据库。

（2）使用 SQL 命令创建 AFTER 触发器并体会其执行过程。

①创建一个触发器 TR1，其功能是当向 student 表中插入记录时，如果性别（Sex）为空，则撤销操作。

②创建一个触发器 TR2，其功能是当删除 student 表中的记录时，如果性别和联系电话（Mobile）都不为空，则撤销操作。

③为 student 表创建一个触发器 TR3，其功能是当执行插入记录、修改记录、删除记录等操作中的任意一个操作时，系统都会自动显示全部记录中的学号、学生姓名、性别、班级、联系电话。

④试着使用 SQL 命令向 student 表中分别插入记录、删除记录、修改记录，观察显示结果，体会触发器的调用情况。

（3）使用 SQL 命令创建 INSTEAD OF 触发器。

①为 course 表创建一个 INSTEAD OF 触发器 TR4，其功能是在添加记录时，如果学分（Credit 列）超过 10，则显示提示信息，并禁止插入记录。

②向 course 表中增加一条记录，使 Credit 字段的值为 15，体会触发器 TR4 的调用过程，并观察记录的变化情况。

（4）临时表 INSERTED 和 DELETED 的用法。

①为 student 表创建一个触发器 TR5，其功能是当执行插入记录、修改记录、删除记录等操作中的任意一个操作时，系统都会自动显示全部记录信息，同时显示临时表 INSERTED

和 DELETED 中的内容。

②试着使用 SQL 命令向 student 表中分别插入记录、删除记录、修改记录，观察显示结果，体会临时表 INSERTED 和 DELETED 中的记录情况。

（5）管理触发器。

①右击 student 表上的触发器 TR5，在弹出的快捷菜单中分别选择"修改"和"删除"命令，观察系统提示信息，体会其功能。

②使用 SQL 命令显示 student 表的所有触发器信息。

③使用 SQL 命令禁用和启用 student 表的所有触发器。

4．思考题

（1）一个表上在有多个 AFTER 触发器后，还可以有 INSTEAD OF 触发器吗？试试看。
（2）如果表的表结构被修改了，则触发器还能起作用吗？试试看。
（3）如何让系统显示触发器的脚本？

任务6.5　索引与事务的应用

6.5.1　索引的创建与使用

索引（Index）是表的对象，它属于表，使用索引可以快速访问数据库的表中的特定信息，提高检索速度。索引是对表中一列或多列的值进行排序的一种结构。

在关系型数据库中，一个表的存储由数据页面和索引页面两部分构成，但索引页面很小，主要存储空间分配给了数据页面。索引是一种与表有关的数据结构，它可以使对应于表的 SQL 语句执行得更快。索引相当于图书的目录，可以根据目录中的页码快速找到所需的内容。当表中有大量记录时，如果要对表进行查询，则第一种方式是查询整个表，将所有记录一一取出，和查询条件一一对比，然后返回符合查询条件的记录，这样做会消耗大量的系统时间，并频繁访问磁盘；第二种方式是先在表中建立索引，然后在索引中找到符合查询条件的索引值，最后通过保存在索引中的 ROWID（行号，相当于页码）快速找到表中对应的记录。

索引是一个单独的、物理的数据结构，它是某个表中一列或若干列的值的集合和相应指向表中物理标识这些值的数据页面的逻辑指针清单。

索引提供指向存储在表的指定列中的数据值的指针，然后根据指定的排序顺序对这些指针进行排序。

使用索引有以下 4 个优点：

（1）提高数据的检索速度。
（2）创建唯一性索引，保证数据表中每行数据的唯一性。
（3）加速表和表之间的连接。
（4）在使用分组和排序子句进行数据检索时，可以显著减少查询中分组和排序的时间。

使用索引有以下 3 个缺点：

（1）创建索引和维护索引要耗费时间。

（2）索引需要占用物理空间。

（3）当对表中的数据进行增加、删除和修改操作时，索引也要动态地维护，降低了数据的维护速度。

在创建索引时，必须确定要使用哪些列及要创建的索引类型。SQL Server 2022 中主要的索引类型如表 6-2 所示。

表 6-2　SQL Server 2022 中主要的索引类型

索引类型	描述
聚集	聚集索引根据聚集索引键按照顺序对表或视图的数据行进行排序和存储
非聚集	非聚集索引可以在具有聚集索引的表或视图上定义，也可以在堆上定义。非聚集索引中的每个索引行都包含非聚集键值和行定位器。该定位器指向聚集索引或堆中具有键值的数据行。索引中的行按照索引键值的顺序存储，但除非在表上创建聚集索引，否则不能保证数据行按照任何特定的顺序存储
唯一	唯一索引确保索引键不包含重复的值，因此，表或视图中的每行在某种程度上是唯一的。唯一性可以是聚集索引和非聚集索引的属性

创建索引的方法有两种：一种是使用 SSMS 管理器窗口，另一种是使用 SQL 命令。本任务的例题均以 libsys 数据库为例。

1. 使用 SSMS 管理器窗口创建索引

在创建索引时，首先需要确定表的索引列。如果表没有主键约束，则可以创建聚集索引；如果表有主键约束，则系统禁止创建聚集索引，只能创建非聚集索引，因为系统把主键当成聚集索引，而聚集索引只能有一个。

【例 6-34】创建非聚集索引 Index1_BookInfo_BookName，其功能是将 bookInfo 表中的记录按照图书名称进行升序排序。

第 1 步，确定表和索引列。

在 SSMS 管理器窗口中依次展开"数据库"→"libsys"→"表"→"dbo.bookInfo"节点，右击"索引"节点，在弹出的快捷菜单中选择"新建索引"→"非聚集索引"命令，在弹出的"新建索引"窗口的"索引名称"文本框中输入索引名称，单击"添加"按钮，在弹出的窗口中选择"BookName"列，然后单击"确定"按钮，返回"新建索引"窗口，最终结果如图 6-20 所示。

第 2 步，查看索引。

右击索引名 Index1_BookInfo_BookName，在弹出的快捷菜单中选择"属性"命令，在弹出的"索引属性"窗口中可以查看并修改索引的有关参数。

索引一旦创建，在执行查询语句时由数据库管理系统自动启用。当再次执行与索引列相关的查询语句时，速度将会提高很多。例如，第二次执行以下查询语句时的速度会比第一次执行时快很多：

```
SELECT BookName
FROM bookInfo
WHERE Publisher = '清华大学出版社'
```

在索引的快捷菜单中，除了"重命名"和"删除"等命令以外，还有一个"禁用"命令，通过该命令，可以禁用索引，但并不会删除索引，用同样的方法可以启用已经禁用的索引。

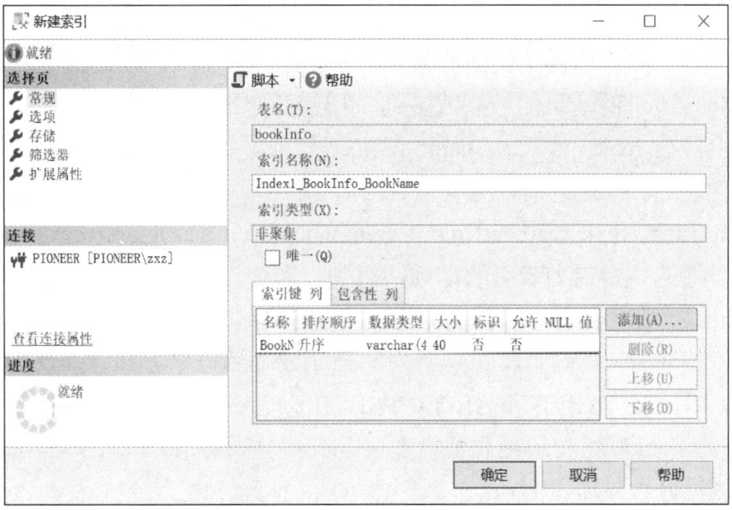

图 6-20 "新建索引"窗口

2. 使用 SQL 命令创建索引

创建索引的命令格式如下：

```
CREATE [ UNIQUE ] [ CLUSTERED | NONCLUSTERED ] INDEX index_name
    ON <object> ( column [ ASC | DESC ] [ ,...n ] )

<object> ::=
{database_name.schema_name.table_or_view_name | schema_name.table_or_view_name | table_or_view_name }
```

格式说明：

（1）UNIQUE：唯一索引。唯一索引不允许两行具有相同的索引键值，视图的聚集索引必须唯一。

（2）CLUSTERED：聚集索引。一个表或视图只允许同时有一个聚集索引，具有唯一聚集索引的视图称为索引视图。在创建索引时，键值的逻辑顺序决定了表中对应行的物理顺序。在创建任何非聚集索引之前，先创建聚集索引。在创建聚集索引时，表的现有非聚集索引将重新生成。

（3）NONCLUSTERED：非聚集索引。创建一个指定表的逻辑排序的索引。对于非聚集索引，数据行的物理排序独立于索引排序。对于索引视图，只能为已定义唯一聚集索引的视图创建非聚集索引。如果未另行指定，则默认索引类型为非聚集。

（4）index_name：索引的名称。索引的名称在表或视图中必须唯一，但在数据库中不必唯一，索引的名称必须遵循标识符的规则。

（5）<object>::=：要建立索引的完全限定对象或非完全限定对象。

（6）database_name：数据库的名称。

（7）schema_name：表或视图所属架构的名称。

（8）table_or_view_name：要建立索引的表或视图的名称。

必须使用 SCHEMABINDING 定义视图，才能为视图创建索引。必须先为视图创建唯一聚集索引，然后才能为该视图创建非聚集索引。

（9）column：索引所基于的一列或多列。指定两个或多个列名，可以为指定列的组合值创建组合索引。在 table_or_view_name 后的括号中，按照排序优先级列出组合索引中要包括的列。一个组合索引键中最多可组合 32 列，组合索引键中的所有列必须在同一个表或视图中。不能将 ntext、text、varchar(max)、nvarchar(max)、varbinary(max)、xml 或 image 等大型对象数据类型的列指定为索引的键列。另外，即使 CREATE INDEX 语句中并未引用 ntext、text 或 image 数据类型的列，视图定义中也不能包含这些列。

（10）[ASC | DESC]：确定特定索引列的升序或降序排序方向，默认为 ASC。

可以使用 CREATE TABLE 和 ALTER TABLE 命令分别在创建和修改表时创建索引。

【例 6-35】为 bookInfo 表创建非聚集索引 Index2_BookInfo_Publisher，其功能是按照出版单位对记录进行降序排序。

```
CREATE NONCLUSTERED INDEX Index2_BookInfo_Publisher
ON bookInfo(Publisher)
```

如果要创建唯一性的非聚集索引，则命令应为以下形式：

```
CREATE UNIQUE NONCLUSTERED INDEX Index3_BookInfo_Publisher
ON bookInfo(Publisher)
```

但在执行上述命令时，系统会提示"因为发现对象名称'dbo.bookInfo'和索引名称'Index3_BookInfo_Publisher'有重复的键，所以 CREATE UNIQUE INDEX 语句终止。重复的键值为(电子工业出版社)，语句已终止。"

说明当 Publisher 列中有重复的值时，不能建立唯一性索引。同理，以下命令也不能执行：

```
CREATE CLUSTERED INDEX Index4_BookInfo_BookID
ON bookInfo(BookID)
```

系统会提示"无法对表'bookInfo'创建多个聚集索引。请在创建新聚集索引前删除现有的聚集索引'PK__bookInfo__3DE0C22732D6EAB1'。"。

PK__bookInfo__3DE0C22732D6EAB1 是主键约束对应的索引，名称由系统给定。

【例 6-36】为 bookInfo 表创建非聚集索引 Index5_BookInfo_Publisher_Price，其功能是先按照出版单位对记录进行升序排序，出版单位相同的记录再按照销售价格进行降序排序。

```
CREATE NONCLUSTERED INDEX Index5_BookInfo_Publisher_Price
ON bookInfo(Publisher ASC,Price DESC)
```

3. 查看表中的索引

要查看表中的索引，可以用系统存储过程 SP_HELPINDEX 实现，格式如下：

```
SP_HELPINDEX 表名
```

【例 6-37】 查看 bookInfo 表中的所有索引。

```
SP_HELPINDEX bookInfo
```

系统会显示 bookInfo 表中的所有索引，如图 6-21 所示。

	index_name	index_description	index_keys
1	Index1_BookInfo_BookName	nonclustered located on PRIMARY	BookName
2	Index2_BookInfo_Publisher	nonclustered located on PRIMARY	Publisher
3	Index5_BookInfo_Publisher_Price	nonclustered located on PRIMARY	Publisher, Price(-)
4	PK__bookInfo__3DE0C22732D6EAB1	clustered, unique, primary key located on PRIMARY	BookID

图 6-21　bookInfo 表中的所有索引

4. 重命名索引

1）使用表设计窗口重命名索引

①在 SSMS 左侧的"对象资源管理器"中展开"数据库"节点，然后展开包含要重命名索引的表的数据库。

②展开"表"节点，右击包含要重命名索引的表的名称，在弹出的快捷菜单中选择"设计"命令，打开表设计窗口。

③在"表设计器"菜单中选择"索引/键"命令，在弹出的"索引/键"对话框的"选定的主/唯一键或索引"列表框中，选择要重命名的索引。

④单击"添加"按钮，将索引的名称修改为新名称。

⑤单击"关闭"按钮，然后在"文件"菜单中选择"保存"命令。

2）使用"对象资源管理器"窗口重命名索引

①在 SSMS 左侧的"对象资源管理器"中展开"数据库"节点，然后展开包含要重命名索引的表的数据库。

②展开"表"节点，然后展开包含要重命名的索引的表。

③展开"索引"节点，右击要重命名的索引，在弹出的快捷菜单中选择"重命名"命令。

④将索引的名称修改为新名称，然后按 Enter 键。

3）使用 SQL 命令重命名索引

使用 SQL 命令重命名索引的格式如下：

```
sp_rename [ @objname = ] 'object_name' , [ @newname = ] 'new_name'
```

格式说明：

①[@objname =] 'object_name'：需要重命名的索引名，object_name 必须采用 table.index 或 schema.table.index 格式。

②[@newname =] 'new_name'：指定索引的新名称，并且该名称必须遵循标识符的规则。

【例 6-38】 将索引 Index2_BookInfo_Publisher 的名称修改为 Index2_BookInfo_Pub。

```
sp_rename 'bookInfo.Index2_BookInfo_Publisher','Index2_BookInfo_Pub'
```

系统会提示"注意：更改对象名的任一部分都可能破坏脚本和存储过程。"。

在修改索引名的命令中，必须在索引名的前面加上表名，并且引号不可省略。

5. 删除索引

使用 DROP 命令删除索引，格式如下：

```
DROP INDEX [ IF EXISTS ] 表名.索引名[,...]
```

【例 6-39】删除 bookInfo 表中的索引 Index2_BookInfo_Pub。

```
DROP INDEX bookInfo.Index2_BookInfo_Pub
```

说明：可以用 DROP 命令同时删除多个索引，多个索引之间用逗号隔开。DROP INDEX 语句不适用于通过 PRIMARY KEY 约束或 UNIQUE 约束创建的索引。

6.5.2 处理事务

事务是一个单一的工作单元。如果事务成功，则事务期间所做的所有数据修改都将被提交，并成为数据库的永久组成部分。如果事务遇到错误，必须取消或回滚，则所有数据修改都将被擦除。也就是说，操作作为一个整体成功或失败。例如，将资金从一个银行账户中转移到另一个银行账户中。这涉及两个步骤：从第一个账户中提取资金，并在第二个账户中存入资金。重要的是，这两个步骤都要成功，不能接受一个步骤成功，另一个步骤失败。支持事务的数据库能够保证这一点。

单个事务可以包含在不同时间发生的多个数据库操作。如果其他事务对中间结果具有完全访问权限，则事务可能相互干扰。例如，假设一个事务插入一行，另一个事务读取该行，并回滚第一个事务，则第二个事务现在包含不存在的行的数据。

可以通过对事务进行隔离来解决上述问题。事务隔离通常通过锁定行来实现，这阻止多个事务同时使用同一行。在某些数据库中，锁定行也可能锁定其他行。随着事务隔离的增加，并发性降低，或者两个事务同时使用相同的数据的能力降低。

SQL Server 2022 以下列事务模式运行：

（1）自动提交事务：每条单独的语句都是一个事务。

（2）显式事务：每个事务均以 BEGIN TRANSACTION 语句显式开始，以 COMMIT 或 ROLLBACK 语句显式结束。

（3）隐式事务：在前一个事务结束时新事务隐式开始，但每个事务仍以 COMMIT 或 ROLLBACK 语句显式结束。

（4）批处理级事务：只能应用于多个活动结果集（MARS），在 MARS 会话中启动的 T-SQL 显式或隐式事务变为批处理级事务。当批处理完成时没有提交或回滚的批处理级事务自动由 SQL Server 数据库进行回滚。

1. 事务的隔离级别

设置事务的隔离级别的命令格式如下：

```
SET TRANSACTION ISOLATION LEVEL
    { READ UNCOMMITTED
    | READ COMMITTED
```

```
| REPEATABLE READ
| SNAPSHOT
| SERIALIZABLE
}
```

格式说明:

(1) READ UNCOMMITTED: 读未提交。指定语句可以读取已由其他事务修改但尚未提交的数据。在 READ UNCOMMITTED 级别运行的事务,不会发出共享锁来防止其他事务修改当前事务读取的数据。READ UNCOMMITTED 事务也不会被排他锁阻塞,排他锁会禁止当前事务读取其他事务已修改但尚未提交的数据。在设置该选项之后,可以读取未提交的修改,这种读取称为脏读。在事务结束之前,可以修改数据中的值,被修改的数据也可以出现在数据集中或从数据集中消失。该选项的作用与在事务内所有 SELECT 语句中的所有表上设置 NOLOCK 相同。这是隔离级别中限制最少的级别。

(2) READ COMMITTED: 读已提交。指定语句不能读取已由其他事务修改但尚未提交的数据,这样可以避免脏读。其他事务可以在当前事务的各个语句之间修改数据,从而导致不可重复读取或产生幻象数据。该选项是 SQL Server 数据库的默认设置。

(3) REPEATABLE READ: 可重复读。指定语句不能读取已由其他事务修改但尚未提交的数据,并且指定其他任何事务都不能在当前事务结束之前修改由当前事务读取的数据。

对事务中的每个语句所读取的全部数据都设置了共享锁,并且该共享锁一直保持到事务结束,这样可以防止其他事务修改当前事务读取的任何数据。其他事务可以插入与当前事务所发出语句的搜索条件相匹配的新数据。如果当前事务重试该语句,则它会检索新数据,从而产生虚拟读取。由于共享锁一直保持到事务结束,而不是在每个语句结束时释放,因此该选项的并发级别低于默认的 READ COMMITTED 隔离级别。该选项只在必要时使用。

(4) SNAPSHOT: 快照。指定事务中任何语句读取的数据都将是在事务开始时便存在的数据的事务一致性版本。事务只能识别在其开始之前提交的数据修改。在当前事务中执行的语句将看不到在当前事务开始以后由其他事务所做的数据修改。其效果就好像事务中的语句获得了已提交数据的快照,因为该数据在事务开始时就存在。

(5) SERIALIZABLE: 可序列化。指定语句不能读取已由其他事务修改但尚未提交的数据。任何其他事务都不能在当前事务结束之前修改由当前事务读取的数据。在当前事务结束之前,其他事务不能使用当前事务中任何语句读取的键值插入新数据。

范围锁处于与事务中执行的每个语句的搜索条件相匹配的键值范围之内。这样可以阻止其他事务修改或插入任何数据,从而限定当前事务所执行的任何语句。这意味着如果再次执行事务中的任何语句,则这些语句便会读取同一组数据。在事务结束之前将一直保持范围锁。这是限制最多的隔离级别,因为它锁定了键的整个范围,并在事务结束之前一直保持范围锁。因为并发级别较低,所以只在必要时才使用该选项。该选项的作用与在事务内所有 SELECT 语句中的所有表上设置 HOLDLOCK 相同。

一次只能设置一个隔离级别选项,并且设置的选项将一直对那个连接始终有效,直到显式修改该选项。

2. 开启事务

在 SQL Server 数据库中,通过 BEGIN TRANSACTION 语句来标记一个显式本地事务的起始点。显式事务以 BEGIN TRANSACTION 语句开始,并以 COMMIT 或 ROLLBACK 语句结束。

开启事务的命令格式如下:

```
BEGIN { TRAN | TRANSACTION }
    [ { transaction_name | @tran_name_variable }
      [ WITH MARK [ 'description' ] ]
    ]
[ ; ]
```

格式说明:

(1) transaction_name:事务名。transaction_name 必须遵循标识符的规则,但其长度不能超过 32 个字符。仅在最外面的 BEGIN…COMMIT 或 BEGIN…ROLLBACK 嵌套语句对中使用事务名。transaction_name 始终区分大小写,即使 SQL Server 实例不区分大小写也是如此。

(2) @tran_name_variable:包含有效事务名的、用户定义的变量名。必须使用 char、varchar、nchar 或 nvarchar 数据类型声明该变量。如果传递给该变量的字符多于 32 个,则仅使用前面的 32 个字符,其余的字符将被截断。

(3) WITH MARK ['description']:指定在日志中标记事务,description 是描述该标记的字符串。在将多于 128 个字符的 description 存储到 msdb.dbo.logmarkhistory 表中之前,先将其截断为 128 个字符。如果使用了 WITH MARK,则必须指定事务名,WITH MARK 允许将事务日志还原到命名标记。

3. 提交事务

在 SQL Server 数据库中,通过 COMMIT TRANSACTION 语句来标记一个成功的隐式事务或显式事务的结束。

提交事务的命令格式如:

```
COMMIT [{TRAN | TRANSACTION} [transaction_name | @tran_name_variable]] [WITH (DELAYED_DURABILITY = {OFF | ON})]
[;]
```

格式说明:

(1) transaction_name:SQL Server 数据库引擎忽略该参数。transaction_name 指事务名,与 BEGIN TRANSACTION 语句中的事务名相同。transaction_name 必须遵循标识符的规则,但其长度不能超过 32 个字符。transaction_name 向程序员指明与 COMMIT TRANSACTION 关联的嵌套 BEGIN TRANSACTION。

(2) @tran_name_variable:包含有效事务名的、用户定义的变量名。

(3) DELAYED_DURABILITY:事务应该延迟提交,并持久化到数据库中。

【例 6-40】使用事务在 borrowInfo 表中添加一条借书记录,同时将 bookInfo 表中该图书的库存数量减 1,这两条 SQL 语句必须同时成功或同时失败。

```
BEGIN TRANSACTION;
```

```
INSERT INTO borrowInfo VALUES('T03010182','9787442768891','2022-10-10','2023-04-09', '2023-01-04');
UPDATE bookInfo SET AbleCount=AbleCount-1 WHERE BookID='9787442768891';
COMMIT TRANSACTION;
```

执行结果显示两行受影响,借阅记录添加成功,同时图书编号为"9787442768891"的图书的库存数量减 1。

4. 回滚事务

在 SQL Server 数据库中,使用 ROLLBACK TRANSACTION 语句可以将显式事务或隐式事务回滚到事务的开头,或者回滚到事务内部的保存点。使用 ROLLBACK TRANSACTION 语句可以擦除从事务开始或从保存点开始所做的所有数据修改。该语句还释放了事务所持有的资源。

回滚事务的命令格式如下:

```
ROLLBACK { TRAN | TRANSACTION }
    [ transaction_name | @tran_name_variable
    | savepoint_name | @savepoint_variable ]
[ ; ]
```

格式说明:

(1) transaction_name:事务名,与 BEGIN TRANSACTION 语句中的事务名相同。transaction_name 必须遵循标识符的规则,但其长度不能超过 32 个字符。在嵌套事务时,transaction_name 必须是最外面的 BEGIN TRANSACTION 语句中的名称。transaction_name 始终区分大小写,即使 SQL Server 实例不区分大小写也是如此。

(2) @tran_name_variable:包含有效事务名的、用户定义的变量名。

(3) savepoint_name:保存点的名称,与 SAVE TRANSACTION 语句中的保存点名称相同。savepoint_name 必须遵守标识符的规则。当条件回滚只影响事务的一部分时,可以使用 savepoint_name。

(4) @savepoint_variable:包含有效保存点名称的、用户定义的变量名。必须使用 char、varchar、nchar 或 nvarchar 数据类型声明该变量。

【例 6-41】在事务中,先向 borrowInfo 表中添加两条读者记录,然后使用事务回滚,最后查询 borrowInfo 表中的所有记录。

```
USE libsys;
GO
DECLARE @TransactionName VARCHAR(20) = 'Transaction1';
BEGIN TRAN @TransactionName
INSERT INTO readerInfo VALUES('T01010060','李 四 ','男 ',32,'软件学院',' 教师 ','2015-12-20','13973198765','lisi@163.com',NULL);
INSERT INTO readerInfo VALUES('T01010061','王 五 ','男 ',33,'软件学院',' 教师 ','2016-11-20','13873176543','wangwu@163.com',NULL);
ROLLBACK TRAN @TransactionName;
SELECT * FROM readerInfo;
```

查询结果显示,borrowInfo 表中未插入任何记录。

5. 保存事务

在事务内设置保存点用于保存事务。

保存事务的命令格式如下：

```
SAVE { TRAN | TRANSACTION } { savepoint_name | @savepoint_variable } [ ; ]
```

格式说明：

（1）savepoint_name：保存点的名称。保存点的名称必须遵循标识符的规则，但其长度不能超过 32 个字符。savepoint_name 始终区分大小写，即使 SQL Server 实例不区分大小写也是如此。

（2）@savepoint_variable：包含有效保存点名称的、用户定义的变量名。必须使用 char、varchar、nchar 或 nvarchar 数据类型声明该变量。如果字符的个数超过 32 个，则也可以传递给该变量，但只使用前 32 个字符。

用户可以在事务内设置保存点或标记。保存点可以定义在按照条件取消某个事务的一部分后，该事务可以返回的一个位置。如果将事务回滚到保存点，则根据需要必须完成其他剩余的 Transact-SQL 语句和 COMMIT TRANSACTION 语句，或者必须通过将事务回滚到起始点来完全取消事务。如果要取消整个事务，则可以使用"ROLLBACK TRANSACTION transaction_name"格式的命令，这将撤销事务的所有语句和过程。

6.5.3 技能训练13：索引的创建与应用

1. 训练目的

（1）了解索引的功能与分类。
（2）掌握创建非聚集索引的两种方法。
（3）掌握索引的维护方法。

2. 训练时间：2 课时

3. 训练内容

每执行一个操作，就刷新"索引"节点，观察索引是否已经建好。

（1）使用 SSMS 管理建立索引。

①确认 scoresys 数据库已经存在，并且是当前数据库，该数据库中有 3 个表，分别是 course 表、student 表和 score 表，每个表中都有记录。如果该数据库不存在，则需要重新创建该数据库。

②使用 SSMS 管理器窗口为 student 表创建非聚集索引 Index_Student_SName，其功能是按照学生姓名（SName）对记录进行升序排序。

③使用 SSMS 管理器窗口为 student 表创建非聚集索引 Index_Student_Dept_Class，其功能是按照所在院系（Dept）对记录进行升序排序，所在院系相同的记录再按照班级（Class）进行降序排序。

（2）使用 SQL 命令创建索引。

①使用 SQL 命令为 student 表创建非聚集索引 Index_Student_Birthdate，其功能是按照

出生日期（Birthdate）对记录进行升序排序。

②使用 SQL 命令为 student 表创建非聚集索引 Index_Student_Sex_Birthdate，其功能是先按照性别（Sex）对记录进行升序排序，性别相同的记录再按照出生日期进行降序排序。

③使用 SQL 命令查询 student 表的所有记录中的出生日期，体会索引的作用。

（3）索引的管理。

①使用 SSMS 管理器窗口对 student 表的非聚集索引 Index_Student_Sex_Birthdate 进行重命名、属性显示和删除操作。

②使用 SQL 命令查看 student 表中有哪些索引存在。（提示：使用系统存储过程 SP_HELPINDEX。）

③使用 SQL 命令将 student 表中的索引 Index_Student_SName 改名为 Index_Student_Name。

④使用 SQL 命令删除 student 表中的索引 Index_Student_Name。

（4）索引的维护。

①使用 DBCC SHOWCONTIG 命令可以显示 student 表中的配置和碎片情况。

②使用 DBCC DBREINDEX 命令可以重建 student 表中的 Index_Student_Sex_Birthdate 索引，将填充因子设置为 60%。

③使用 UPDATE STATISTICS 命令可以更新 student 表的统计信息。

④使用 UPDATE STATISTICS 命令可以更新 student 表中的 Index_Student_Sex_Birthdate 索引的统计信息。

➡4．思考题

（1）student 表在建立时就已经有了主键约束，那么该表还能再建立聚集索引吗？为什么？试试看。

（2）在删除索引后，其对应的表是不是也会自动改变？试试看。

（3）如果表中的记录发生变化，则怎么做才能让索引随之改变？试试看。

项目习题

一、填空题

1．视图是一个_____表，其数据来源是表，这些表称为基表。

2．建立视图的命令是_____，删除视图的命令是_____。

3．显示视图脚本的系统存储过程是_____。

4．利用视图可以对表进行_____、_____和_____等操作。

5．声明游标语句的关键字为_____，该语句必须带有_____子句。

6．打开和关闭游标的语句关键字分别为_____和_____。

7．判断使用 FETCH 语句读取数据是否成功的全局变量为_____。

8．使用游标提取数据和释放游标的语句关键字分别为_____和_____。

9．系统存储过程以_____开头，由_____创建。

10．存储过程相当于一个程序，可以不带参数，也可以带_____参数和_____参数。

11. 当存储过程是批处理的第_____条语句时，可以直接用存储过程名运行，否则必须在前面加上_____命令，该命令可以简写为_____。

12. 在执行存储过程时，实际参数与形式参数必须个数_____、类型_____、顺序_____。

13. 显示存储过程脚本的系统存储过程是_____，删除存储过程的命令是_____。

14. 存储过程属于_____，与表和视图的级别_____。

15. 触发器是_____的组成成分，由_____自动触发执行。

16. 一个表只能带一个_____触发器，但可以带多个_____触发器。

17. 能够触发触发器的操作是_____、_____和_____。

18. 在设计触发器后，系统会自动建立两个临时表，分别是_____和_____。

19. 每个表的聚集索引只能有_____个，非聚集索引可以有_____个。

20. 如果在建表时设定了主键约束，则系统会自动创建_____索引。

21. SQL Server 数据库中事务的隔离级别有_____、_____、_____、_____和_____。

22. 事务的 ACID 性质包括原子性、一致性、隔离性和_____。

二、选择题

1. 视图的数据来源可以是（　　）。
   A．只能是一个表　　　　　　B．只能是两个表
   C．必须是个表　　　　　　　D．一个或任意多个表

2. 视图中的记录数一定（　　）基表中的记录数。
   A．大于　　　B．小于　　　C．不大于　　　D．不小于

3. 删除视图中的记录的命令是（　　）。
   A．DROP　　　B．DELETE　　　C．ALTER　　　D．DEL

4. 在 SQL Server 2022 中，使用游标的完整过程是（　　）。
   A．打开游标、使用游标、关闭游标、释放游标
   B．打开游标、定义游标、使用游标、关闭游标
   C．定义游标、打开游标、使用游标、释放游标
   D．定义游标、打开游标、使用游标、关闭游标、释放游标

5. 在 SQL Server 数据库中，可以使用（　　）命令来声明游标。
   A．CREATE CURSOR　　　　　B．ALTER CURSOR
   C．SET CURSOR　　　　　　　D．DECLARE CURSOR

6. 在 SQL Server 数据库中，释放游标的命令是（　　）
   A．CLOSE cursor_name　　　　B．FREE cursor_name
   C．DELETE cursor_name　　　 D．DEALLOCATE cursor_name

7. 存储过程存放在（　　）上，可以一次建立，多次执行。
   A．服务器　　　B．客户端　　　C．表　　　D．用户机

8. 一个数据库可以带（　　）个存储过程。
   A．1　　　B．2　　　C．3　　　D．多个

9. INSERTED 表与（　　）操作有关。
   A．INSERT 和 UPDATE   B．INSERT 和 DELETE
   C．DELETE 和 UPDATE   D．INSERT、DELETE 和 UPDATE
10. 在设计触发器时，AFTER 也可以修改成（　　）。
   A．LATER   B．WITH   C．IN   D．FOR
11. ROLLBACK TRANSACTION 表示撤销事务，用于（　　）触发器中。
   A．INSTEAD OF   B．AFTER
   C．INSTEAD OF 和 AFTER   D．都不可以
12. 表一旦删除，则（　　）。
   A．触发器也删除了   B．存储过程也删除了
   C．视频也删除了   D．数据库也删除了
13. 对于因为触发器而建立的临时表，用户可以进行的操作是（　　）。
   A．添加记录   B．修改记录   C．删除记录   D．显示记录
14. 一个表可以带（　　）个 INSTEAD OF 触发器。
   A．1   B．2   C．3   D．多个
15. 创建索引的目的是（　　）。
   A．让数据更加安全   B．节省存储空间
   C．提高查询速度   D．方便操作
16. 想要查询表中的索引情况，应使用系统存储过程（　　）。
   A．SP_HELPTABLE   B．SP_HELPDB
   C．SP_HELPTEXT   D．SP_HELPINDEX
17. 以下对象属于数据库的是（　　）。
   A．索引   B．键   C．约束   D．视图
18. 以下选项中不属于事务的操作步骤的是（　　）。
   A．BEGIN TRANSACTION   B．ROLLBACK TRANSACTION
   C．COMMIT TRANSACTION   D．DROP TRANSACTION

三、简答与操作题

1. 什么是视图？创建视图有什么好处？
2. SQL Server 数据库提供了哪几种视图？它们有什么区别？
3. 建立视图 Vi1，其功能是显示 scoresys 数据库的 score 表中成绩（Mark）在 60～100 分之间的记录，写出 SQL 命令。
4. 建立视图 Vi2，其功能是显示 libsys 数据库的 bookInfo 表中销售价格在 50 元及以上的图书的名称、出版单位、作者姓名、出版日期，写出 SQL 命令。
5. 什么是游标？游标的作用是什么？
6. 游标的种类有哪些？
7. 什么是存储过程？创建存储过程有什么好处？
8. 存储过程提供了哪些类型的参数？如何区别它们？
9. 为 libsys 数据库创建存储过程 Procedure1，其功能是输出所有借了书但没有归还的

借书证号，写出 SQL 命令。

10．为 libsys 数据库创建存储过程 Procedure2，其功能是根据输入的图书名称输出所有借过该书的读者的姓名、所在部门、联系电话，写出 SQL 命令。

11．为 libsys 数据库创建存储过程 Procedure3，其功能是根据输入的图书名称和读者姓名查询该读者是否借过这本书。如果借过，则输出借书日期；如果没有借过，则输出"此人没借过本书"。写出对应的 SQL 命令。

12．什么是触发器？创建触发器有什么好处？

13．SQL Server 2022 提供了哪几种类型的触发器？它们有什么区别？

14．触发器可以由哪些操作触发？

15．为 scoresys 数据库的 student 表建立一个触发器 T1，其功能是执行插入记录、修改记录和删除记录等操作中的任意一个操作，都显示学号和学生姓名，写出 SQL 命令。

16．为 scoresys 数据库的 student 表建立一个触发器 T4，其功能是在修改一条记录时，如果这个学生的籍贯是"湖南长沙"，则给出提示后撤销操作，写出对应的 SQL 命令。

17．什么是索引？创建索引有什么作用？

18．SQL Server 数据库提供了哪几种索引？它们有什么区别？

19．建立非聚集索引 Idx1，其功能是将 scoresys 数据库的 score 表中的记录按照成绩（Mark）进行降序排序，写出 SQL 命令。

20．建立非聚集索引 Idx2，其功能是将 libsys 数据库的 bookInfo 表中的记录先按照作者姓名进行升序排序，作者姓名相同的记录再按照出版日期进行降序排序，写出 SQL 命令。

21．什么是事务？事务的基本属性是什么？

项目7 数据库安全管理

主要知识点

- 数据库安全基础知识。
- 数据库安全管理。
- 数据库备份。
- 数据库还原。

学习目标

本项目将介绍 SQL Server 2022 的安全机制与安全管理、数据库备份与还原的方法，主要包括登录管理、用户管理、角色管理和权限管理的基本方法，使读者能够根据具体情况对数据库进行备份与还原，培养读者的安全意识，并能够根据实际需要制定合理的安全策略。

任务7.1 数据库安全管理机制

SQL Server 2022 提供了灵活且强大的数据管理平台，对数据的有效存取和安全管理要求十分严格，如果 SQL Server 2022 缺乏存取和保护后台数据的能力，则意味着它没有存在的意义。

7.1.1 数据库安全概述

安全性是数据库管理系统的重要特征，能否提供全面、完整、有效、灵活的安全机制，不仅是衡量数据库管理系统是否可靠的重要标志，也是用户选择数据库产品的重要判断指标。SQL Server 2022 提供了一整套保护数据安全的机制，包括管理登录名、管理用户、管理角色、管理权限等，可以有效地实现对系统访问和数据访问的控制。

1. SQL Server 数据库的安全性等级

数据库的安全性是指保护数据库，以防非法使用造成数据泄密、更改、破坏。数据库管理系统的安全性保护，就是通过各种防范措施来防止用户越权使用数据库。数据库的安全性与操作系统和网络系统的安全性是紧密联系、相互支持的。SQL Server 数据库的安全性管理机制可以分为 3 个等级：操作系统级、SQL Server 服务器级、数据库级。

1）操作系统级的安全性

在用户使用客户机通过网络访问 SQL Server 服务器时，用户首先要获得操作系统的使用权，也就是说，用户必须是 Windows 系统的合法用户，这样用户登录 Windows 系统后才能调用 SQL Server 服务器资源。

2）SQL Server 服务器级的安全性

SQL Server 服务器级的安全性建立在控制服务器登录账号和密码的基础上，它采用了标准 SQL Server 登录和集成 Windows 登录两种方式。无论使用哪种登录方式，用户在登录时提供的登录账号和密码，决定了用户能否获得 SQL Server 服务器的访问权，以及在获得访问权以后，访问 SQL Server 服务器时可以拥有的权限。SQL Server 事先设计了一些固定服务器角色，用来为具有服务器管理员资格的用户分配使用权限。这种拥有固定服务器角色的用户可以拥有服务器级的管理权限。它允许用户先在数据库级上建立新的角色，然后为该角色授予权限，再通过该角色将权限赋予其他用户。SQL Server 服务器级的安全性是在 SQL Server 服务器层次提供的安全控制，该层次通过验证来实现。

3）数据库级的安全性

在用户通过 SQL Server 服务器级的安全性检验以后，将直接面对不同的数据库入口，这是用户将接受的第三次安全性检验。在建立用户的登录账号信息时，SQL Server 数据库管理系统会提示用户选择默认的数据库，这样以后每次连接上服务器，都会自动转到默认的数据库上。对所有用户来说，登录成功后总是优先打开 master 数据库，在设置登录账号时，如果没有指定默认的数据库，则其权限局限在 master 数据库内。

在默认的情况下，只有数据库的拥有者才可以访问该数据库的对象，数据库的拥有者可以分配访问权限给别的用户，以便让别的用户也拥有对该数据库的访问权限，在 SQL Server 数据库管理系统中，并不是所有的权限都可以转让与分配的。在创建数据库的对象时，SQL Server 数据库管理系统会自动把该数据库对象的拥有权赋予该数据库的拥有者，该数据库的拥有者可以实现对该对象的安全控制。

在默认的情况下，只有数据库的拥有者才能对该数据库进行操作，当一个非数据库拥有者想要访问数据库的对象时，必须先由数据库拥有者赋予权限。例如，某个用户想要访问 libsys 数据库的 bookInfo 表中的信息，必须先成为 SQL Server 数据库管理系统的合法用户，再获得 libsys 数据库的拥有者对其分配的针对 bookInfo 表的访问权限才可以。

数据库级的安全性是在数据库层次提供的安全控制，该层次通过授权来实现。

2. 登录模式

SQL Server 数据库管理系统的安全性是通过登录管理、用户管理、角色管理、权限管理来实现的，涉及登录主体、操作、对象、用户、架构等概念。

主体是可以请求系统资源的个体、组合过程。例如，数据库用户是一种主体，可以按照自己的权限在数据库中执行操作和使用相应的数据。SQL Server 数据库有多种不同的主体，不同主体之间的关系是典型的层次结构关系，位于不同层次上的主体在系统中影响的范围也不同。位于层次比较高的主体的作用范围比较大，位于层次比较低的主体的作用范围比较小。

SQL Server 系统管理者可以通过权限保护分层实体集合，这些实体被称为安全对象。安全对象是 SQL Server 数据库管理系统控制对其自身进行访问的资源，SQL Server 数据库管理系统通过验证主体是否已经获得适当的权限来控制主体对安全对象的各种操作。就像主体的层次一样，安全对象之间的关系类似于层次结构关系。

操作是指主体可以执行的行为，这种操作通过安全对象和权限设置来解决执行该操作的权限这个问题。主体与安全对象的关系如图 7-1 所示。

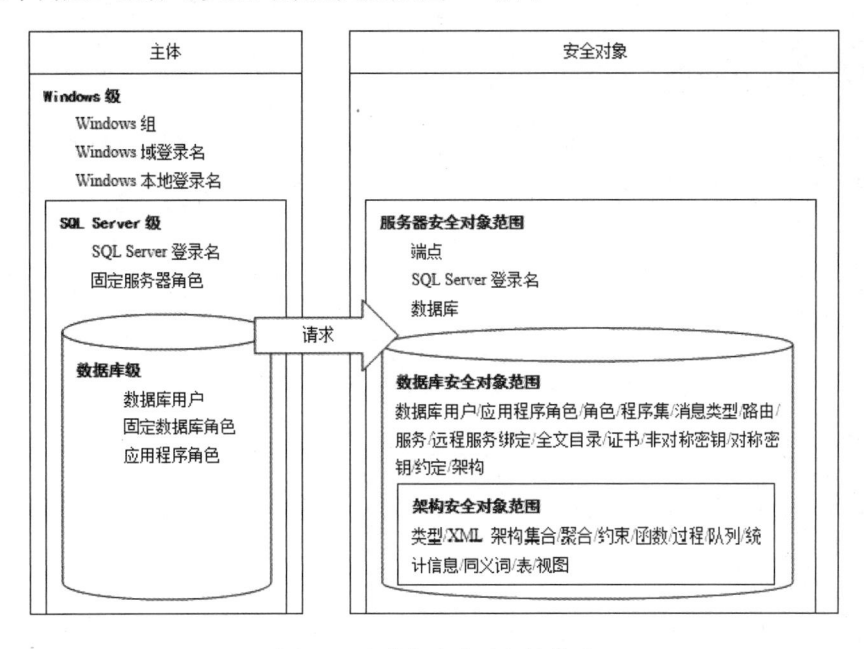

图 7-1　主体与安全对象的关系

数据库中的对象归谁所有？如果归用户所有，则当用户被删除时，其所拥有的对象怎么处理？在 SQL Server 数据库中，通过用户和架构分离来解决这个问题。架构（Schema）是一组数据库对象的集合，它被单个负责人（可以是用户或角色）所拥有并构成唯一命名空间，可以将架构看作对象的容器。数据库对象、架构和用户之间的关系如图 7-2 所示。

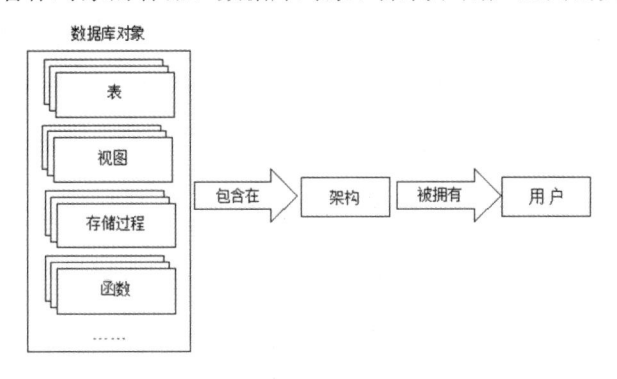

图 7-2　数据库对象、架构和用户之间的关系

身份验证模式是 SQL Server 数据库管理系统验证客户端和服务器之间连接的方式。SQL Server 2022 提供了两种身份验证模式：Windows 身份验证模式和混合模式。在 Windows 身份验证模式中，当用户通过 Windows 用户账户连接 SQL Server 数据库管理系统时，SQL Server 数据库管理系统使用 Windows 系统中的信息验证账户名和密码。Windows 身份验证模式通过强密码的复杂性验证来提供密码策略强制、账户锁定支持、密码过期支持等。在混合模式中，当客户端连接到服务器时，既可能使用 Windows 身份验证，也可能使用 SQL Server 身

份验证。当将身份验证模式设置为混合模式时，允许用户使用 Windows 身份验证和 SQL Server 身份验证进行连接。

7.1.2 实现数据库安全管理

SQL Server 数据库已经在越来越多的管理系统中部署，随之而来的数据安全与保护问题也越来越重要。SQL Server 2022 对于维护数据库管理系统提供了一系列行之有效的管理机制。

1. 管理登录名

登录名指登录到 SQL Server 数据库管理系统的名称，其管理内容包括创建登录名、设置密码策略、查看登录名信息、修改和删除登录名等。管理登录名既可以使用 SSMS 管理器窗口实现，也可以使用 SQL 命令实现。

1）使用 SSMS 管理器窗口创建登录名

登录名是服务器对象，与数据库的级别相同，它不属于某个数据库。在 SSMS 管理器窗口中依次展开"安全性"→"登录名"节点，可以看到目前已经存在的登录名，也可以新建登录名。

sa 是一个默认的 SQL Server 登录名，其拥有操作 SQL Server 数据库管理系统的所有权限，不能被删除。在采用混合模式安装 SQL Server 数据库之后，需要为 sa 指定一个密码，该登录名默认为禁用，可以在"登录名-新建"对话框的"状态"页中将该登录名的状态设置为启用。

右击"登录名"节点，在弹出的快捷菜单中选择"新建登录名"命令，会打开"登录名-新建"对话框，如图 7-3 所示。如果采用 SQL Server 身份验证，则可以新建任意登录名。

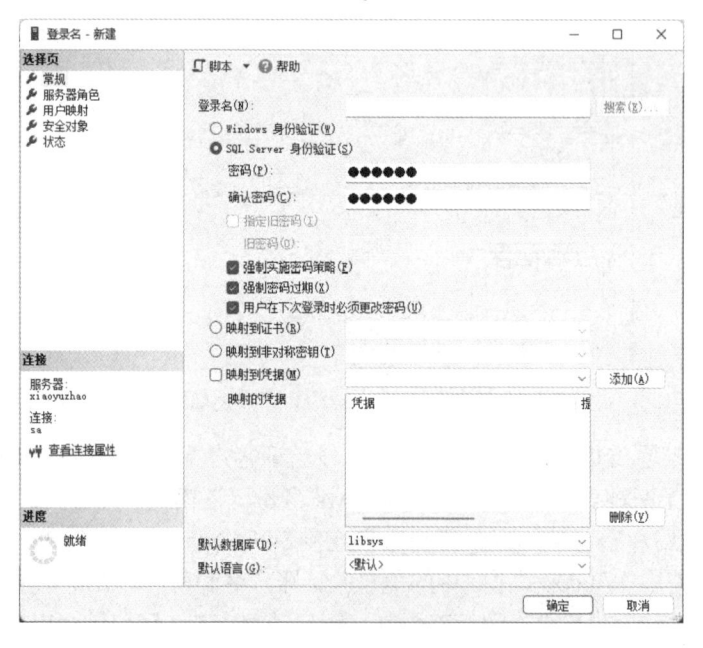

图 7-3 "登录名-新建"对话框

- "默认数据库"下拉列表：可以选择该用户组或用户访问的默认数据库。
- "服务器角色"页：可以查看或修改登录名在固定服务器角色中的成员身份。
- "用户映射"页：可以查看或修改登录名到数据库用户的映射。
- "安全对象"页：可以查看或修改安全对象。
- "状态"页：可以查看或修改登录名的状态信息。
- 强制实施密码策略：表示对该登录名强制实施 Windows 密码策略。密码策略包括 5 条：①长度至少为 6 个字符（SQL Server 服务器支持的密码的长度为 1~128 个字符）；②必须使用不同类型的字符（如大写字母、小写字母、数字、特殊符号等，最好混用）；③无须采用完整的单词，密码中间不能出现 Admin、Administrator、Password、sa 或 sysadmin 等；④机器对大小写敏感；⑤不能为空。
- 强制密码过期：表示是否对该登录名实施密码过期策略，系统将提醒用户及时修改旧密码和登录名，并且禁止使用过期的密码。
- 用户在下次登录时必须修改密码：表示在首次使用新登录名时提示用户输入新密码。

2）使用 SQL 命令创建登录名

可以使用 CREATE LOGIN 命令创建登录名，格式如下：

```
CREATE LOGIN 登录名 <WITH PASSWORD='密码' | FROM WINDOWS>
    [,DEFAULT_DATABASE = 默认数据库]
    [,DEFAULT_LANGUAGE = 默认语言]
    [, CHECK_EXPIRATION=ON|OFF]
    [, CHECK_POLICY=ON|OFF] [ MUST_CHANGE ]
```

格式说明：

（1）SQL Server 数据库管理系统使用了 Windows 密码策略，当用 Windows 登录名创建登录名时，不需要指定密码，因为 Windows 登录名本身有 Windows 密码。但是，在创建 SQL Server 登录名时，如果依然希望使用 Windows 密码策略，则需要通过使用一些关键字来明确指定。

（2）CHECK_EXPIRATION：检查登录名的期限，仅适用于 SQL Server 登录名，表示是否对登录名强制实施密码过期策略，默认值为 OFF。

（3）CHECK_POLICY：检查密码策略，仅适用于 SQL Server 登录名，表示是否对登录名强制实施 Windows 密码策略，默认值为 ON。

（4）默认数据库：如果省略本项，则默认值为 master 数据库。

【例 7-1】创建登录名 libsyslogin1，设置初始密码为 123456，默认数据库为 libsys。

```
CREATE LOGIN libsyslogin1 WITH PASSWORD='123456', DEFAULT_DATABASE =libsys
```

【例 7-2】假设 SQL Server 服务器名为 SQLSVR2014，在 Windows 系统中有一个用户名 Teacher，创建对应的登录名 Teacher。

```
CREATE LOGIN [SQLSVR2014\Teacher] FROM WINDOWS
```

说明：登录名要用"服务器名\登录名"的格式，并且方括号"[]"不可以省略。

【例 7-3】假设当前机器的 SQL Server 服务器名为 605-25，Windows 系统的用户名为

Student，为 libsys 数据库创建对应的登录名 Student。

```
CREATE LOGIN [605-25\Student] FROM WINDOWS WITH DEFAULT_DATABASE='libsys'
```

【例 7-4】使用 CREATE LOGIN 命令创建 SQL Server 登录名 Peterson，并且设置密码过期策略。

```
CREATE LOGIN Peterson WITH PASSWORD = 'MyQQis1059702586' MUST_CHANGE,
CHECK_EXPIRATION = ON
```

3）维护登录名

（1）修改登录名的命令是 ALTER LOGIN，格式与创建登录名的命令格式相同。

【例 7-5】将登录名 libsyslogin1 对应的登录密码由 123456 修改为 88888888。

```
ALTER LOGIN libsyslogin1 WITH PASSWORD='88888888'
```

（2）禁用和启用登录名的命令也是 ALTER LOGIN。例如，禁用登录名 Peterson 的命令如下：

```
ALTER LOGIN Peterson DISABLE
```

再如，启用登录名 Peterson 的命令如下：

```
ALTER LOGIN Peterson ENABLE
```

（3）删除登录名的命令是 DROP LOGIN，格式如下：

```
DROP LOGIN  登录名
```

【例 7-6】删除登录名 Peterson。

```
DROP LOGIN Peterson
```

说明：对服务器具有 ALTER ANY LOGIN 权限的用户才能执行上述操作，可以删除数据库用户映射的登录名，但不能删除正在使用的登录名。

（4）使用系统存储过程 SP_HELPLOGINS 可以查询登录名信息，可以看到默认数据库、默认语言等内容。

2. 管理用户

用户在通过登录名登录 SQL Server 服务器后，还不能对数据库进行操作。在一个用户可以访问数据库之前，管理员必须在数据库中为该用户建立一个用户名。一个登录名必须在与每个数据库中的一个用户关联后，用这个数据库用户才能访问数据库对象。如果一个登录名没有与数据库中的任何用户关联，则其自动与 Guest（来宾）用户关联；如果数据库中没有 Guest 用户账户，则该登录名不能访问该数据库。用户是数据库级的主体，是登录名在数据库中的映射，是在数据库中执行操作和活动的行动者。

登录名和数据库用户的关系是：登录名和数据库用户是用于权限管理的不同对象，一个登录名可以与所有数据库关联，数据库用户是登录名在指定数据库中的映射；一个登录名可以映射到不同的数据库，产生多个用户名，而一个数据库用户只能对应一个登录名；

数据库用户在定义时必须与一个登录名关联；创建数据库用户是定义在数据库层次的安全控制手段。

在 SQL Server 数据库中，数据库用户不能直接拥有表、视图等数据库对象，而是通过架构来拥有这些数据库对象的。

1）使用 SSMS 管理器窗口创建用户

用户是数据库级的对象，需要展开具体的数据库，在"安全性"节点中才能看到当前数据库中的用户。系统已经为每个数据库建立了 dbo（数据库拥有者）、guest（来宾）、INFORMAYION_SCHEMA（信息架构）和 sys（系统）这 4 个用户，可以将服务器级的登录名设置为用户，每个用户必须和一个登录名关联。

【例 7-7】将登录名 libsyslogin1 设置为 libsys 数据库的用户，用户名为 libsysuser1。

在 SSMS 管理器窗口中依次展开"数据库"→"libsys"→"安全性"节点，右击"用户"节点，在弹出的快捷菜单中选择"新建用户"命令，打开"数据库用户-新建"对话框，在"常规"页的"用户名"文本框中输入用户名 libsysuser1，登录名可以通过单击"登录名"文本框右侧的 ... 按钮查询到，默认架构一般选择"DBO"或"db_owner"，也可以省略，当省略时不拥有任何架构，如图 7-4 所示。

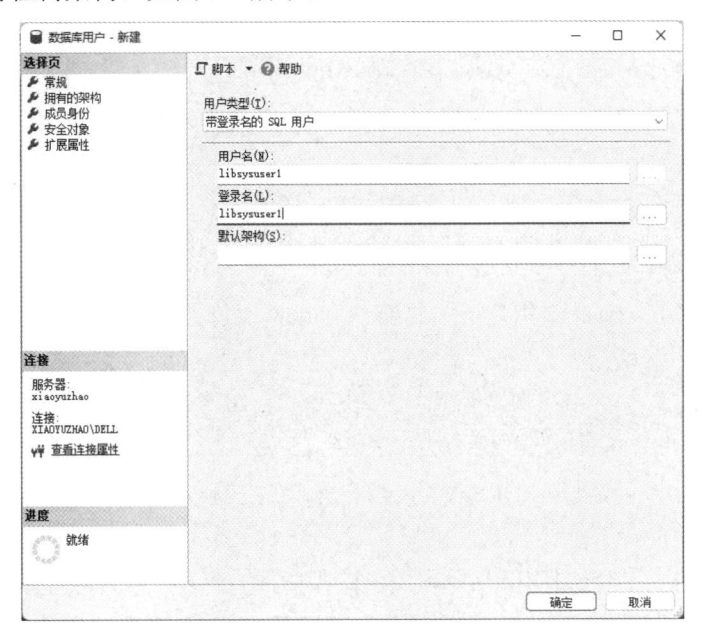

图 7-4 "数据库用户-新建"窗口

用户类型包括 Windows 用户、不带登录名的 SQL 用户、带登录名的 SQL 用户等 5 种，默认是带登录名的 SQL 用户。"不带登录名的 SQL 用户"表示新添加的用户没有登录名。

在创建用户后，该用户不属于任何角色，既没有权限，也没有任何安全对象，需要加入一种角色或赋权后才可以对数据库进行访问。

2）使用 SQL 命令创建用户

可以使用 CREATE USER 命令在指定的数据库中创建用户，格式如下：

CREATE USER 用户名 {[FOR|FROM] {LOGIN 登录名} | WITHOUT LOGIN}

格式说明：WITHOUT LOGIN 子句可以创建不映射到 SQL Server 登录名的用户，它可以作为 guest 用户连接到其他数据库。可以将权限分配给这个没有登录名的用户，当安全上下文更改为没有登录名的用户时，原始用户将收到没有登录名的用户的权限。

【例 7-8】创建与登录名 libsyslogin1 关联的数据库用户，设置用户名为 libsysuser1。

```
USE libsys
GO
CREATE USER libsysuser1 FROM LOGIN libsyslogin1
GO
```

说明：如果 libsysuser1 用户已经存在，则需要先删除该用户。而且一个登录名只能映射为一个用户名。

【例 7-9】创建与登录名 libsyslogin1 同名的数据库用户，即用户名为 libsyslogin1。

```
USE libsys
GO
CREATE USER libsyslogin1
```

【例 7-10】创建一个没有登录名的用户，设置用户名为 libsysuser2。

```
CREATE USER libsysuser2 WITHOUT LOGIN
```

上述用户没有登录名，但可以直接作为当前数据库的用户。

3）维护用户

修改用户属性的命令是 ALTER USER，格式如下：

```
ALTER USER 用户名 WITH 修改项 [,...]
```

【例 7-11】将 libsysuser2 用户的名称修改为 newuser2。

```
USE libsys
GO
ALTER USER libsysuser2 WITH NAME = newuser2
```

删除数据库用户的命令是 DROP USER，如删除 newuser2 用户的命令是"DROP USER newuser2"。

使用系统存储过程 SP_HELPUSER 可以查看当前数据库中的用户信息，如图 7-5 所示。

	UserName	RoleName	LoginName	DefDBName	DefSchemaName	UserID	SID
1	dbo	db_owner	hfx-home\hfx	libsys	dbo	1	0x0105000
2	guest	public	NULL	NULL	guest	2	0x00
3	INFORMATION_SCHEMA	public	NULL	NULL	NULL	3	NULL
4	libsyslogin1	public	libsyslogin1	libsys	dbo	5	0x5251612
5	libsysuser2	public	NULL	NULL	dbo	6	0x0105000
6	sys	public	NULL	NULL	NULL	4	NULL

图 7-5 当前数据库中的用户信息

由图 7-5 可以看出，新增加的用户 libsyslogin1 和 libsysuser2 的角色都是 public，还可以看到默认的数据库名和默认的架构名等信息。

3. 管理角色

角色（Role）也叫服务器角色，是具有相同权限的多个用户所组成的集合。对一个角色授予、拒绝或废除的权限也适用于该角色的任何成员。可以建立一个角色来代表单位中一类工作人员所执行的工作，然后给这个角色授予适当的权限。当工作人员开始工作时，将他们添加为该角色的成员；当工作人员结束工作时，将他们从该角色中删除。而不必在每个工作人员开始或结束工作时，反复授予、拒绝和废除其权限。权限在用户成为角色的成员时自动生效。

角色与用户的关系：角色是用户所在的组，用户是使用数据库的人，该用户具体能做什么，要通过角色来决定。

角色是服务器级的主体，它们的作用范围是整个服务器，分为固定数据库角色、用户自定义数据库角色、应用程序角色这3种类型。

1）固定数据库角色

固定数据库角色是由系统设定的，已经具备了执行指定操作的权限，可以把其他登录名作为成员添加到固定数据库角色中，这样该登录名可以继承固定数据库角色的权限。

SQL Server 2022 提供的固定数据库角色包括 9 类，如表 7-1 所示。

表 7-1　SQL Server 2022 提供的固定数据库角色

角色名	说明	功能描述
bulkadmin	BULK INSERT 操作员	可以执行 BULK INSERT（大容量数据插入）语句
dbcreator	数据库创建者	可以创建、更改、删除和还原任何数据库
diskadmin	磁盘管理员	可以管理磁盘文件
processadmin	进程管理员	可以管理在 SQL Server 数据库中运行的进程
public	公共角色	初始状态时没有权限，所有数据库用户都是其成员
securityadmin	安全管理员	管理登录名及其属性；可以 GRANT、DENY 和 REVOKE 服务器级权限和数据库级权限，也可以重置 SQL Server 登录名对应的登录密码
serveradmin	服务器管理员	可以设置服务器范围的配置选项和关闭服务器
setupadmin	安装程序管理员	既可以添加和删除链接服务器，也可以执行某些系统存储过程
sysadmin	系统管理员	可以在服务器中执行任何活动；在默认情况下，Windows BUILTIN\Administrators 组（本地管理员组）的所有成员都是 sysadmin 角色的成员

固定数据库角色都有预先定义好的权限，而且不能为这些角色添加或删除权限。虽然初始状态时 public 角色没有任何权限，但是可以为该角色授予权限。由于所有的数据库用户都是 public 角色的成员，并且这是自动的、默认的和不可变的，因此数据库中的所有用户都会自动继承 public 角色的权限。

可以把登录名添加到固定服务器角色中，使登录名作为固定服务器角色的成员继承固定服务器角色的权限。对于登录名来说，可以判断其是否为某个固定服务器角色的成员。

在创建数据库时，系统为固定数据库角色创建了以下 9 种身份。

①db_owner：进行所有数据库角色的活动，以及数据库中的其他维护和配置活动。该角色的权限跨越所有其他的固定数据库角色。

②db_accessadmin：成员有权通过添加或删除用户来指定谁可以访问数据库。

③db_securityadmin：成员可以修改角色成员身份和管理权限。
④db_ddladmin：成员可以在数据库中运行任意数据定义语言（DDL）命令。
⑤db_backupoperator：成员可以备份该数据库。
⑥db_datareader：成员可以读取所有用户表中的所有数据。
⑦db_datawriter：成员可以在所有用户表中添加、删除或修改数据。
⑧db_denydatareader：成员不能读取数据库内用户表中的任何数据，但可以执行架构修改（如在表中添加列）。
⑨db_denydatawriter：成员不能添加、修改或删除数据库内用户表中的任何数据。

如果一个登录名同时属于几个角色，则该登录名拥有所有角色的权限之和。

用户既可以使用 SSMS 管理器窗口来管理角色，也可以使用 SP_ADDSRVROLEMEMBER、SP_HELPSRVROLEMEMBER、SP_DROPSRVROLEMEMBER 等系统存储过程和 IS_SRVROLEMEMBER()函数来执行有关固定服务器角色和登录名之间关系的操作。但 sa 是一个特殊的登录名，由系统创建，不能修改登录名 sa 的角色成员身份。

系统存储过程 SP_ADDSRVROLEMEMBER 用于向角色中添加成员（登录名），格式如下：

SP_ADDSRVROLEMEMBER '登录名','角色名'

【例 7-12】将登录名 libsyslogin1 添加到 sysadmin 角色中。

EXEC SP_ADDSRVROLEMEMBER 'libsyslogin1', 'sysadmin'

执行上述命令，则登录名 libsyslogin1 就是 sysadmin 角色的成员了，具有 sysadmin 角色的所有权限。

在"服务器角色属性"对话框中可以查看选定服务器角色所包含的登录名。

在"登录属性"对话框的"服务器角色"页中可以查看该登录名隶属于哪些服务器角色。

系统存储过程 SP_DROPSRVROLEMEMBER 用于从角色中删除成员（登录名），格式如下：

SP_DROPSRVROLEMEMBER '登录名', '角色名'

【例 7-13】将登录名 libsyslogin1 从 sysadmin 角色中删除。

EXEC SP_DROPSRVROLEMEMBER 'libsyslogin1', 'sysadmin'

系统存储过程 SP_HELPSRVROLEMEMBER 用于查询登录名所属的角色，IS_SRVROLEMEMBER()函数用于查询某个登录名是不是某类角色的成员。

【例 7-14】使用 IS_SRVROLEMEMBER()函数查询登录名 libsyslogin1 是不是 sysadmin 角色的成员。

SELECT IS_SRVROLEMEMBER('sysadmin','libsyslogin1')

执行上述命令，如果结果为 0，则表示登录名 libsyslogin1 不是 sysadmin 角色的成员；如果结果为 1，则表示登录名 libsyslogin1 是 sysadmin 角色的成员。

2）用户自定义数据库角色

固定数据库角色是由系统设定的，已经具备了执行指定操作的权限，如果希望修改权限的内容，则需要定义数据库角色。

使用 SSMS 管理器窗口定义数据库角色的方法是：在 SSMS 管理器窗口中依次展开"数据库"→"libsys"→"安全性"→"角色"节点，右击"数据库角色"节点，在弹出的快捷菜单中选择"新建数据库角色"命令，打开"数据库角色-新建"窗口。例如，为 libsys 数据库创建数据库角色 libsysrole1，如图 7-6 所示。

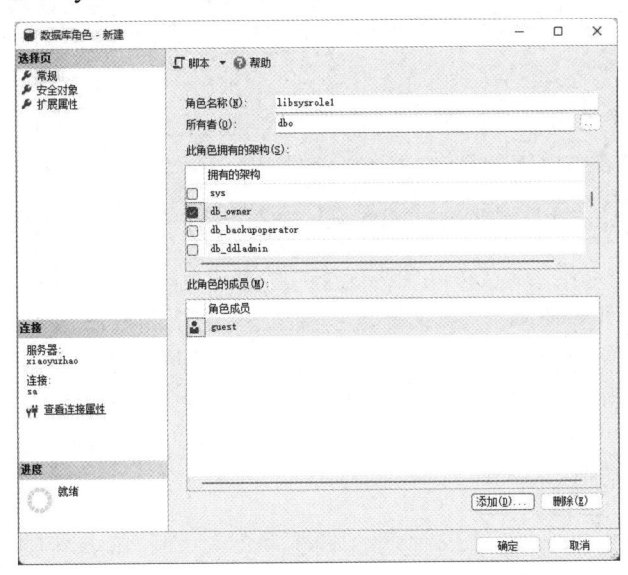

图 7-6 "数据库角色-新建"窗口

在图 7-6 所示的窗口中，可以选择所有者，也可以选择此角色拥有的架构，还可以向该角色添加用户成员。在"安全对象"页中可以看到更多的信息，安全对象不同，可以赋予的权限也不同。例如，图 7-7 所示为 dbo 安全对象可以赋予的权限。

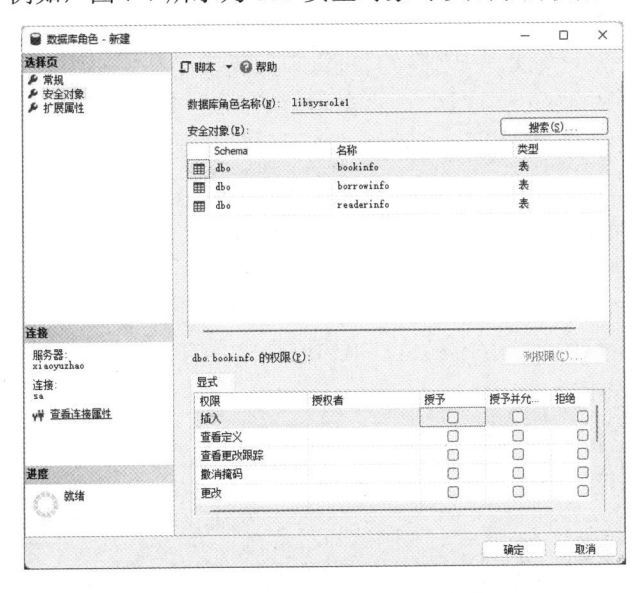

图 7-7 dbo 安全对象可以赋予的权限

可以使用 CREATE ROLE 命令创建角色。实际上，创建角色的过程就是指定角色名称和拥有该角色的用户的过程。如果没有明确地指定角色的拥有者，则当前操作的用户默认是该角色的拥有者。

【例 7-15】给 libsys 数据库创建数据库角色。

```
USE libsys
GO
CREATE ROLE Manager
```

如果要创建一个服务器角色 Manager，同时给 libsysuser1 用户赋予拥有者权限，则需要在语句中加上 AUTHORIZATION 成分，命令如下：

```
CREATE ROLE Manager AUTHORIZATION libsysuser1
```

角色创建后，会显示在数据库角色列表中，其用法与固定数据库角色的用法相同，既可以使用 SSMS 管理器窗口来管理角色，也可以使用 SP_ADDSRVROLEMEMBER、SP_HELPSRVROLEMEMBER、SP_DROPSRVROLEMEMBER 等系统存储过程和 IS_SRVROLEMEMBER()函数来执行有关用户自定义数据库角色和登录名之间关系的操作。

【例 7-16】使用 SQL 命令在 libsys 数据库中创建用户自定义数据库角色 db_role，并将 libsysuser2 用户添加到该角色中。

```
USE libsys
GO
CREATE ROLE db_user
GO
EXEC SP_ADDSRVROLEMEMBER 'libsysuser2', 'db_user'
GO
```

3）应用程序角色

应用程序角色是一个数据库主体，它可以使应用程序能够用其自身的、类似用户的权限来运行，在使用应用程序时，仅允许特定用户访问数据库中的特定数据，如果不使用这些特定的应用程序角色连接数据库，就无法访问这些数据，从而实现安全管理的目的。

与数据库角色相比，应用程序角色有 3 个特点：①在默认情况下，该角色不包含任何成员；②在默认情况下，该角色是非活动的，必须激活之后才能发挥作用；③该角色有密码，只有拥有应用程序角色正确密码的用户才可以激活该角色。在激活某个应用程序角色之后，用户会失去自己原有的权限，转而拥有应用程序角色的权限。

创建应用程序角色的命令是 CREATE APPLICATION ROLE，激活应用程序角色使用的是系统存储过程 SP_SETAPPROLE。

【例 7-17】给 libsys 数据库创建应用程序角色 lib_Manager，设置密码是"Wearemanagersoflibrary!"。

```
USE libsys
CREATE APPLICATION ROLE lib_Manager WITH PASSWORD = 'Wearemanagersoflibrary!'
```

激活应用程序角色 lib_Manager 的命令如下：

EXEC SP_SETAPPROLE lib_Manager , 'Wearemanagersoflibrary!'

修改应用程序角色的命令是 ALTER APPLICATION ROLE，与创建应用程序角色的命令相似。

4. 管理权限

权限是执行操作、访问数据的通行证。只有拥有了针对某种安全对象的指定权限，才能对该对象执行相应的操作，不同的对象有不同的权限。

1）权限的分类

在 SQL Server 数据库中，权限有不同的分类方式。如果按照权限是否预先定义，则可以把权限分为预先定义的权限和预先未定义的权限。预先定义的权限是指系统安装之后，不必通过授予权限就拥有的权限。例如，固定服务器角色和固定数据库角色所拥有的权限就是预先定义的权限，对象的拥有者也拥有该对象的所有权限及该对象所包含的对象的所有权限。预先未定义的权限是指那些需要经过授权或继承才能得到的权限。大多数的安全主体都需要经过授权才能获得对安全对象的使用权限。

如果按照权限是否与特定的对象有关，则可以把权限分为针对所有对象的权限和针对特殊对象的权限。针对所有对象的权限表示这种权限可以针对 SQL Server 数据库中所有的对象，如 CONTROL、ALTER、ALTER ANY、TAKE OWNERSHIP、INPERSONATE、CREATE、VIEW DEFINITION 等。针对特殊对象的权限是指某些权限只能在指定的对象上起作用。例如，INSERT 可以是表的权限，但不能是存储过程的权限；EXECUTE 可以是存储过程的权限，但不能是表的权限。

在使用 GRANT（授权）、REVOKE（撤销）、DENY（拒绝）语句执行权限管理操作时，经常使用关键字 ALL，表示指定安全对象的常用权限。不同的安全对象往往具有不同的权限。

2）对象权限

在 SQL Server 数据库中，所有对象权限都可以授予。这些对象可以为特定的对象、特定类型的所有对象和所有属于特定架构的对象管理器。在 SQL Server 服务器级别，既可以为服务器、端点、登录和服务器角色授予对象权限，也可以为当前的服务器实例管理权限。在数据库级别，可以为应用程序角色、数据库角色、数据库、函数、架构等管理权限。

一旦有了保存数据的结构，就需要给用户授予开始使用数据库中数据的权限，可以通过给用户授予对象权限来实现。利用对象权限，可以控制谁能够读取数据、写入数据或以其他方式操作数据。安全对象的常用权限如下：

（1）控制（CONTROL）：赋予安全对象的所有可能的权限，使主体成为安全对象的虚拟拥有者。这包括将安全对象的权限授予其他主体。

（2）创建（CREATE）：赋予创建一个特定对象的能力，这取决于它被授予的范围。例如，CREATE DATABASE 权限允许主体在 SQL Server 数据库中创建新的数据库。

（3）修改（ALTER）：赋予修改安全对象属性的能力，除了修改所有者。这个权限包含了同范围的 ALTER、CREATE、DROP 对象的权限（比如，用户对表 A 有修改权限，那么该用户能够 ADD/ALTER/DROP 列、CREATE/DROP 索引和约束等）。例如，一个数据库级别的修改权限包括修改表和架构权限。

（4）删除（DELETE）：允许一个主体删除任何或所有存储在表中的数据。

（5）模拟登录名或模拟用户名（IMPERSONATE）：允许主体模拟另一个登录名或用户名。通常用于改变存储过程的执行上下文。

（6）插入（INSERT）：允许主体向表中插入新记录。

（7）选择（SELECT）：允许主体从一个特定的表中读取数据，便于在表上执行查询操作。

（8）接管所有权（TAKE OWNERSHIP）：允许主体获得安全对象的所有权。

（9）更新（UPDATE）：允许主体更新表中的数据。

（10）查看定义（VIEW DEFINITION）：允许主体查看安全对象的定义。

（11）引用（REFERENCES）：表可以借助外部关键字关系在一个共有列上相互链接起来；外部关键字关系是被设计用来保护表间的数据的。当两个表借助外部关键字关系链接起来时，该权限允许主体从主表中选择数据，即使它们在外部表上没有"选择"权限。

（12）执行（EXECUTE）：允许主体执行存储过程。

数据库权限管理非常重要。孔光是汉成帝时期的名臣，自幼秉承家风，饱读诗书，年未二十即步入仕途。汉成帝即位后，孔光因才能卓越被任命为尚书（西汉时期在宫中主管文书的官员）。短短几年，孔光将前代政事及汉代法规烂熟于心，备受皇帝信任。后来，孔光领尚书事，成为尚书机构的领导。上任以后，孔光工作兢兢业业、小心谨慎，遵守国家法度，不坏前代成规。在这种为官原则的指导下，孔光在领尚书事任上一干就是十余年，这在当时是极其少见的。当时，领尚书事又被称为"典枢机"，意为掌管机密。该工作的一个重要原则就是保密，孔光在这方面做得极为出色。孔光有销毁发言草稿的习惯，凡涉及与皇帝之间对话内容的草稿事后一律销毁，以防机密外泄。同时，如果孔光推荐某人做官，也不会让其知道是自己推荐的，以防结党营私。孔光每每回到家中，对自己的家人闭口不提朝中政事。家人们没去过皇宫，为了长长见识，便向孔光提了一个并不过分的问题：长乐宫温室殿前种的是什么树啊？孔光听罢，先是沉默不语，然后顾左右而言他，完全答非所问。家人们也想不到，孔光的保密意识竟然强到这种地步。

"不言温室之树"的典故充分说明了数据安全管理的重要性，尤其是在当今数据爆炸的时代，加强数据库安全管理显得至关重要。

3）语句权限

语句权限是用于控制创建数据库或数据库中的对象所涉及的权限。只有 sysadmin、db_owner 和 db_securityadmin 角色的成员才能够授予用户语句权限。语句权限如下：

（1）CREATE DATABASE：创建数据库。

（2）CREATE TABLE：创建表。

（3）CREATE VIEW：创建视图。

（4）CREATE PROCEDURE：创建存储过程。

（5）CREATE INDEX：创建索引。

（6）CREATE ROLE：创建规则。

（7）CREATE DEFAULT：创建默认值。

可以对登录名、角色和用户进行权限管理，但它们的权限会有所不同，因为登录名是服务器对象，而角色和用户是数据库对象。使用 SSMS 管理器窗口和 SQL 命令都可以进行权限管理。

【例 7-18】 使用 SSMS 管理器窗口为 libsysrole1 角色授予 CREATE TABLE（创建表）权限和授权权限，而不授予 INSERT（插入记录）权限。

第 1 步，在 SSMS 管理器窗口展开"数据库"节点，右击"libsys"节点，在弹出的快捷菜单中选择"属性"命令，打开"数据库属性-libsys"对话框。

第 2 步，切换到"权限"页，在"用户或角色"区域中单击"搜索"按钮，找到角色 libsysrole1。

第 3 步，在"libsysrole1 的权限"区域中，勾选"创建表"右侧"授予"列和"具有授予权限"列中的复选框，而"插入记录"右侧"授予"列中的复选框则一定不能勾选，如图 7-8 所示。

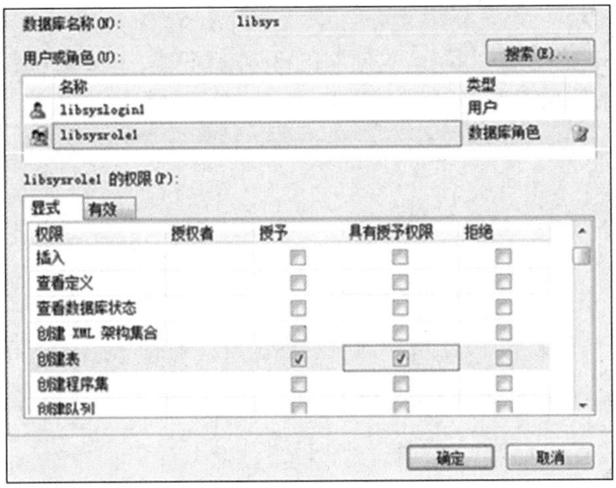

图 7-8 授权操作

第 4 步，单击"确定"按钮，设置完成。

第 5 步，验证权限。假设有个登录名 libsyslogin，关联的用户是 libsysuser，该用户是 libsysrole1 角色的成员（如果不是，则可以创建登录名和用户并加入 libsysrole1 角色）。断开当前 SQL Server 服务器的连接，重新打开 SSMS，设置验证模式为 SQL Server 身份验证模式，使用登录名 libsyslogin 登录，由于该登录名与数据库用户 libsysuser 关联，而该用户是 libsysrole1 角色的成员，因此该登录名拥有该角色的所有权限。在创建表结构时，系统正常运行；但在向表中输入记录时，系统报错。

使用 GRANT 命令授权，将安全对象的权限授予指定的安全主体。这些可以使用 GRANT 命令授权的安全对象包括应用程序角色、数据库、端点、角色、架构、服务器、服务、存储过程、系统对象、表、类型、用户、视图等，由于不同的安全对象有不同的权限，因此也有不同的授权方式。一般格式如下：

GRANT 权限 ON 对象 TO 用户名 [WITH GRANT OPTION]

其中，"WITH GRANT OPTION"表示授权权限，即该用户可以向其他用户授予所指定的权限；用户也可以是角色。

例如，将 CONTROL（控制）权限授予 libsysuser1 用户，命令如下：

```
GRANT CONTROL TO libsysuser1
```

将 CREATE TABLE（创建表）权限授予 libsysuser2 用户，命令如下：

```
GRANT CREATE TABLE TO libsysuser2
```

将 CREATE TABLE 权限和授权权限授予 libsysuser3 用户，命令如下：

```
GRANT CREATE TABLE TO libsysuser3 WITH GRANT OPTION
```

为 libsysuser4 用户授予对 libsys 数据库的 bookInfo 表的 SELECT（选择）权限，命令如下：

```
GRANT SELECT ON libsys.bookInfo TO libsysuser4
```

为 libsysuser5 用户授予对 libsys 数据库的 bookInfo 表中的 BookID 列和 BookName 列的 SELECT 权限与 INSERT 权限，命令如下：

```
GRANT SELECT, INSERT ON libsys.bookInfo(BookID,BookName) TO libsysuser5
```

说明：必须显式地指定用户对对象的"授予"、"具有授予权限"和"拒绝"权限。用户获得"具有授予权限"表示用户可以将对应的权限授予其他对象，在改变对象的权限后，需要刷新对象才能查看其修改后的权限属性。

在为用户授予权限后，还可以使用 ROVOKE 命令撤销其权限。格式如下：

```
REVOKE 权限 ON 对象 FROM 用户名
```

例如，撤销 libsysuser4 用户的 SELECT 权限，命令如下：

```
REVOKE SELECT ON libsys.bookInfo FROM libsysuser4
```

再如，撤销 libsysuser5 用户对 libsys 数据库的 bookInfo 表中的 BookID 列和 BookName 列的 SELECT 权限，命令如下：

```
REVOKE SELECT ON libsys.bookInfo(BookID,BookName) FROM libsysuser5
```

安全主体可以通过两种方式获得权限：第一种方式是直接使用 GRANT 命令为其授予权限，第二种方式是安全主体通过作为角色成员来继承角色的权限。

使用 REVOKE 命令只能删除安全主体通过第一种方式得到的权限，要想彻底删除安全主体的特定权限，必须使用 DENY 命令。DENY 命令的功能是拒绝权限，但 DENY 命令与 GRANT 命令及 REVOKE 命令是相互排斥的,即一旦赋予 DENY 权限，则需要撤销 GRANT 权限和 REVOKE 权限。格式如下：

```
DENY 权限 ON 对象 TO 用户名
```

例如，拒绝 libsysuser1 用户的 CONTROL 权限，命令如下：

```
DENY CONTROL TO libsysuser1
```

再如，拒绝 libsysuser2 用户的 CREATE TABLE 权限，命令如下：

```
DENY CREATE TABLE TO libsysuser2
```

又如，拒绝 libsysuser4 用户对 libsys 数据库的 bookInfo 表的 SELECT 权，命令如下：

DENY SELECT ON libsys.bookInfo TO libsysuser4

语句权限命令涉及安全主体、安全对象、权限等内容，对服务器、数据库、表、列范围不同的对象均可以授权，以适应不同应用程序的要求，命令比较复杂，可以从 MSDN 文档中获取更多的帮助。

任务7.2　数据库备份与还原

在数据库的管理过程中，尽管采取了一些管理措施来保证数据库的安全，但是不确定因素（如意外停电、数据管理中的操作失误等）可能造成数据的损失。保证数据安全最重要的一个措施是确保对数据进行定期备份。如果数据库中的数据丢失或出现错误，则可以使用备份的数据进行恢复，以尽可能地减少不确定因素导致的损失。

7.2.1　数据库备份与还原概述

俗语说，"天有不测风云，人有旦夕祸福"，数据库系统更是如此，如机器故障、软件破坏、病毒、误操作等都可能导致数据丢失。因此，做好数据的备份和还原工作是数据库管理员的必备技能。

数据库备份与恢复概述

➡1．数据库备份与还原的概念

数据库中的数据通常不会出现问题，但是一旦出现意外情况，就会造成数据破坏或完全丢失。如果事先没有对数据进行备份，就需要重建数据库，这样会耗费大量的时间，严重时甚至会造成难以估量的经济损失。在数据库的使用与管理过程中，如果出现 SQL Server 服务器瘫痪或计算机崩溃、无意或恶意的数据删除及修改、硬盘或主板等设备遭到破坏、病毒或木马的入侵、不可预测的因素（如断电、火灾、地震等因素），就可能导致数据损失。因此，对于数据库管理员来说，备份是日常工作的一部分，需要定期进行。利用备份数据，通过还原操作能把数据还原到破坏前的状态。

数据库备份工作主要由数据库管理员来完成。数据库备份是指制作数据库结构、对象和数据的拷贝，以便在数据库遭到破坏时能够修复数据库，在对数据库进行完全备份时，所有未完成的事务或发生在备份过程中的事务都不会被备份。

备份的目的是还原（也称恢复）。数据库还原是指将数据库副本加载到服务器中，使数据库进入正常运行状态的过程。一般需要还原数据库的情况包括存储介质损坏、用户操作错误、服务器崩溃、在不同的服务器之间移动数据库等。

➡2．数据库备份与还原的类型

1）数据库备份的类型

数据库备份有 4 种类型：完整备份、差异备份、事务日志备份、文件和文件组备份。

（1）完整备份：备份整个数据库的所有内容，包括事务日志。该备份类型需要比较大的存储空间来存储备份文件，备份时间比较长，在还原数据时，只要还原一个备份文件即可。

完整备份是最基本的备份方式，但耗费时间长，备份文件占用存储空间大。

默认的备份文件名的格式是"数据库名.bak"，存放的默认位置是"C:\Program Files\Microsoft SQL Server\MSSQL10.MSSQLSERVER\MSSQL\Backup\"。

（2）差异备份：差异备份是完整备份的补充，只备份上次完整备份后更改的数据。相对于完整备份来说，差异备份的数据量比完整备份的数据量小，备份的速度比完整备份要快。因此，差异备份通常作为常用的备份方式。在还原数据时，要先还原前一次做的完整备份，然后还原最后一次做的差异备份，这样才能让数据库中的数据恢复到与最后一次进行差异备份时的内容相同。

（3）事务日志备份：事务日志备份只备份事务日志中的内容。事务日志记录了上一次完整备份或事务日志备份后数据库的所有变动过程。事务日志记录的是某一段时间内的数据库变动情况，因此在进行事务日志备份之前，必须进行完整备份。与差异备份类似，事务日志备份生成的文件较小、备份时间较短，但是在还原数据时，除先要还原完整备份以外，还要依次还原每个事务日志备份，而不是只还原最后一个事务日志备份，这是它与差异备份的区别。

每个 SQL Server 数据库在硬盘上包含至少两个物理文件：一个 MDF 文件和一个 LDF 文件。MDF 文件包含所有被存储的实际数据，而 LDF 文件只包含每个数据变化的记录，这种机制使撤销操作和"时间点"备份成为可能，一个时间点的备份可以让用户恢复到所希望的任何时间点的数据库，如 3 天前、2 小时前、30 分钟前等。

（4）文件和文件组备份：如果在创建数据库时，为数据库创建了多个数据库文件或文件组，则可以使用该备份方式。使用文件和文件组备份方式可以只备份数据库中的某些文件，该备份方式在数据库文件非常庞大时十分有效，由于该备份方式每次只备份一个或几个文件或者文件组，可以分多次来备份数据库，避免大型数据库备份的时间过长。另外，由于文件和文件组备份只备份其中一个或多个数据文件，因此当数据库中的某个或某些文件损坏时，可能只还原损坏的文件或文件组。

2）数据库还原的类型

一旦数据库出现问题，那么数据库管理员就要使用数据库恢复技术使损坏的数据库还原到备份时的那个状态。数据库还原模式是指通过使用数据库备份和事务日志备份将数据库恢复到出现问题的时刻，因此几乎不造成任何数据丢失，或者将数据损失减少到最小。数据库还原有 3 种类型：数据库还原、事务日志还原、文件和文件组还原。在进行还原时，系统会根据备份文件的情况自动识别可以采用哪些方式还原。

（1）数据库还原：也叫完整还原，通过使用数据库备份和事务日志备份，将数据库还原到出现问题的时刻，因此几乎不造成任何数据丢失。

（2）事务日志还原：根据原来事务日志备份的数据，将数据库还原到指定的时间点的那个状态。

（3）文件和文件组还原：只还原指定的文件或文件组。

7.2.2 数据库备份

数据库备份既可以使用 SSMS 管理器窗口完成，也可以使用 SQL 命令完成。

1. 使用 SSMS 管理器窗口备份数据库

在 SSMS 管理器窗口中展开"数据库"节点，右击要备份的数据库的名称，如 libsys，在弹出的快捷菜单中选择"任务"→"备份"命令，会打开"备份数据库-libsys"窗口，如图 7-9 所示。

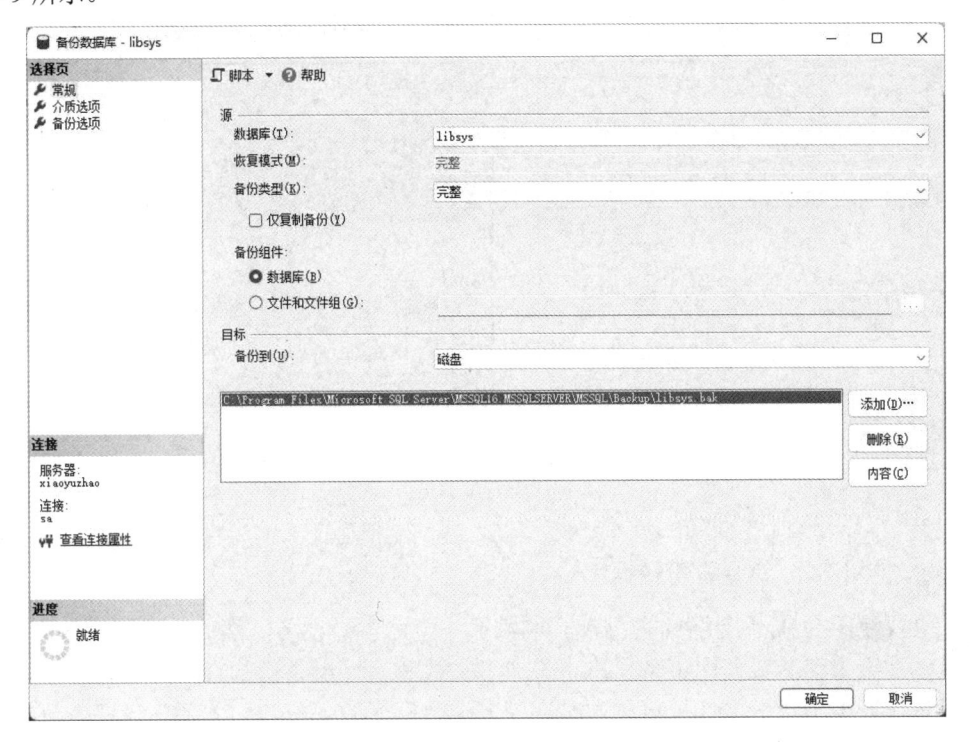

图 7-9 "备份数据库-libsys"窗口

在图 7-9 所示的窗口中，可以通过"数据库"下拉列表来选择备份其他数据库，恢复模式由系统自动识别，备份类型可以选择"完整""事务日志""文件和文件组"。

备份组件一般是数据库，如果选中"文件和文件组"单选按钮，则会打开"选择文件和文件组"窗口，如图 7-10 所示，在该窗口中可以选择要备份的文件和文件组。

备份目标包括本机磁盘和 URL（远程数据库服务器地址）两种，备份文件的地址及文件名可以通过单击"添加"按钮和"删除"按钮修改，单击"内容"按钮可以看到备份文件的内容，如图 7-11 所示。单击"确定"按钮即可进行备份，备份文件存放在指定位置，文件名的格式是"数据库名.bak"。

在图 7-9 所示的窗口中，还包括"介质选项"和"备份选项"两个标签页，"介质选项"页如图 7-12 所示，"备份选项"页如图 7-13 所示。

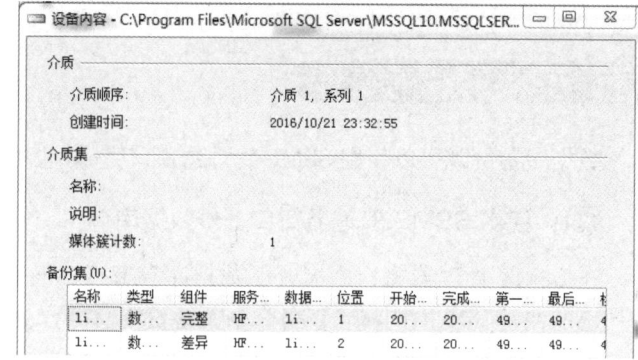

图 7-10 "选择文件和文件组"窗口　　　　图 7-11 备份设备的内容

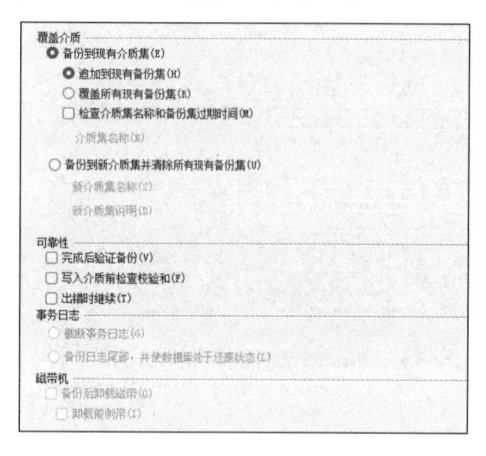

图 7-12 "介质选项"页　　　　图 7-13 "备份选项"页

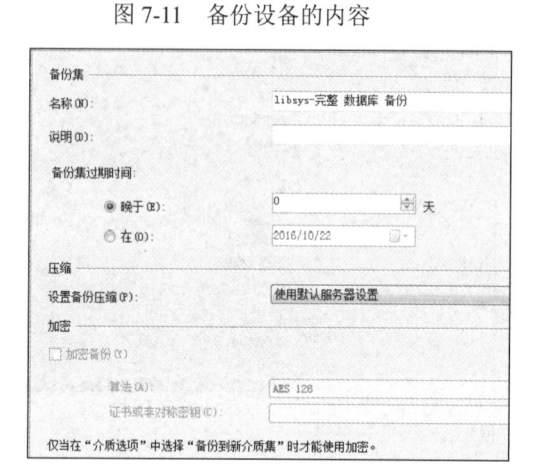

2. 使用 SQL 命令备份数据库

如果要使用 SQL 命令备份数据库,则需要先创建备份设备,然后才能执行备份命令。备份设备是用来存储数据库事务日志备份或者文件和文件组备份的存储介质,一个备份设备可以包含若干个备份文件,可以同时存储多个数据库的备份,因此备份设备是数据库服务器的对象,它不属于某个数据库。

备份设备主要是硬盘,也可以是远程服务器(用 URL 地址表示)。

1)创建备份设备

创建备份设备可以使用 SSMS 管理器窗口和 SQL 命令实现。

在 SSMS 管理器窗口中展开"服务器对象"节点,右击"备份设备"节点,在弹出的快捷菜单中选择"新建备份设备"命令,会打开"备份设备"窗口,如图 7-14 所示。

设备名称是一个标识符,由用户输入,目标表示数据库备份的存储位置,默认是 C:\Program Files\Microsoft SQL Server\MSSQL16.MSSQLSERVER\MSSQL\Backup,可以对其进行修改。

利用系统存储过程 SP_ADDUMPDEVICE 也可以创建备份设备,格式如下:

SP_ADDUMPDEVICE '备份设备类型','逻辑名','物理名'

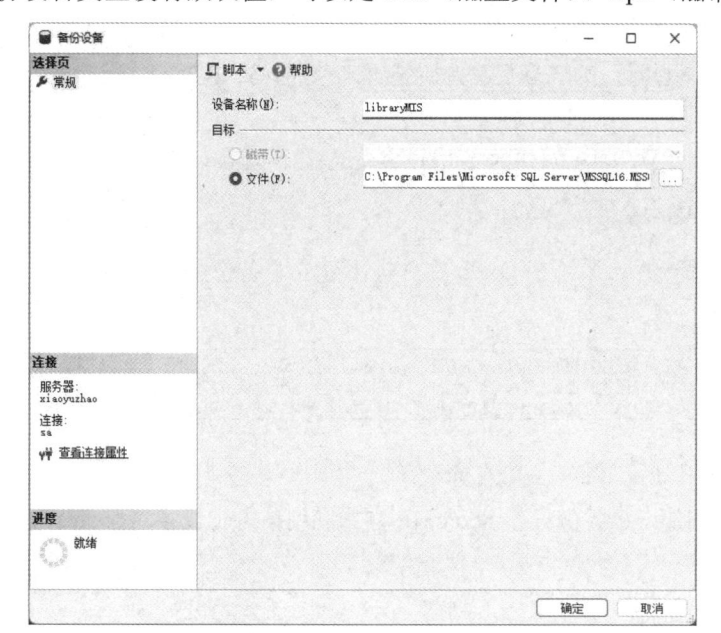

其中，备份设备类型没有默认值，可以是 disk（磁盘文件）、tape（磁带）。

图 7-14 "备份设备"窗口

逻辑名用于 BACKUP 和 RESTORE 语句中，没有默认值，并且不能为 NULL。

物理名是一个带路径的文件名，表示备份文件的所在位置，即图 7-14 中的目标，没有默认值，也不能为 NULL。

【例 7-19】为 libsys 数据库创建备份设备 libMIS，设置备份文件名为 libsys.bak，存放在 D:\db 文件夹中。

```
USE libsys
GO
EXEC SP_ADDUMPDEVICE 'DISK','libMIS','D:\db\libsys.bak'
```

说明：在本例中，即使 D:\db 文件夹不存在，也不会影响命令的执行，但当使用 BACKUP 命令备份数据库时，系统会提示路径不存在，因此最好先建立文件夹，再创建备份设备，这样比较稳妥。

创建一个远程磁盘备份设备的命令如下：

SP_ADDUMPDEVICE 'disk','networkdevice','\\服务器名\共享名\路径\文件名.bak'

【例 7-20】在远程服务器 SQLSVR 上有一个共享文件夹 database，要求在这个位置的 SchoolMIS 文件夹下创建一个备份设备 ScoreSys，用来存储 scoresys 数据库的备份文件 scoresys.bak。

EXEC SP_ADDUMPDEVICE 'DISK','ScoreSys','\\SQLSVR\database\SchoolMIS\scoresys.bak'

2）备份数据库

使用 BACKUP 命令可以实现数据库的备份，格式如下：

```
BACKUP DATABASE 数据库名 TO 备份设备名
[ WITH [PASSWORD = 密码] [, STATS=百分比 n ] ]
```

说明：PASSWORD 表示为数据库的备份设置密码，STATS 表示进度提示，默认值是 10%。

【例 7-21】 利用例 7-19 创建的备份设备 libMIS 对 libsys 数据库进行备份。

```
BACKUP DATABASE libsys TO libMIS
```

在执行上述命令后，系统在 D:\db 文件夹下建立了备份文件 libsys.bak，并显示如图 7-15 所示的提示信息。

```
已为数据库 'libsys'，文件 'libsys' (位于文件 1 上)处理了 352 页。
已为数据库 'libsys'，文件 'libsyslog' (位于文件 1 上)处理了 2 页。
BACKUP DATABASE 成功处理了 354 页，花费 0.305 秒(9.067 MB/秒)。
```

图 7-15 系统显示的提示信息 1

【例 7-22】 创建一个备份设备 ScoreMIS，并利用该备份设备对 scoresys 数据库进行备份。

```
USE scoresys
GO
EXEC SP_ADDUMPDEVICE 'DISK','ScoreMIS','D:\db\scoresys.bak'
BACKUP DATABASE scoresys to ScoreMIS
```

3. 使用 SQL 命令实现事务日志备份

必须至少有一个完整备份或一个等效文件备份集，才能对事务日志进行备份。通常数据库管理员定期（如每天）创建数据库完整备份，以更短的间隔（如每小时）创建事务日志备份。备份间隔取决于系统的安全状态，如数据的重要性、数据库的大小和服务器的工作负荷等。

如果事务日志损坏，则将丢失自最新的事务日志备份后所执行的工作。建议经常对关键数据进行事务日志备份，并注意将日志文件存储在容错设备中，事务日志备份的顺序独立于完整备份。可以生成一个事务日志备份顺序，然后定期生成用于开始还原操作的完整备份。

使用 BACKUP 命令可以实现事务日志备份，格式如下：

```
BACKUP LOG 数据库名 TO 备份设备名
```

【例 7-23】 创建一个备份设备 backup1，并对 libsys 数据库进行事务日志备份。

```
USE libsys
GO
EXEC SP_ADDUMPDEVICE 'DISK','backup1','d:\db\libsysbak1.bak'
BACKUP DATABASE libsys to backup1
BACKUP LOG libsys to backup1
```

说明：在对事务日志进行备份前，先要对数据库进行备份。

4. 删除备份设备

使用系统存储过程 SP_DROPDEVICE 可以删除备份设备，格式如下：

```
SP_DROPDEVICE '备份设备逻辑名' [,'delfile']
```

说明：如果加上 delfile，则表示连同备份设备上的文件一起删除。

【例 7-24】 删除例 7-22 创建的备份设备 ScoreMIS。

```
EXEC SP_DROPDEVICE 'ScoreMIS'
```

说明：执行上述命令后，虽然备份设备已经删除，但是备份文件仍然存在。

【例 7-25】 删除由例 7-23 建立的备份设备 backup1，连同备份文件一起删除。

```
EXEC SP_DROPDEVICE 'backup1','delfile'
```

7.2.3 数据库还原

还原模式旨在控制事务日志维护，它总是与备份模式相对应。还原模式有 3 种：简单还原模式、完整还原模式和大容量日志还原模式，这 3 种还原模式的对比如表 7-2 所示。通常使用完整还原模式或简单还原模式。

表 7-2 3 种还原模式的对比

还原模式	说　　明	工作丢失的风险	能否还原到时点
简单还原	无日志备份。自动回收日志空间以减少空间需求，实际上不再需要管理事务日志空间	最新备份之后的更改不受保护。在发生灾难时，这些更改必须重做	只能还原到备份的结尾
完整还原	需要日志备份。数据文件丢失或损坏不会导致丢失工作，可以还原到任意时点（如应用程序或用户操作出现错误之前）	正常情况下没有。如果日志尾部损坏，则必须重做自最新事务日志备份之后所做的更改	如果备份在接近特定的时点完成，则可以恢复到该时点
大容量日志还原	需要日志备份。该还原模式是完整还原模式的附加模式，允许执行高性能的大容量复制操作。通过使用最小方式记录大多数大容量操作，以减少日志空间的使用量	如果在最新事务日志备份后发生日志损坏或执行大容量日志记录操作，则必须重做自上次备份之后所做的更改，否则将丢失所有工作	可以还原到任何备份的结尾。不支持时点还原

1. 还原数据库的任务

还原数据库主要完成以下两项任务：

第一，进行安全检查，即确认数据库备份的完整性。当出现以下情况时，系统将不能还原数据库：

（1）使用与被还原的数据库的名称不同的数据库名去还原数据库。

（2）服务器上的数据库文件组与备份的数据库文件组不同。

（3）需还原的数据库或文件的名称与备份的数据库或文件的名称不同。

第二，重建数据库。从数据库完整备份中恢复数据库时，SQL Server 数据库会自动重建数据库文件，并把所重建的数据库文件放置于在备份数据库时这些文件所在的位置，所有的数据库对象都将自动重建，用户无须重建数据库的结构。

在 SQL Server 数据库中，还原数据库的命令是 RESTORE。检查备份设备和备份文件的完整性的命令格式如下：

RESTORE VERIFYONLY FROM 备份设备名
RESTORE VERIFYONLY FROM DISK='备份文件名'

【例 7-26】检查备份设备 libMIS 的完整性。

RESTORE VERIFYONLY FROM libMIS

如果系统提示"文件 1 上的备份集有效。"，则表示备份设备通过了完整性检查。

【例 7-27】检查备份文件 libsys.bak 的完整性。

RESTORE VERIFYONLY FROM DISK='libsys.bak'

如果系统提示"文件 1 上的备份集有效。"，则表示备份文件通过了完整性检查。

2. 使用 SSMS 管理器窗口还原数据库

在 SSMS 管理器窗口中右击"数据库"节点，在弹出的快捷菜单中选择"还原数据库"命令，或者展开"数据库"节点，右击要还原的数据库的名称，如 libsys，在弹出的快捷菜单中选择"任务"→"还原"→"数据库"命令，打开"还原数据库-libsys"窗口，如图 7-16 所示。

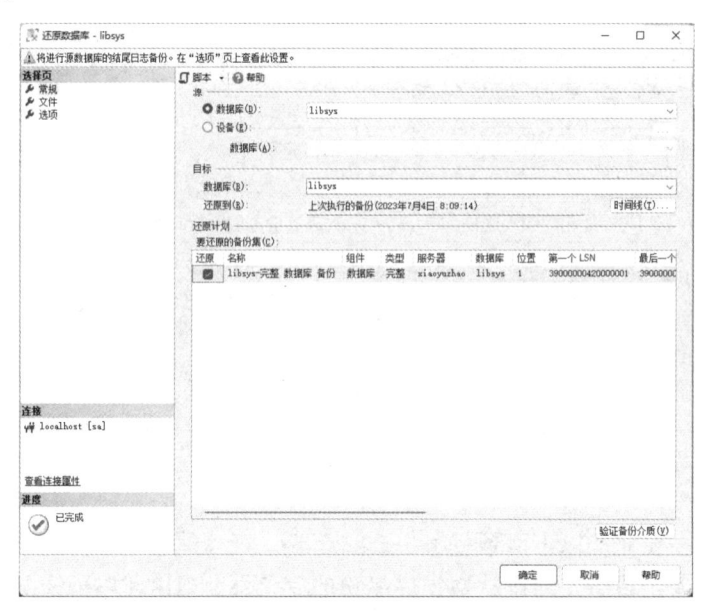

图 7-16 "还原数据库-libsys"窗口

由图 7-7 可以看出，SQL Server 数据库会完整地记录下操作数据库的每个步骤。通常来说，对数据可靠性要求比较高的数据库需要使用完整还原模式，如银行、通信、财务等单位或部门的数据库系统，任何事务日志都是必不可少的，是 SQL Server 数据库默认的还原模式。

如果将"源"设置为"设备"，则需要单击右侧的 ... 按钮，打开"选择备份设备"窗口，在"备份介质类型"下拉列表中选择"文件"选项，单击"添加"按钮，在弹出的窗口中选择要还原的备份文件后,单击"确定"按钮,返回"选择备份设备"窗口,单击"确定"按钮,返回如图 7-16 所示的"还原数据库-libsys"窗口的"常规"页面。

单击"目标"选区中的"时间线"按钮,在弹出的"备份时间线:libsys"对话框中,可以将数据库还原到某个指定的时间点,如图 7-17 所示。

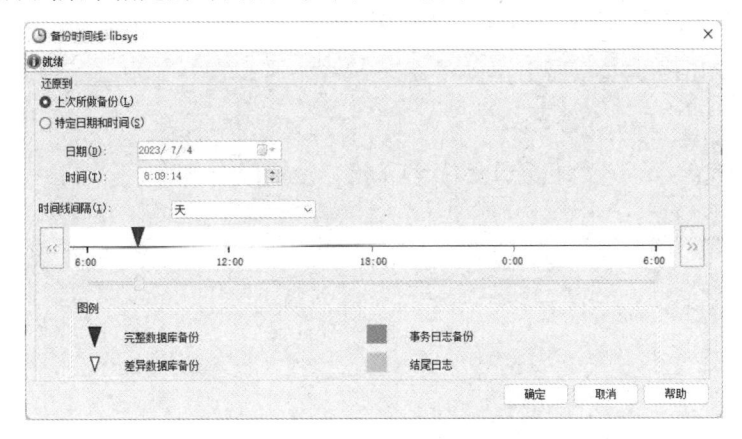

图 7-17　"备份时间线:libsys"对话框

使用完整还原模式可以将整个数据库还原到一个特定的时间点。这个时间点可以是最近一次可用的备份、一个特定的日期和时间或标记的事务。在该还原模式下应该定期进行事务日志备份,否则日志文件将会变得很大。

在 SSMS 管理器窗口中展开"数据库"节点,右击要还原的数据库的名称,如 libsys,在弹出的快捷菜单中选择"任务"→"还原"→"文件和文件组"命令,在弹出的"还原文件和文件组-libsys"窗口中可以还原数据库对应的文件和文件组,如图 7-18 所示。

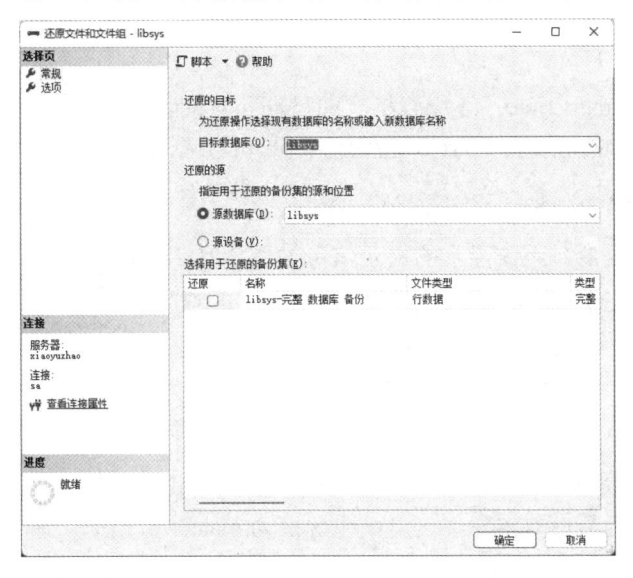

图 7-18　"还原文件和文件组-libsys"窗口

从上面的操作不难发现,在进行还原操作前要明确 4 个组件:①源数据库,即数据从哪里来;②备份设备的名称和位置,备份文件是什么,对应的备份集是什么;③目标数据库，即还原到哪里去。通常源和目标是同一个数据库名，也可以不同名，但内容要一致，否则无法还原；④还原到什么程度，是全部还原还是只还原到某个时间点。

3. 使用 SQL 命令还原数据库

还原数据库的命令是 RESTORE，格式如下：

```
RESTORE DATABASE 数据库名 FROM 备份设备名
  [ WITH
   [PASSWORD = 密码]
   [ [ , ]{ NORECOVERY | RECOVERY | STANDBY = 恢复文件名} ]
   [ [ , ] FILE=n ]
   [ [ , ] RESTART ]
   [ [ , ] REPLACE]
   [ [ , ] STOPAT = date_time ]
  ]
```

格式说明：

（1）PASSWORD=密码：提供备份集的密码。

（2）NORECOVERY：指示还原操作不回滚任何未提交的事务，可以还原其他事务日志。

（3）RECOVERY：回滚未提交的事务，使数据库处于可以使用状态。无法还原其他事务日志。

（4）STANDBY：使数据库处于只读模式。撤销未提交的事务，但将撤销操作保存在备用文件中，以便可以使还原效果逆转。

（5）RESTART：指定 SQL Server 数据库管理系统重新启动被中断的还原操作。

（6）FILE=n：用备份设备上的第 n 个备份集来恢复数据库。

（7）REPLACE：覆盖所有现有数据库及相关文件，包括已存在的同名的其他数据库或文件。

（8）STOPAT = date_time：还原到指定的日期和时间。

【例 7-28】利用备份设备 libMIS 完整还原 libsys 数据库。

```
RESTORE DATABASE libsys FROM libMIS
```

在执行上述命令后，系统显示的提示信息如图 7-19 所示。

```
消息 3102，级别 16，状态 1，第 22 行
RESTORE 无法处理数据库 'libsys'，因为它正由此会话使用。建议在执行此操作时使用 master 数据库。
消息 3013，级别 16，状态 1，第 22 行
RESTORE DATABASE 正在异常终止。
```

图 7-19 系统显示的提示信息 2

图 7-19 所示的提示信息表示命令并没有成功执行，由于不能还原当前数据库，因此要把当前数据库切换为其他数据库，这里一般切换为 master 数据库。命令如下：

```
USE master
GO
RESTORE DATABASE libsys FROM libMIS
```

在执行上述命令后，系统显示的提示信息如图 7-20 所示。

项目 7 数据库安全管理

```
消息 3159，级别 16，状态 1，第 22 行
尚未备份数据库 "libsys" 的日志尾部。如果该日志包含您不希望丢失的工作，请使用 BACKUP LOG WITH
NORECOVERY 备份该日志。请使用 RESTORE 语句的 WITH REPLACE 或 WITH STOPAT 子句来只覆盖该日志的内容。
消息 3013，级别 16，状态 1，第 22 行
RESTORE DATABASE 正在异常终止。
```

图 7-20 系统显示的提示信息 3

图 7-20 所示的提示信息表示只有当覆盖所有现有数据库及相关文件时才能还原成功。将上述命令修改为以下形式：

```
USE master
GO
RESTORE DATABASE libsys FROM libMIS WITH REPLACE
```

在执行上述命令后，系统显示的提示信息如图 7-21 所示。

```
已为数据库 'libsys'，文件 'libsys' (位于文件 1 上)处理了 352 页。
已为数据库 'libsys'，文件 'libsyslog' (位于文件 1 上)处理了 2 页。
RESTORE DATABASE 成功处理了 354 页，花费 0.259 秒(10.678 MB/秒)。
```

图 7-21 系统显示的提示信息 4

图 7-21 所示的提示信息表示数据库还原成功。上述命令中的 WITH REPLACE 也可以用 WITH NORECOVERY 替代。

【例 7-29】利用备份文件 D:\db\scoresys.bak（见例 7-22）完整还原 scoresys 数据库。

利用备份文件还原数据库的命令格式与利用备份设备还原数据库的命令格式基本一致，只需将利用备份设备还原数据库的命令格式中的"FROM 备份设备名"修改成"FROM DISK=文件名"即可。

```
USE master
GO
RESTORE DATABASE scoresys FROM DISK='D:\db\scoresys.bak' WITH REPLACE
```

【例 7-30】利用备份设备 libMIS 还原数据库 libsys，只还原到 2016 年 10 月 22 日 18 点。

```
USE master
GO
RESTORE DATABASE libsys FROM libMIS WITH REPLACE, STOPAT = '2016-10-22 18:00:00'
```

在执行上述命令后，系统显示的提示信息如图 7-22 所示。

```
已为数据库 'libsys'，文件 'libsys' (位于文件 1 上)处理了 352 页。
已为数据库 'libsys'，文件 'libsyslog' (位于文件 1 上)处理了 2 页。
此备份集包含在指定的时间点之前记录的记录。数据库保持为还原状态，以便执行更多的前滚操作。
RESTORE DATABASE 成功处理了 354 页，花费 0.206 秒(13.425 MB/秒)。
```

图 7-22 系统显示的提示信息 5

说明：在执行上述命令前，需要先关闭 libsys 数据库，否则命令不能执行。

【例 7-31】利用备份设备 backup1（见例 7-23）还原 libsys 数据库的事务日志备份。

```
USE master
GO
RESTORE LOG libsys FROM backup1 WITH NOREVOERY
```

说明：在还原数据库时，待还原的数据库不能处于活动状态。

4．数据库的导出

数据库中的表可以导出到其他数据库管理系统（如 MySQL、Oracle 等）中，也可以导出为 Excel 表，方便在其他软件中处理。通常使用 SSMS 管理器窗口进行操作。

【例 7-32】将 libsys 数据库中的 3 个表导出为 Excel 表，设置文件名是 libsys.xlsx。

第 1 步，在 SSMS 管理器窗口展开"数据库"节点，右击"libsys"节点，在弹出的快捷菜单中选择"任务"→"导出数据"命令，打开"SQL Server 导入和导出向导"窗口，第一个页面是欢迎页面，用于介绍导入和导出的功能，直接单击"下一步"按钮。

第 2 步，选择数据源。数据源即数据的来源，这里是 libsys 数据库。系统提供的数据源有很多类型，这里在"数据源"下拉列表中选择"Microsoft OLE DB Provider for SQL Server"选项，系统会自动显示服务器名称、身份验证方式和数据库名，如图 7-23 所示，单击"下一步"按钮。

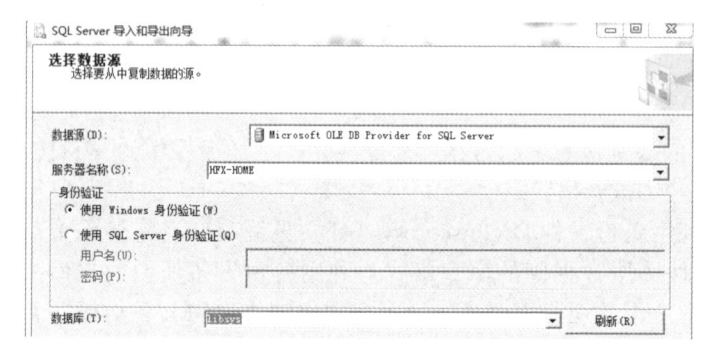

图 7-23　选择数据源

第 3 步，选择目标。目标即将数据库导出到什么位置，可以是文件或其他数据库管理系统。系统提供的目标有很多种，这里在"目标"下拉列表中选择"Microsoft Excel"选项，如图 7-24 所示。

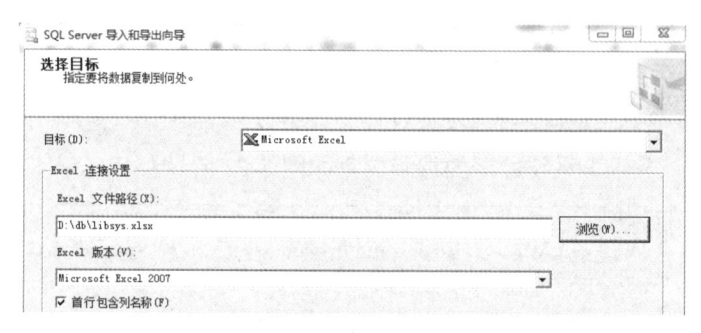

图 7-24　选择目标

单击"浏览"按钮选择目标文件的存储位置，这里选择 D:\db 文件夹，并输入文件名 libsys.xlsx，返回图 7-24 所示页面，系统会自动确定 Excel 的版本为 2007，单击"下一步"按钮。

第 4 步，指定表复制或者查询，即指定是直接显示表的内容还是通过查询命令显示表的内容，如图 7-25 所示。因为要显示全部记录内容，所以选中"复制一个或多个表或视图的数据"单选按钮,单击"下一步"按钮。

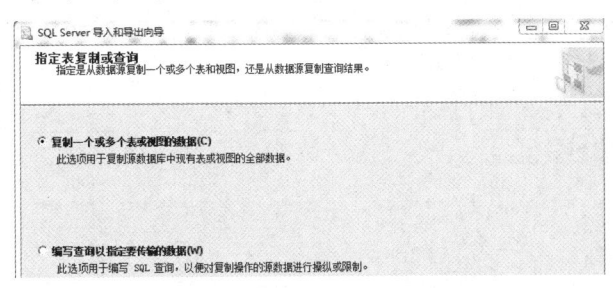

图 7-25 指定表复制或查询

第 5 步,选择源表或源视图。系统会自动显示当前数据库中的所有表和视图供用户选择,如图 7-26 所示,选择全部表,单击"下一步"按钮。

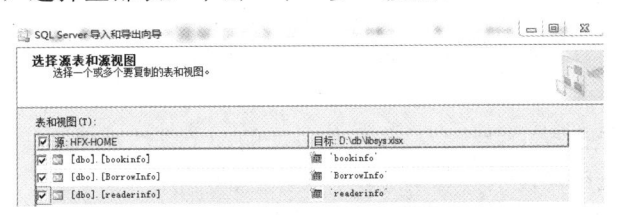

图 7-26 选择源表或源视图

第 6 步,查看数据类型映射。在"查看数据类型映射"界面中,会显示如何将源工作表中的列映射到新的目标表中的列,"表"列表中行上的警告图标表示"在将查询结果中的至少一列数据转换为目标表中的兼容数据类型时出现问题","数据类型映射"列表中行上的警告图标表示"从源列的 char 数据类型映射到目标列的 varchar 数据类型可能导致数据丢失",如图 7-27 所示。可以只选择部分列输出,默认是全部列都输出,当出错时可以选择"失败"或"忽略"。设置完成后,单击"下一步"按钮。

图 7-27 查看数据类型映射

第 7 步，保存并运行包。既可以立即运行，也可以保存 SSIS 包，让用户确定包保护等级，还可以设置密码，如图 7-28 所示。一般选择立即运行，不必保存 SSIS 包。设置完成后，单击"下一步"按钮。

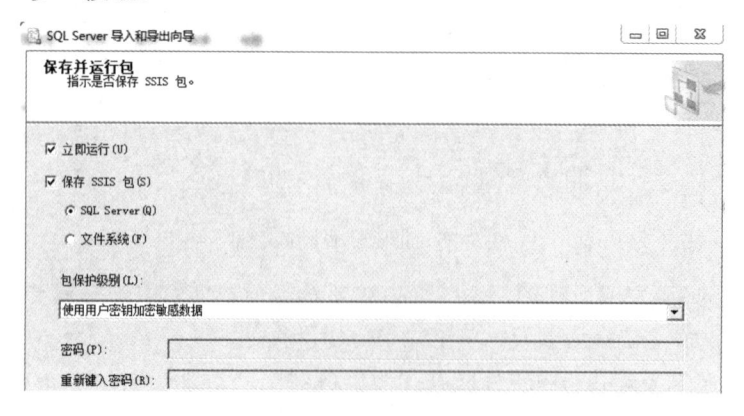

图 7-28　保存并运行包

第 8 步，完成该向导，系统会显示操作过程的一个总结性界面，单击"完成"按钮，开始输出，输出完成后再显示进展情况及有关错误的界面。

数据库导出后，打开 libsys.xlsx 文件，如图 7-29 所示，可以发现，每个表在 Excel 中变成了一个表页，表页名就是数据库中的表名。

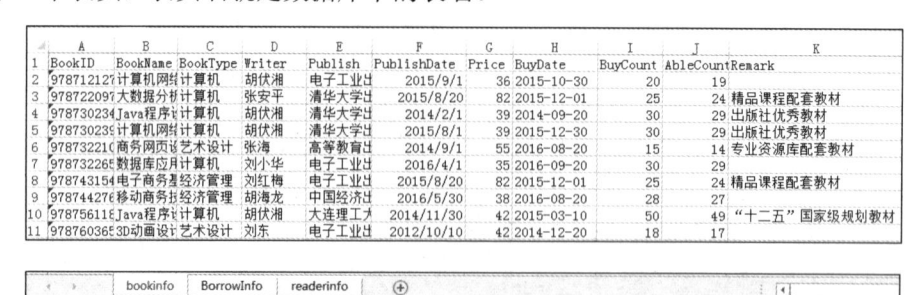

图 7-29　数据库导出后形成的 Excel 表

利用导入与导出功能，还可以将类似于 Excel 文件或其他数据库管理系统（如 MySQL、Oracle 等）的数据库导入为 SQL Server 数据库，操作过程与数据库导出的操作过程基本相同。

7.2.4　技能训练14：数据库备份与还原

1. 训练目的

（1）掌握数据库备份与还原的类型。
（2）掌握使用 SSMS 管理器窗口和 SQL 命令备份数据库的方法。
（3）掌握使用 SSMS 管理器窗口和 SQL 命令还原数据库的方法。
（4）掌握数据库导入与导出的方法。

2. 训练时间：2 课时

3. 训练内容

（1）准备工作。

①确认 scoresys 数据库已经存在，并且是当前数据库，该数据库中有 3 个表，分别是 course 表、student 表和 score 表，每个表中都有记录。如果该数据库不存在，则需要按照项目 3 的内容重新创建，或者使用脚本文件创建。

②在 D 盘建立文件夹 DBbackup。

（2）创建备份设备。

①使用 SSMS 管理器窗口为 libsys 数据库创建一个备份设备 backup1，设置备份文件名为 scoresys1.bak，存储位置是 D:\DBbackup。

②使用系统存储过程为数据库 scoresys 创建一个备份设备 backup2，设置备份文件名为 scoresys2.bak，存储位置是 D:\DBbackup。

③检查备份设备 backup1 和 backup2 的属性。

（3）备份数据库。

①使用 SSMS 管理器窗口备份 scoresys 数据库，备份设备为 backup1。

②使用 backup 命令备份 scoresys 数据库，备份设备为 backup2。

③使用 backup 命令备份 scoresys 数据库的日志，备份设备为 backup2。

（4）还原数据库。

①使用 RESTORE VERIFYONLY 命令检查备份设备 backup1 的完整性。

②使用 RESTORE VERIFYONLY 命令检查备份文件 scoresys1.bak 的完整性。

③使用 SSMS 管理器窗口还原 libsys 数据库。

④使用 SQL 命令还原 scoresys 数据库。

⑤使用 SQL 命令还原 scoresys 数据库，只还原到当天当时时间的前 1 个小时。

（5）导入与导出数据。

①将 scoresys 数据库导出为 Excel 表，设置文件名为 scoresys.xlsx。

②在 Windows 系统中查看 scoresys.xlsx 文件的存储位置和内容。

③将第①步形成的 scoresys.xlsx 文件导入 SQL Server 数据库，创建数据库 test。

（6）删除备份设备。

①查看备份设备 backup1 上有哪些备份集。

②使用 SSMS 管理器窗口删除备份设备 backup1，连同该备份设备上的文件一起删除。

③使用 SQL 命令删除备份设备 backup2。

4. 思考题

（1）备份数据库与复制数据库对应的物理文件有什么不同？

（2）在 SQL Server 数据库中还有一种备份类型，即差异备份，虽然没有这个菜单，但在对话框中出现了这种类型，通过搜索引擎了解什么是差异备份。

（3）如果每天都要使用 scoresys 数据库，请教学校教务处的成绩系统管理员，他们的备份策略是怎么样的？

项目习题

一、填空题

1. SQL Server 数据库的安全性管理机制可以分为_____、_____和_____这 3 个等级，级别最高的是_____。
2. SQL Server 服务器级的安全性建立在_____的基础上，它采用_____和_____两种方式。
3. 数据库级的安全性通过_____实现。
4. 主体与对象的关系是通过_____完成的。
5. 数据库对象包含在_____中，被_____拥有，_____是对象的容器。
6. _____是默认的 SQL Server 登录名，拥有操作 SQL Server 数据库的_____权限，不能删除。
7. 修改登录名的命令是_____，查询登录名信息的系统存储过程是_____。
8. 一个登录名必须与每个数据库中的一个_____关联。如果登录名没有与数据库中的任何用户关联，则其自动与_____关联。
9. 角色是_____的用户集合，一个用户可以同时属于_____个角色。
10. 角色是_____级的主体，它们的作用范围是_____，分为_____、_____和_____这 3 种类型。
11. 固定数据库角色是由_____设定的，其中_____角色的权限最高，可以执行任何操作。
12. 授予权限的命令是_____，撤销权限的命令是_____，拒绝权限的命令是_____。
13. 备份数据库的目的是_____，以便在发生意外时，让数据库恢复_____。
14. 数据库备份有 4 种类型：_____、_____、_____、_____。
15. 备份文件的后缀名是_____，存储在备份设备上的备份称为_____。
16. 备份目标设备有_____和_____。
17. 在执行备份操作前，先要创建_____，它是属于_____的对象。
18. 对数据库进行备份和还原的命令分别是_____和_____。
19. 用系统存储过程_____可以删除备份设备。
20. 数据库还原模式包括_____、_____和_____这 3 种，常用的是_____。
21. 还原数据库主要是完成两个任务，分别是_____和重建数据库。
22. 一个备份设备可以包含_____个备份文件。

二、选择题

1. 下面哪些角色属于服务器？（   ）。
   A．服务器角色　　　　　　　　B．数据库角色
   C．应用程序角色　　　　　　　D．Windows 用户

项目 7 数据库安全管理

2. 在设置登录账号时，如果没有指定默认的数据库，则其权限局限在（　　）数据库。
   A．master　　　　B．msdb　　　　C．tempDB　　　　D．userDB
3. 以下描述符合强制实施密码策略的是（　　）。
   A．长度最多为 12 个字符　　　　B．必须使用不同类型的字符
   C．不区分字母的大小写　　　　D．超过 6 个字符的单词可以作为密码
4. 在创建登录账号时，命令中出现 CHECK_EXPIRATION，表示（　　）。
   A．检查密码策略　　　　B．必须修改密码
   C．检查登录名是否过期　　　　D．检查密码是否有效
5. 一个数据库用户只能对应（　　）个登录名。
   A．1　　　　B．2　　　　C．3　　　　D．多
6. 当用户从角色中退出时，则该用户的权限（　　）。
   A．仍然保留　　　　B．不变
   C．全部删除　　　　D．自动删除该角色的权限
7. 下面（　　）角色没有任何权限。
   A．bulkadmin　　　　B．processadmin
   C．setupadmin　　　　D．public
8. 用于向角色中添加成员的系统存储过程是（　　）。
   A．SP_ADDSRVROLEMEMBER　　　　B．SP_HELPSRVROLEMEMBER
   C．SP_DROPSRVROLEMEMBER　　　　D．IS_SRVROLEMEMBER
9. 应用程序角色的特点是（　　）。
   A．默认成员只有 public 一个　　　　B．需要激活才能使用
   C．属于服务器　　　　D．任何人都可以使用
10. 如果希望允许其他用户也有授权的权限，这种权限称为（　　）。
    A．授予　　　　B．具有授予权限
    C．拒绝　　　　D．撤销
11. 在（　　）情况下可以考虑还原数据库。
    A．添加表　　　　B．修改记录
    C．表破坏　　　　D．建立了新视图
12. 备份数据库的操作在（　　）情况进行。
    A．只有在数据库破坏时　　　　B．任何一次对数据库的操作后
    C．定期　　　　D．需要还原数据库时
13. 备份设备的本质是（　　）。
    A．磁盘　　　　B．文件　　　　C．文件夹　　　　D．设备
14. （　　）是进行数据库备份的最基本方式。
    A．差异备份　　　　B．完整备份　　　　C．日志备份　　　　D．文件和文件组备份
15. 如果备份文件被破坏了，则还原过程（　　）。
    A．没问题　　　　B．不成功　　　　C．不能确定　　　　D．可以成功
16. 用于还原数据库的备份集最多有（　　）个。
    A．1　　　　B．2　　　　C．3　　　　D．多

17. 下面（　　）备份方式最占存储空间。
    A．文件和文件组备份　　　　B．事务日志备份
    C．差异备份　　　　　　　　D．完整备份
18. 将数据库转换为 Excel 文件的过程称为（　　）。
    A．导入　　　　B．导出　　　　C．备份　　　　D．还原

三、简答与操作题

1. 简述安全对象、安全主体、权限之间的关系。
2. SQL Server 数据库的安全性管理机制可以分为哪些等级？
3. SQL Server 数据库的强制密码策略有哪些？
4. 角色分为哪几种？它们有什么不同？
5. 说明登录名、角色、用户之间的关系。
6. 固定数据库角色包括哪几种？各有哪些功能？
7. 为什么要对数据库进行备份？
8. 在哪些情况下需要还原数据库？
9. 备份数据库有哪些方式？它们有什么区别？
10. 还原数据库有哪些模式？它们有什么不同？
11. 对数据库 TempDB 进行备份，请写出 SQL 命令。
12. 如果有一个数据库 StudentMIS 不能正常运行了，你会怎么处理？说出你的想法。
13. 请为你们学校的图书馆管理系统制定一个数据库备份策略。（要与图书馆管理员合作。）

项目8 数据库应用程序开发项目实战

主要知识点

- 应用程序结构模式：C/S 模式和 B/S 模式。
- 常用的数据库访问技术。
- JDBC 数据库操作类。
- Java 应用程序使用 JDBC 访问数据库。

学习目标

本项目将介绍 SQL Server 2022 数据库应用程序开发的相关知识，主要包括数据库应用程序结构模式、JDBC 数据库访问技术、使用 Java 语言开发 SQL Server 2022 数据库应用程序的方法和过程。本项目以 Eclipse 作为应用程序的开发工具，以基于 Java 应用程序的教学案例为载体，来介绍采用 C/S 模式的数据库应用程序的开发过程。

任务8.1 数据库应用程序结构模式

应用程序是指使用某种程序设计语言编写，运行于某种目标体系结构上的一组指示计算机每步动作的指令。数据库应用程序是指向后台特定数据库中添加、修改、查看和删除数据的应用程序。数据库应用程序一般由 3 部分组成：一是提供给用户进行操作，实现人机交互的前台界面，即表示层；二是实现应用程序具体功能的业务逻辑组件，即业务逻辑层；三是为应用程序提供数据的后台数据库，即数据层。在软件项目开发领域中，目前流行的应用程序结构模式有 C/S 模式、B/S 模式、三层（或 N 层）模式等。下面对这 3 种模式进行简单介绍。

8.1.1 C/S模式

C/S（Client/Server，客户端/服务器端）模式是最简单的一种程序开发模式，也是早期项目开发最常使用的一种开发模式。在这种模式下，通过把任务合理分配到客户端和服务器端来降低系统运行时的通信开销，充分利用两端的硬件环境优势，提高系统运行的效率和可靠性。

C/S（客户端/服务器端）结构

为了降低应用程序在开发过程中和程序运行时所依赖的硬件设备的双重成本，提高项目的性价比，推出了前期最简单的 C/S 模式。在 C/S 模式中，后台数据库的管理由数据库服务器负责，而应用程序的一些数据处理（如数据访问规则、业务逻辑规则、数据校验等操作）则可以放在两个不同的处理机上来完成。如果把这些数据处理的操作放在客户端来完成，则这种模式称为胖客户端；如果把这些数据处理的操作放在服务器端来完成，则这种模式称为瘦客户端。

1. C/S 模式的优点

C/S 模式的优点是能够充分发挥客户端 PC 的处理能力，很多工作可以在客户端处理后再提交给服务器。对应的优点就是客户端响应速度快。具体表现在以下两点：

（1）应用服务器运行数据负荷较轻。采用 C/S 模式的数据库应用程序由两部分组成，即客户端应用程序和数据库服务器程序，两者分别称为前台程序和后台程序。运行数据库服务器程序的计算机称为应用服务器，一旦数据库服务器程序被启动，就随时等待响应客户端应用程序发来的请求；客户端应用程序运行在用户的计算机上，相对于应用服务器，运行客户端应用程序的计算机称为客户机。当需要对数据库中的数据进行相应操作时，客户端应用程序就会自动寻找数据库服务器程序，并向数据库服务器程序发出请求，数据库服务器程序根据预定的规则做出应答，并将结果返回给相应的客户端应用程序，应用服务器运行数据负荷较轻。

（2）数据的存储管理功能较为透明。在数据库应用程序中，数据的存储管理功能是由数据库服务器程序和客户端应用程序分别独立完成的，并且通常把那些不同的前台应用程序所不能违反的规则在数据库服务器程序中集中实现，如访问者的权限、编号可以重复、必须有客户才能建立订单等规则。所有这些对于工作在前台程序上的最终用户是"透明"的，用户无须过问背后的过程就可以完成自己的一切工作。在基于 C/S 模式的应用程序中，前台程序不是非常"瘦小"，麻烦的事情都交给了服务器和网络。在 C/S 模式下，数据库不能真正成为公共、专业化的仓库，它受到独立的专门管理。

2. 采用 C/S 模式的应用程序的不足

由于 C/S 模式的通信方式简单，软件开发过程容易，目前许多企业内部使用的中小型信息管理系统都采用这种模式。但是采用 C/S 模式的应用程序存在以下不足：

（1）性能较差。在一些情况下，需要将比较多的数据从服务器端传送到客户端进行处理，这样一方面会造成网络阻塞，另一方面会消耗客户端大量的系统资源，从而使整个系统的运行性能下降。

（2）伸缩性差。在数据交换的过程中，服务器端与客户端的联系相当紧密，如果在修改服务器端或客户端时不能修改相应的另一端，则将导致这个软件不易伸缩、维护量大，软件互操作性差。

（3）代码可重用性差。在程序开发过程中，数据库访问处理、业务逻辑规则等通常固化在客户端或服务器端的应用程序中。如果客户想扩展应用程序的相关功能，而这些功能具有相同的业务规则，则程序开发人员将不得不重新编写相应的代码，导致原有的代码可重用性差。

（4）可移植性差。当应用程序中的某些功能是在服务器端由存储过程或触发器来实现时，其适应性和可移植性较差。因为这样的应用程序可能只可以运行在特定的数据库平台下，当数据库平台发生变化时，这些应用程序可能需要重新开发。

8.1.2 B/S模式

B/S（Browser/Server，浏览器/服务器）模式是随着 Internet 的发展，对 C/S 模式的一种改进的模式。在 B/S 模式中，用户界面完全通过 WWW 浏览器实现，一部分事务逻辑在前端实现，但是主要事务逻辑在服务器端实现。客户机上只要安装一个浏览器（如 IE 浏览器或 Navigator 浏览器等），服务器上安装 SQL Server、Oracle、MySQL 等数据库。浏览器通过 Web 服务器与数据库进行数据交互。

1. B/S 模式的优点

B/S 模式主要利用了不断成熟的 Web 浏览器技术：结合浏览器的多种脚本语言和 ActiveX 技术，用通用浏览器实现原来需要复杂专用软件才能实现的强大功能，同时节约了开发成本。B/S 模式最大的优点就是可以在任何地方进行操作而不用安装任何专门的软件，只要有一台能上网的计算机就能使用，客户端零安装、零维护。采用 B/S 模式的应用程序的系统扩展非常容易。目前 B/S 模式已经成为当今应用程序的首选程序体系结构。

2. B/S 模式的特点

B/S 模式与 C/S 模式相比，C/S 模式是建立在局域网基础上的，而 B/S 模式则是建立在 Internet 基础上的；两者的区别主要表现在硬件环境、安全控制、程序架构、代码可重用性、可维护性和用户界面等方面。

（1）硬件环境不同。C/S 模式一般建立在小范围的网络环境中，如一个单位内部的局域网，在局域网内部再通过专门的服务器提供连接和数据交换服务。而 B/S 模式则建立在广域网之上，不需要专门的网络硬件环境，具有比 C/S 模式更强的适应范围，一般只要有操作系统和浏览器就可以。

（2）对安全要求不同。C/S 模式一般面向相对固定的用户群，对信息安全的控制能力很强，一般高度机密的信息系统采用 C/S 模式更适宜。而 B/S 模式则是建立在广域网之上的，对安全的控制能力相对较弱，可能面向不可知的用户，对安全性要求不高的应用程序或管理系统可以采用 B/S 模式。

（3）程序架构不同。采用 C/S 模式的应用程序可以更加注重流程，可以对权限进行多层次校验，可以较少考虑系统运行速度。而 B/S 模式对安全及访问速度的多重考虑建立在需要更加优化的基础之上，比 C/S 模式有更高的要求。B/S 模式的程序架构是发展的趋势，从 MicroSoft 公司.NET 系列的 BizTalk Server 2000、Exchange 2000 等开始全面支持网络的构件搭建的系统，到 SUN 和 IBM 公司推出的 JavaBean 构件技术等，使 B/S 模式更加成熟。

（4）构件可重用性不同。采用 C/S 模式的应用程序出于不可避免的整体性考虑，其构件可重用性不如采用 B/S 模式的应用程序的构件可重用性好。而采用 B/S 模式的应用程序的多重结构则要求构件具有相对独立的功能，能够具有相对较好的重用性。

（5）系统可维护性不同。采用 C/S 模式的应用程序由于整体性要求高，因此处理系统出现的问题及系统升级难，而系统升级难，则可能需要开发一个全新的系统。而采用 B/S 模式的应用程序由构件组成，方便单个构件的更换，可以实现系统的无缝升级；系统维护开销减到最小，用户从网上自己下载并安装就可以实现升级。

（6）处理问题不同。C/S 模式建立在局域网上，处理面向在相同区域的比较固定的用户群，满足对安全要求高的需求，与操作系统相关。而 B/S 模式则建立在广域网上，面向不同的用户群，地域分散，这是 C/S 模式无法做到的，与操作系统的关系最小。

（7）用户接口不同。C/S 模式多建立在 Windows 平台上，表现方法有限，对程序员普遍要求较高。而 B/S 模式建立在浏览器上，有更加丰富和生动的表现方式与用户交流，并且大部分难度较低，可以降低开发成本。

8.1.3 三层（或N层）模式

所谓三层模式，是在客户端和数据库之间加入了一层"中间层"，也叫组件层。通常情况下，客户端不直接与数据库进行交互，而是通过中间层（如动态链接库、Web 服务或 JavaBean 等）实现对数据库的存取操作。三层模式将两层结构中的应用程序处理部分进行分离，将其分为用户界面服务程序和业务逻辑处理程序。分离的目的是使客户机上的所有处理过程不直接涉及数据库管理系统，分离的结果是将应用程序在逻辑上分为三层：用户表示层、业务逻辑层、数据服务层。

（1）用户表示层用于实现用户界面，并保证用户界面的友好性、统一性。

（2）业务逻辑层用于实现数据库的存取及应用程序的业务逻辑处理。

（3）数据服务层用于实现数据定义、存储、备份和检索等功能，主要由数据库管理系统实现。

在三层模式中，中间层起着双重作用，其对于数据层是客户机，对于用户层是服务器。基于三层模式的系统具有以下特点：

（1）业务逻辑层放在中间层可以提高系统的性能，使中间层的业务逻辑处理与数据服务层的业务数据结合在一起，而无须考虑客户的具体位置。

（2）添加新的中间层服务器，能够满足新增客户机的需求，大大提高了系统的可伸缩性。

（3）业务逻辑层放在中间层，可以使业务逻辑集中到一处，便于整个系统的维护和管理，以及代码的复用。

任务8.2 JDBC数据库访问技术

8.2.1 JDBC技术简介

JDBC（Java DataBase Connectivity，Java 数据库连接）是 Java 应用程序连接和存取数据库的应用程序接口（API），它由一组使用 Java 语言编写的类与接口组成。通过 JDBC 提供的方法，用户能够以一致的方式连接多种不同的数据库管理系统，而不必再为每种数据库管理系统编写不同的 Java 程序代码。JDBC 连接数据库之前必须预先装载特定厂商提供的数据库驱动程序（Driver），通过 JDBC

JDBC 技术简介

通用的 API 访问数据库。JDBC 是一组使用 Java 语言编写的类和接口，其 API 包含在 java.sql 和 javax.sql 这两个包中。JDBC API 可以分为两个层次：面向底层的 JDBC Driver API 和面向程序员的 JDBC API。

使用 JDBC 访问存储在数据库中的数据包括 5 个基本操作步骤：加载访问数据库的驱动程序、建立数据库连接、生成语句对象、利用语句对象进行数据库操作、关闭使用完的对象。

1. 加载访问数据库的驱动程序

首先要在应用程序中加载驱动程序，可以使用 Class.forName()方法加载特定的驱动程序，每种数据库管理系统的驱动程序不同，由数据库厂商提供。例如，加载 SQL Server 数据库的驱动程序的语句是"Class.forName("com.microsoft.sqlserver.jdbc.SQLServerDriver");"。

2. 建立数据库连接

通过 DriverManager 类的 getConnection(url,username,password)方法可以获得表示数据库连接的 Connection 类对象。该方法的第一个参数为 String 类型的 URL，URL 数据源的格式为 "jdbc:sqlserver: //localhost:1434;databaseName=libsys; encrypt=true; trustServerCertificate= true"；第二个参数为用户名；第三个参数为密码。示例如下：

```
String url="jdbc:sqlserver:             //localhost:1434;databaseName=libsys;
encrypt=true;trustServerCertificate=true";   //获取连接字符串 URL
String username="sa";                    //使用能访问 SQL Server 数据库的用户名 sa
String password="123456";                //使用密码
Connection con=DriverManager.getConnection(url,username,password);
```

3. 生成语句对象

在获取 Connection 类对象以后，可以用 Connection 类对象的方法创建一个 Statement 类或 PreparedStatement 类的对象。该对象可以执行 SELECT 语句的 executeQuery()方法和执行 INSERT、UPDATE、DELETE 语句的 executeUpdate()方法。调用 Statement 类或 PreparedStatement 类对象的 executeQuery()或 executeUpdate()方法执行 SQL 语句，如果是查询语句，则要定义一个 ResultSet 类对象来接收返回的结果集。示例如下：

```
Connection con=getConnection();        //取得数据库的连接
Statement stmt=con.createStatement();  //创建一个声明，用来执行 SQL 语句
```

4. 利用语句对象进行数据库操作

上面创建的语句对象提供了 executeQuery()、executeUpdate()等执行 SQL 语句的方法，这些方法返回的结果集对象 ResultSet 中包含一些用来从结果集中获取数据并保存到 Java 变量内的方法。例如，next()方法，该方法用于移动结果集游标，逐行处理结果集；getString()、getInt()、getDate()、getDouble()等方法，这些方法用于将数据库中的数据类型转换为 Java 的数据类型。示例如下：

```
String sql="SELECT * FROM readerInfo";   //执行查询数据库的 SQL 语句
ResultSet rs=stmt.executeQuery(sql);     //返回一个结果集
```

可以使用 while 循环语句来遍历整个结果集。处理结果集的语句框架如下：

```
while(rs.next())
{
    //处理结果集
}
```

5．关闭使用完的对象

使用与数据库相关的对象非常耗内存，因此在数据库访问后要关闭与数据库的连接，同时应该关闭 ResultSet 类对象、Statement 类对象和 Connection 类对象。可以使用每个对象自己的 close()方法完成。示例如下：

```
rs.close();        //释放数据集资源
stmt.close();      //关闭语句
con.close();       //关闭连接
```

8.2.2 JDBC 驱动程序

JDBC 驱动程序根据其实现方式分为 4 类：JDBC-ODBC 桥驱动程序、本地 API 驱动程序、JDBC 网络纯 Java 驱动程序、本地协议纯 Java 驱动程序。

1．JDBC-ODBC 桥驱动程序

JDBC-ODBC 桥驱动程序可以将 JDBC 调用转换为 ODBC 调用，利用 ODBC 驱动程序提供 JDBC 访问。这意味着每个客户端都要安装数据库对应的 ODBC 驱动程序及驱动管理器才能使用，而且从程序到数据库需要转译两次，效率低下。因此，在没有其他驱动程序可以使用的情况下才使用这类驱动程序。

2．本地 API 驱动程序

本地 API 驱动程序可以将 JDBC 调用转换为特定的数据库调用，如将 JDBC 调用转换为 Oracle、Sybase、Informix、DB2 或其他数据库调用。与 JDBC-ODBC 桥驱动程序一样，这类驱动程序也需要在本地计算机上先安装好特定的驱动程序。

3．JDBC 网络纯 Java 驱动程序

JDBC 网络纯 Java 驱动程序（JDBC-Net Pure Java Driver）可以将 JDBC 调用转换为独立于数据库的网络协议。这类驱动程序特别适用于具有中间件（Middleware）的分布式应用程序，服务器中间件能够将它的纯 Java 客户机连接到多种不同的数据库上。

4．本地协议纯 Java 驱动程序

本地协议纯 Java 驱动程序（Native Protocol Pure Java Driver）可以将 JDBC 调用转换为数据库直接使用的网络协议。这类驱动程序不需要安装客户端软件，而且其是纯 Java 程序（它使用 Java Sockets 来连接数据库），所以特别适用于 Internet 应用。

8.2.3 JDBC中的常用类及其方法

使用 JDBC 访问存储在数据库中的数据，需要经过加载访问数据库的驱动程序、建立数据库连接、生成语句对象、利用语句对象进行数据库操作、关闭使用完的对象等步骤，它们由 JDBC API 中一组类的方法实现，主要的类包括 Class 类、DriverManager 类、Connection 类、Statement 类、PreparedStatement 类、ResultSet 类。

1. Class 类

Class 类的全称是 java.lang.Class，是 Java 语言中的一个类。Java 程序在运行时会自动创建程序中每个类的 Class 对象，通过 Class 类的方法可以得到程序中每个类的信息。

Class 类定义的成员方法如下：

（1）public static Class forName(String className)：根据给定的字符串参数返回相应的 Class 对象。例如，"Class.forName("com.microsoft.sqlserver.jdbc.SQLServerDriver");" 用于加载指定名称的驱动程序。

（2）public String getName()：用于返回类名。示例如下：

```
String str ="This is a String";
System.out.println(str.getClass().getName());
```

2. DriverManager 类

DriverManager 类在用户程序和数据库之间维护着与数据库驱动程序之间的连接，它用于实现驱动程序的加载、创建连接数据库的 Connection 类对象。

DriverManager 类定义的静态成员方法是 public static Connection getConnection(String url,String username,String password)，该方法根据 URL、数据库的登录用户名和密码获取一个数据库的连接对象。示例如下：

```
String url="jdbc:sqlserver://localhost:1434;databaseName=libsys;encrypt=true;trustServerCertificate=true";
String username="sa";
String password="123456";
conn=DriverManager.getConnection(url, username, password);
```

3. Connection 类

Connection 类用于连接到指定的数据库。通过该类的 getConnection()方法可以获取数据库连接，格式如下：

```
Connection con=DriverManager.getConnection(url,username,password);
```

Connection 类中重要的成员方法如下：

（1）createStatement()方法：用于创建 Statement 类对象。

（2）prepareStatement()方法：用于创建 PreparedStatement 类对象。

（3）close()方法：用于关闭连接。

4. Statement 类

Statement 类提供进行数据库操作（如更新、查询等）的方法。

创建 Statement 类对象的格式如下：

```
Statement stmt=con.createStatement();
```

Statement 类中重要的成员方法如下：

（1）executeQuery()方法：用于执行一个查询语句，参数是一个 String 对象，即一个 SELECT 语句。该方法的返回值是 ResultSet 类对象，查询结果被封装在该对象中。例如，stmt.executeQuery("SELECT * FROM readerInfo WHERE ReaderID='T12085566' AND username='Smith'")。

（2）executeUpdate()方法：用于执行更新操作，参数是一个 String 对象，即一个更新数据表中记录的 SQL 语句。使用该方法可以对数据表中的记录进行修改、添加和删除等操作。示例如下：

```
stmt.executeUpdate("INSERT INTO readerInfo VALUES('S68086435', 'Horry', '女',28,'软件学院','学生','2012-10-21','13789323563','Horry@tom.com','Vistor')");
stmt.executeUpdate("UPDATE readerInfo SET ReaderType='学生' WHERE ReaderID='T01010055'");
stmt.executeUpdate("DELETE FROM readerInfo WHERE ReaderID='T01010055'");
```

使用该方法还可以创建和删除数据表，以及修改数据表的表结构。示例如下：

```
stmt.executeUpdate("CREATE TABLE users(id int IDENTITY(1,1),username varchar(20))");
stmt.executeUpdate("DROP TABLE users");
stmt.executeUpdate("ALTER TABLE readerInfo ADD column type char(1)");
stmt.executeUpdate("ALTER TABLE readerInfo DROP column type");
```

（3）close()方法：用于关闭 Statement 类对象。

5. PreparedStatement 类

PreparedStatement 类继承自 Statement 类，但 PreparedStatement 语句中包含了预编译的 SQL 语句，因此可以获得更高的执行效率。

虽然使用 Statement 类可以对数据库进行操作，但是它只适用于简单的 SQL 语句。如果需要执行带参数的 SQL 语句，则必须利用 PreparedStatement 类对象。PreparedStatement 类对象用于执行带或不带输入参数的预编译的 SQL 语句，语句中可以包含多个用问号"?"代表的字段，在程序中可以利用 setXXX()方法设置该字段的内容，从而增强程序设计的动态性。

例如，在案例中要查询编号为 1 的人员信息，可以使用以下代码：

```
ps=con.PreparedStatement("SELECT id.name FROM person WHERE id=?");
ps.setInt(1,1);
rs=ps.executeQuery();//查询数据表，获取返回的数据集
```

接下来，当需要查询编号为 2 的人员信息时，只需要使用以下代码即可：

```
ps.setInt(1,1);
rs=ps.executeQuery();//查询数据表，获取返回的数据集
```

与 Statement 类一样，PreparedStatement 类也提供了很多进行数据库操作的方法。例如，以下 3 种方法用于执行 SQL 语句：

（1）ResultSet executeQuery(String sql)：用于执行 SQL 查询语句并获取 ResultSet 类对象。

（2）int executeUpdate(String sql)：用于进行修改、插入、删除等操作，返回值是进行该操作所影响的行数。

（3）Boolean execute(String sql)：用于执行任意 SQL 语句，然后获得一个布尔值，表示是否返回 ResultSet 类对象。

利用 PreparedStatement 类对象对数据库中的数据进行操作的代码如下：

```
public static void main(String[] args){
    Connection con=null;
    PreparedStatement ps=null;
    ResultSet rs=null;
    try{
            String insertStatement="INSERT INTO person(id,name) VALUES(?,?)";
            ps=con.prepareStatement(insertStatement);
            ps.setInt(1,50);
            ps.setString(2," litao");
            ps.executeUpdate();
            ps=con.prepareStatement("SELECT * FROM Person");
            rs=ps.executeQuery();//查询数据表，获取返回的数据集
    }
    catch(SQLException e){
        System.out.println("SQLException"+e.getMessage());
        System.exit(1);//终止应用程序
    }
}
```

6. ResultSet 类

ResultSet 类提供对查询结果集进行处理的方法。示例如下：

```
ResultSet rs=stmt.executeQuery("SELECT * FROM readerInfo");
```

ResultSet 类对象维持着一个指向表中的行的指针，开始时指向表的起始位置（第一行之前）。

ResultSet 类常用的方法如下：

（1）next()方法：用于将光标移到下一条记录，返回一个布尔值。

（2）previous()方法：用于将光标移到前一条记录。

（3）getXXX()方法：用于获取指定类型的字段的值。例如，可以调用方法 getXXX("字段名")或 getXXX(int i)。其中，i 的值从 1 开始，表示第 1 列。

（4）close()方法：用于关闭 ResultSet 类对象。

示例如下：

```
while(rs.next())
{
    id=rs.getInt(1);
    username=rs.getString("username");
}
```

任务8.3　使用Java语言开发SQL Server 2022数据库应用程序

采用 C/S 模式的应用程序的通信方式比较简单，这种应用程序的开发流程也相对简单。采用 C/S 模式的应用程序的优点是能充分发挥客户端 PC 的处理能力，很多工作可以在客户端处理后再提交给服务器，因此客户端响应速度快。采用 C/S 模式的数据库应用程序由客户端应用程序和数据库服务器程序这两部分组成。对于客户端应用程序，这里使用 Eclipse 2020-12+JDK 1.8 平台开发前台表示层应用程序；对于数据库服务器程序，这里使用 SQL Server 2022 来管理数据。

8.3.1　项目任务描述

使用 Java 语言开发一个 CCTC 图书管理系统，包括读者管理和图书管理两大功能模块。其中读者管理模块需要实现读者登录、读者注册和读者信息修改等功能；图书管理模块需要实现图书信息添加、图书信息修改、图书信息删除和图书信息查询等功能。

8.3.2　数据库设计

CCTC 图书管理系统采用 Java 语言开发，JDK 的版本号为 1.8 及以上，开发环境为 Eclipse 2020，数据库采用 SQL Server 2022，项目数据库的名称为 libsys。后台数据存储在项目数据库 libsys 中，该数据库中有 3 个表，分别为 readerInfo 表（读者信息表）、bookInfo 表（图书信息表）和 borrowInfo 表（借阅信息表），如表 8-1 所示。

表 8-1　libsys 数据库中的表

表　名	功　　能	主　要　列	说　　明
bookInfo	存储图书的基本信息	图书编号、图书名称、作者姓名、出版单位	要求在 borrowInfo 表之前建立
readerInfo	存储读者的基本信息	借书证号、读者姓名	要求在 borrowInfo 表之前建立
borrowInfo	存储图书借阅和归还信息	图书编号、借书证号、借书日期、应归还日期	图书编号和借书证号分别来源于 bookInfo 表和 readerInfo 表

1．bookInfo 表（图书信息表）

bookInfo 表的表结构如表 8-2 所示。

表 8-2 bookInfo 表的表结构

序号	列名	含义	数据类型	长度	是否可为空	约束
1	BookID	图书编号	char	20	不可（not null）	主键
2	BookName	图书名称	varchar	40	不可（not null）	
3	BookType	图书类型	varchar	20	不可（not null）	
4	Writer	作者姓名	varchar	8	不可（not null）	
5	Publisher	出版单位	varchar	30	不可（not null）	
6	PublishDate	出版日期	datetime	默认	可以（null）	
7	Price	销售价格	decimal	(6,2)	可以（null）	
8	BuyDate	购买日期	date	默认	可以（null）	
9	BuyCount	采购数量	int	默认	不可（not null）	
10	AbleCount	库存数量	int	默认	不可（not null）	
11	Remark	备注信息	varchar	100	可以（null）	

2. readerInfo 表（读者信息表）

readerInfo 表的表结构如表 8-3 所示。

表 8-3 readerInfo 表的表结构

序号	列名	含义	数据类型	长度	是否可为空	约束
1	ReaderID	借书证号	char	10	不可（not null）	主键
2	ReaderName	读者姓名	char	10	不可（not null）	
3	ReaderSex	读者性别	char	2	不可（not null）	
4	ReaderAge	读者年龄	int	8	可以（null）	
5	Department	所在部门	Varchar	30	不可（not null）	
6	ReaderType	读者类型	char	10	不可（not null）	有教师、学生、临时 3 类
7	StartDate	办证日期	date	默认	不可（not null）	默认为系统日期
8	Mobile	联系电话	varchar	12	可以（null）	
9	Email	电子邮箱	varchar	40	可以（null）	必须包含@符号
10	Memory	备注信息	varchar	50	可以（null）	

3. borrowInfo 表（借阅信息表）

borrowInfo 表的表结构如表 8-4 所示。

表 8-4 borrowInfo 表的表结构

序号	列名	含义	数据类型	长度	是否可为空	约束
1	ReaderID	借书证号	char	10	不可（not null）	主键，外键，来源于 readerInfo 表
2	BookID	图书编号	char	20	不可（not null）	主键，外键，来源于 bookInfo 表
3	BorrowDate	借书日期	date	默认	不可（not null）	主键
4	Deadline	应归还日期	date	默认	不可（not null）	
5	ReturnDate	实际归还日期	date	默认	可以（null）	

8.3.3 项目功能实现

一个大型数据库项目团队通常包括开发团队、测试团队、项目管理团队和客户服务团队等，为了确保项目顺利实施，需要各个团队之间通力合作。一首儿时的童谣唱得好：一只蚂蚁来搬米，搬来搬去搬不动，两只蚂蚁来搬米，身体晃来晃去，三只蚂蚁来搬米，轻轻抬着进洞里。这就是动物世界中真实的"蚂蚁搬家"现象。在下雨天前，蚂蚁要把家从低处搬往高处。它们分工明确，有的用头顶，有的用背驮，还有的在后面推；遇到大块的东西，一只拖不动，就两只、三只等一起努力用手推、用嘴巴叼，把东西搬走。当天气干旱时，蚂蚁又排着长长的队伍从高处往低处搬家。它们依然是齐心协力，小的米粒用头顶、用背驮，能拖动的就用手拖，不能拖动的就一起努力用手推、用嘴叼，当遇到黄豆粒时，就将其从上面滚下来。"蚂蚁搬家"这个典故告诉我们：做什么事情都要团结协作，这样，再大的困难也会被克服。一根筷子容易轻轻被折断，一把筷子可以牢牢抱成团；人心齐，泰山移；一棵树成不了森林，一片树才能成林。

我们在数据库的编程操作中也要有"蚂蚁搬家"式的团队协作精神。

1. CCTC 图书管理系统后台数据库 libsys 的实现

（1）在"开始"菜单中找到"所有应用"，从中选择"Microsoft SQL Server Tools 19"→"SQL Server Management Studio 19"命令，打开"连接到服务器"对话框，在该对话框中设置 SQL Server 数据库管理系统的登录信息，包括服务器名称、身份验证方式、登录名和密码等。

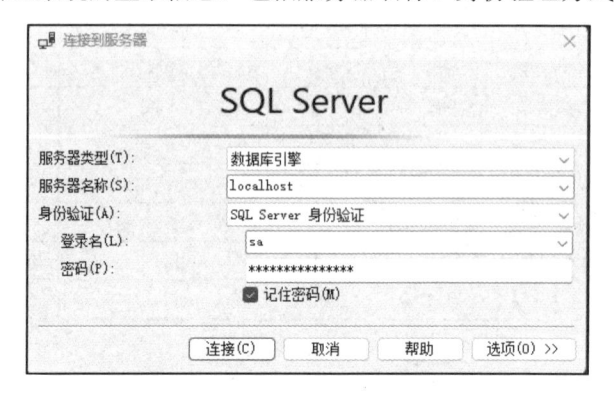

图 8-1 "连接到服务器"对话框

（2）输入登录名 sa 的登录密码（本机 SQL Server 数据库管理系统的登录密码为 123456），在登录成功后，进入 SSMS 管理器窗口。

（3）单击工具栏中的"新建查询"按钮，打开一个可以使用命令对数据库进行操作的"查询管理器"窗口。

（4）在新建的"查询管理器"窗口中使用 CREATE DATABASE 命令创建数据库 libsys，创建语句如下，然后单击工具栏中的"执行"按钮即可完成 libsys 数据库的创建。

```
CREATE DATABASE libsys
```

（5）在新建的"查询管理器"窗口中输入打开 libsys 数据库的 USE 命令，单击工具栏中的"执行"按钮，将当前数据库切换为 libsys 数据库。

```
USE libsys
```

（6）创建数据表 bookInfo 并向该表中添加初始记录。使用 CREATE TABLE 命令在 libsys 数据库中创建一个数据表 bookInfo，用于存放图书管理系统中的图书信息。

```
CREATE TABLE bookInfo
(
    BookID char(20) PRIMARY KEY ,
    BookName varchar(40) NOT NULL ,
    BookType varchar(20) NOT NULL ,
    Writer varchar(8) NOT NULL ,
    Publisher varchar(30) NOT NULL ,
    PublishDate datetime NULL ,
    Price decimal(6,2) NULL,
    BuyDate date NULL,
    BuyCount int NOT NULL,
    AbleCount int NOT NULL,
    Remark varchar(100) NULL
)
```

在执行上述命令后，如果出现"命令已成功完成。完成时间: 2023-07-23T15:22:28.8352144+08:00"的提示信息，则表示已经成功创建数据表。

（7）接下来，向刚才创建的 bookInfo 表中插入一条新记录，使用 INSERT INTO 命令来实现。

```
INSERT into bookInfo
VALUES('9787302395775','计算机网络技术教程','计算机','胡振华','清华大学出版社','2020-08-01',39,'2020-12-30',30,29,'出版社优秀教材')
```

在执行上述命令后，如果出现"(1 行受影响)。完成时间: 2023-07-23T15:24:25.1595237+08:00"的提示信息，则表示 INSERT INTO 命令执行成功。

（8）在记录插入成功后，可以使用 SELECT 语句来查询验证刚才插入 bookInfo 表中的记录。

```
SELECT * FROM bookInfo
```

在执行查询语句后，查询结果如图 8-2 所示。

BookID	BookName	BookType	Writer	Publisher	PublishDate	Price	BuyDate	BuyCount	AbleCount	Remark
9787302395775	计算机网络技术教程	计算机	胡振华	清华大学出版社	2020-08-01 00:00:00.000	39.00	2020-12-30	30	29	出版社优秀教材

图 8-2　bookInfo 表中的记录

（9）创建数据表 readerInfo 并向该表中添加初始记录。使用 CREATE TABLE 命令在 libsys 数据库中创建一个数据表 readerInfo，用于存放图书管理系统中的用户（读者）信息。

```
CREATE TABLE readerInfo
(
    ReaderID char(10) PRIMARY KEY ,
    ReaderName char(10) NOT NULL ,
    ReaderSex char(2) NOT NULL ,
    ReaderAge int NULL,
    Department varchar(30) NOT NULL ,
    ReaderType char(10) NOT NULL ,
    StartDate datetime NOT NULL ,
    Mobile varchar(12) NULL,
    Email varchar(40) NULL,
    Memory varchar(50) NULL
)
```

在执行上述命令后，如果出现"命令已成功完成。完成时间:2023-09-23T15:28:35.1398404+08:00"的提示信息，则表示已经成功创建数据表。

（10）接下来，向刚才创建的 readerInfo 表中插入一条新记录，使用 INSERT INTO 命令来实现。

```
INSERT into readerInfo VALUES ('T12085566','Smith',' 男 ',44,' 商 学 院 ',' 教 师 ','2019-09-15','073183833388','Smith0908@gmail.com','外教')
```

在执行上述命令后，如果出现"(1 行受影响)。完成时间:2023-09-23T15:29:21.5486541+08:00"的提示信息，则表示 INSERT INTO 命令执行成功。

（11）在记录插入成功后，可以使用 SELECT 语句来查询验证刚才插入 readerInfo 表中的记录。

```
SELECT * FROM readerInfo
```

在执行查询语句后，会显示查询结果。

2. 创建数据库连接类 DBConn 实现对数据库的访问

（1）在本项目的 src 节点上右击，在弹出的快捷菜单中选择"new"→"Package"命令，新建一个包，设置包名为 com.cctc.db。

（2）在刚刚创建的包的名称 com.cctc.db 上右击，在弹出的快捷菜单中选择"new"→"Class"命令，新建一个类，设置类名为 DBConn，这是一个数据库连接类，用于连接数据库并实现数据访问。

（3）使用 import 语句导入 java.sql 包，该包中有用于数据库访问操作的相关类和接口。代码如下：

```
import java.sql.*;
```

（4）设置 SQL Server 2022 的数据库驱动类 Driver、数据库连接字符串 URL、数据库登录账户 USERNAME 和数据库登录密码 PWD。代码如下：

```
//数据库驱动类
```

```
private static String DRIVERNAME = "com.microsoft.sqlserver.jdbc.SQLServerDriver";
//数据库连接字符串
private static String URL = "jdbc:sqlserver://localhost:1434;databaseName=libsys;encrypt=true;trustServerCertificate=true";
//数据库登录账户
private static String USERNAME = "sa";
//数据库登录密码
private static String PWD = "123456";
```

(5)声明一个数据库连接对象 conn。代码如下:

```
private static Connection conn;
```

(6)声明一个获得数据库连接的方法 getConn(),该方法的返回值为数据库连接类型(即 Connection 类型)的对象。代码如下:

```
//声明一个获得数据库连接的方法 getConn(),返回数据库连接
public Connection getConn()
{
    try
    {
        Class.forName(DRIVERNAME); //加载驱动类
        //与数据库建立连接
        conn = DriverManager.getConnection(URL, USERNAME, PWD);
    }
    catch (ClassNotFoundException e)
    {
        e.printStackTrace();
    }
    catch(SQLException e)
    {
        e.printStackTrace();
    }
    return conn;
}
```

(7)定义一个关闭数据库连接的方法 closeConn(),关闭数据库连接后,释放被占用的内存资源。注意:该方法被定义为静态方法,即用关键字 static 来修饰,可以方便通过类名直接调用。代码如下:

```
//关闭数据库连接
public static void closeConn(Connection conn, PreparedStatement ps, ResultSet rs)
{
    try
    {
        if(rs != null)
            rs.close();
```

```
                if(ps != null)
                    ps.close();
                if(conn != null)
                {
                    conn.close();
                }
            }
            catch (SQLException e)
            {
                e.printStackTrace();
            }
        }
```

➡3. 创建实体类 Reader 实现对 readerInfo 表中数据的操作

一个实体类对应后台数据库中的一个数据表，实体类就是一个拥有 Setter 和 Getter 方法的类。实体类通常和数据库中类的对象（所谓持久层数据）联系在一起，其优势在于参数清晰、校验方便和遵从面向对象思想。Setter 方法主要用于对属性内容进行设置与修改，Getter 方法主要用于获取属性内容；这两个方法的作用是解决 Java 中属性不能多态而方法可以多态的问题。

接下来，创建项目数据库 libsys 中 readerInfo 表对应的实体类 Reader，该实体类需要设计 10 个成员变量来对应 readerInfo 表中的字段，以便设置与获取后台数据库中的数据。

（1）在本项目的 src 节点上右击，在弹出的快捷菜单中选择"new"→"Package"命令，新建一个包，设置包名为 com.cctc.entity。

（2）在刚刚创建的包的名称 com.cctc.entity 上右击，在弹出的快捷菜单中选择"new"→"Class"命令，新建一个类，设置类名为 Reader，这是一个实体类。

（3）在 Reader 类中定义与 readerInfo 表中的字段对应的成员属性，分别对应于借书证号、读者姓名、读者性别、读者年龄、所属部门、读者类型、办证日期、联系电话、电子邮箱和备注信息等字段；然后分别设置类的成员属性的 Setter 方法和 Getter 方法。实体类 Reader 的代码如下：

```
package com.cctc.entity;
import java.sql.*;

public class Reader
{
    private String readerID, readerName, readerSex, department;
    private String readerType, mobile, email,memory;
    private int readerAge;
    private Date startDate;

    public Reader()  {
    }
    public Reader(String readerID,String readerName)
```

```java
    {
        this.readerID=readerID;
        this.readerName=readerName;
    }
    public Reader(String readerID,String readerName,String readerSex,int readerAge,
    String department,String readerType,Date startDate,String mobile, String email,
    String memory)
    {
        this.readerID=readerID;
        this.readerName=readerName;
        this.readerSex=readerSex;
        this.readerAge=readerAge;
        this.department=department;
        this.readerType=readerType;
        this.startDate=startDate;
        this.mobile=mobile;
        this.email=email;
        this.memory=memory;
    }
    //设置借书证号字段的 Getter 方法
    public String getReaderID()
    {
        return readerID;
    }
    //设置借书证号字段的 Setter 方法
    public void setReaderID(String readerID)
    {
        this.readerID=readerID;
    }
    //其他属性的 Getter 和 Setter 方法类似
    …
}
```

至此，实体类 Reader 创建完成。

4．创建实体类 Book 实现对 bookInfo 表中数据的操作

创建项目数据库 libsys 中 bookInfo 表对应的实体类 Book，该实体类需要设计 11 个成员变量来对应 bookInfo 表中的字段，以便设置与获取后台数据库中的数据。

（1）在前面创建的包的名称 com.cctc.entity 上右击，在弹出的快捷菜单中选择"new"→"Class"命令，新建一个类，设置类名为 Book，这也是一个实体类。

（2）在 Book 类中定义与 bookInfo 表中的字段对应的成员属性，分别对应于图书编号、图书名称、图书类型、作者姓名、出版单位、出版日期、销售价格、购买日期、采购数量、库存数量和备注信息等字段；然后分别设置类的成员属性的 Setter 方法和 Getter 方法。实体类 Book 的代码如下：

```java
package com.cctc.entity;
import java.sql.*;

public class Book
{
    private String bookID, bookName, bookType, writer, publisher, remark;
    private Date publishDate, buyDate;
    private double price;
    private int buyCount, ableCount;

    public Book() {
    }

    public Book(String bookID)
    {
        this.bookID=bookID;
    }

    public Book(String bookName,String bookType,String writer,String publish,
    Date publishDate,double price,Date buyDate,int buyCount, int ableCount,
    String remark)
    {
        this.bookName=bookName;
        this.bookType=bookType;
        this.writer=writer;
        this.publisher=publish;
        this.publishDate=publishDate;
        this.price=price;
        this.buyDate=buyDate;
        this.buyCount=buyCount;
        this.ableCount=ableCount;
        this.remark=remark;
    }

    public Book(String bookID,String bookName,String bookType,String writer,
    String publish,Date publishDate,double price,Date buyDate,int buyCount,
    int ableCount,String remark)
    {
        this.bookID=bookID;
        this.bookName=bookName;
        this.bookType=bookType;
        this.writer=writer;
        this.publisher=publish;
        this.publishDate=publishDate;
        this.price=price;
```

```
            this.buyDate=buyDate;
            this.buyCount=buyCount;
            this.ableCount=ableCount;
            this.remark=remark;
      }
      //设置图书编号字段的 Getter 方法
      public String getBookID()
      {
            return bookID;
      }
      //设置图书编号字段的 Setter 方法
      public void setBookID(String bookID)
      {
            this.bookID=bookID;
      }
      //其他属性的 Getter 和 Setter 方法类似
      …
}
```

至此，实体类 Book 创建完成。

5．创建实体服务类 ReaderService 实现账户管理功能

（1）在本项目的 src 节点上右击，在弹出的快捷菜单中选择"new"→"Package"命令，新建一个包，设置包名为 com.cctc.service。

（2）在刚刚创建的包的名称 com.cctc.service 上右击，在弹出的快捷菜单中选择"new"→"Class"命令，新建一个类，设置类名为 ReaderService，这是一个实体服务类，也称实体控制类，在该类中可以定义一些方法，用于访问实体类中的属性，从而为项目功能实现提供相应的服务。

（3）使用 import 语句导入 java.sql 包。代码如下：

```
import java.sql.*;
```

（4）使用 import 语句导入前面创建的两个包 com.cct.db 和 com.cctc.entity，因为在 ReaderService 类中要引用来自用户自定义包中的数据库连接类 DBConn 和实体类 Reader。代码如下：

```
import com.cctc.db.*;
import com.cctc.entity.*;
```

（5）在 ReaderService 类中定义一个读者注册的方法 readerRegister()，该方法通过数据库连接类 DBConn 建立数据库连接，并通过执行 INSERT 语句向 readerInfo 表中添加新读者的记录。代码如下：

```
//读者注册方法，即使用 INSERT 语句插入读者记录
public static boolean readerRegister(Reader reader)
{
```

```java
        //获得连接
        DBConn dbconn=new DBConn();
        Connection conn=dbconn.getConn();
        PreparedStatement ps=null;
        boolean flag=false;
        int rows=0;

        if(conn!=null)
        {
            //插入语句,其中?符号为参数,表示这些值由注册界面中的对应控件提供值
            String sql="INSERT INTO readerInfo values(?,?,?,?,?,?,?,?,?,?)";
            try
            {
                //预编译 SQL 语句,PreparedStatement 是 java.sql 包的类,
                //得到 PreparedStatement 类对象
                ps=conn.prepareStatement(sql);

                //设置占位符?的值,其中 1、2、3 等数字表示占位符?的序号(第几个问号)
                ps.setString(1, reader.getReaderID());
                ps.setString(2, reader.getReaderName());
                ps.setString(3, reader.getReaderSex());
                ps.setInt(4, reader.getReaderAge());
                ps.setString(5,reader.getDepartment());
                ps.setString(6, reader.getReaderType());
                ps.setDate(7, reader.getStartDate());
                ps.setString(8, reader.getMobile());
                ps.setString(9, reader.getEmail());
                ps.setString(10, reader.getMemory());

                //执行插入操作,返回更新的记录数
                rows=ps.executeUpdate();
                if(rows>0)
                {
                    flag=true;
                }
            }
            catch(SQLException e){
            }
        }
        return flag;
}
```

(6) 使用同样的方法,在 ReaderService 类中定义一个读者登录的方法 readerLogin(),该方法通过执行 SELECT 语句来验证 readerInfo 表中是否存在当前要登录的用户的信息。如果存在该用户的信息,则允许登录,否则登录不成功。

```java
//读者登录方法，即使用SELECT语句查询用户信息
public static boolean readerLogin(Reader reader)
{
    DBConn dbconn=new DBConn();
    Connection conn=dbconn.getConn();
    PreparedStatement ps=null;
    ResultSet rs=null;
    boolean flag=false;

    if(conn!=null)
    {
        String sql="SELECT * FROM readerInfo WHERE ReaderID=? AND ReaderName=?";
        try
        {
            ps=conn.prepareStatement(sql);
            ps.setString(1, reader.getReaderID());
            ps.setString(2, reader.getReaderName());
            rs=ps.executeQuery();
            if(rs.next())
            {
                flag=true;
            }
        }
        catch(SQLException e){
        }
        finally
        {
            try
            {
                conn.close();
                ps.close();
            }
            catch(SQLException e){
            }
        }
    }
    return flag;
}
```

（7）使用同样的方法，在 ReaderService 类中定义一个更新读者信息的方法 readerInfoUpdate()，该方法以用户输入的借书证号和读者姓名为查询条件，使用 UPDATE 命令更新 readerInfo 表中相应字段的值。代码如下：

```java
//更新读者信息的方法
public static boolean readerInfoUpdate(Reader reader)
```

```java
{
    DBConn dbconn=new DBConn();
    Connection conn=dbconn.getConn();//获取连接
    PreparedStatement ps=null;
    boolean flag=false;
    int rows=0;

    if(conn!=null)
    {
        String sql="UPDATE readerInfo SET ReaderSex=?,ReaderAge=?,Department=?,ReaderType=?,StartDate=?,Mobile=?, Email=?,Memory=? WHERE ReaderID=? AND ReaderName=?";
        try
        {
            ps=conn.prepareStatement(sql);

            ps.setString(1, reader.getReaderSex());
            ps.setInt(2, reader.getReaderAge());
            ps.setString(3,reader.getDepartment());
            ps.setString(4, reader.getReaderType());
            ps.setDate(5, reader.getStartDate());
            ps.setString(6, reader.getMobile());
            ps.setString(7, reader.getEmail());
            ps.setString(8, reader.getMemory());
            ps.setString(9, reader.getReaderID());
            ps.setString(10, reader.getReaderName());

            rows=ps.executeUpdate();
            if(rows>0)
            {
                flag=true;
            }
        }
        catch(SQLException e){
        }
    }
    return flag;
}
```

至此，实体服务类 ReaderService 创建完成。

⊜6．创建实体服务类 BookService 实现图书管理功能

（1）在包名 com.cctc.service 上右击，在弹出的快捷菜单中选择"new"→"Class"命令，新建一个类，设置类名为 BookService，该类也是一个实体服务类。

（2）使用 import 语句导入 java.sql 包。代码如下：

import java.sql.*;

（3）使用 import 语句导入前面创建的两个包 com.cctc.db 和 com.cctc.entity，因为在 BookService 类中要引用来自用户自定义包中的数据库连接类 DBConn 和实体类 Book。代码如下：

import com.cctc.db.*;
import com.cctc.entity.*;

（4）在 BookService 类中定义一个判断图书信息在 libsys 数据库的 bookInfo 表中是否存在的方法 bookInfoIsExist()，该方法通过数据库连接类 DBConn 建立数据库连接，并通过执行 SELECT 语句在 bookInfo 表中查找指定图书编号的图书；如果图书信息存在，则返回 true，否则返回 false。代码如下：

```java
//判断图书信息是否存在的方法
public static boolean bookInfoIsExist(Book book)
{
    DBConn dbconn=new DBConn();
    Connection conn=dbconn.getConn();//获取连接
    PreparedStatement ps=null;
    boolean flag=false;
    ResultSet rs=null;

    if(conn!=null)
    {
        String sql="SELECT * FROM bookInfo WHERE BookID=?";
        try
        {
            ps=conn.prepareStatement(sql);
            ps.setString(1, book.getBookID());

            rs=ps.executeQuery();
            if(rs.next())
            {
                flag=true;
            }
        }
        catch(SQLException e){
        }
        finally
        {
            try
            {
                conn.close();
```

```
                    ps.close();
                }
                catch(SQLException e){
                }
            }
        }
        return flag;
}
```

（5）使用同样的方法，在 BookService 类中定义一个查询图书信息的方法 bookInfoQuery()，该方法通过执行 SELECT 语句来实现数据查询。代码如下：

```
//查询图书信息的方法
public static Book bookInfoQuery(Book book)
{
    DBConn dbconn=new DBConn();
    Connection conn=dbconn.getConn();
    PreparedStatement ps=null;
    ResultSet rs=null;
    boolean flag=false;
    String bookName,bookType,writer,publisher,remark;
    Date publishDate;
    double price;
    Date buyDate;
    int buyCount,ableCount;
    Book rbook=null;

    if(conn!=null)
    {
        String sql="SELECT BookName,BookType,Writer,Publisher, PublishDate, Price,
        BuyDate,BuyCount,AbleCount,Remark FROM bookInfo
        WHERE BookID=?";
        try
        {
            ps=conn.prepareStatement(sql);
            ps.setString(1, book.getBookID());
            rs=ps.executeQuery();
            if(rs.next())
            {
                bookName=rs.getString("BookName");
                bookType=rs.getString("BookType");
                writer=rs.getString("Writer");
                publisher=rs.getString("Publisher");
                publishDate=rs.getDate("PublishDate");
                price=Double.valueOf(rs.getBigDecimal("Price").toString());
```

```
                    buyDate=rs.getDate("BuyDate");
                    buyCount=rs.getInt("BuyCount");
                    ableCount=rs.getInt("AbleCount");
                    remark=rs.getString("Remark");

                    rbook=new Book(bookName,bookType,writer,publisher,
                    publishDate,price,buyDate,buyCount,ableCount,remark);

                    flag=true;
                }
            }
            catch(SQLException e) {
            }
            finally
            {
                try
                {
                    conn.close();
                    ps.close();
                }
                catch(SQLException e){
                }
            }
        }
        return rbook;
    }
```

（6）使用同样的方法，在 BookService 类中定义一个添加图书信息的方法 bookInfoAdd()，该方法通过执行 INSERT 语句向 bookInfo 表中插入记录。代码如下：

```
//添加图书信息的方法
public static boolean bookInfoAdd(Book book)
{
    DBConn dbconn=new DBConn();
    Connection conn=dbconn.getConn();//获取连接
    PreparedStatement ps=null;
    boolean flag=false;
    int rows=0;

    if(conn!=null)
    {
        String sql="INSERT INTO bookInfo VALUES(?,?,?,?,?,?,?,?,?,?)";
        try
        {
            ps=conn.prepareStatement(sql);
```

```
                    ps.setString(1, book.getBookID());
                    ps.setString(2, book.getBookName());
                    ps.setString(3, book.getBookType());
                    ps.setString(4, book.getWriter());
                    ps.setString(5, book.getPublisher());
                    ps.setDate(6, book.getPublishDate());
                    ps.setBigDecimal(7,BigDecimal.valueOf(book.getPrice()));
                    ps.setDate(8,book.getBuyDate());
                    ps.setInt(9, book.getBuyCount());
                    ps.setInt(10, book.getAbleCount());
                    ps.setString(11, book.getRemark());

                    rows=ps.executeUpdate();
                    if(rows>0)
                    {
                        flag=true;
                    }
                }
                catch(SQLException ex) {
                }
                finally
                {
                    try
                    {
                        conn.close();
                        ps.close();
                    }
                    catch(SQLException e){
                    }
                }
            return flag;
}
```

（7）使用同样的方法，在 BookService 类中定义一个更新图书信息的方法 bookInfoUpdate()，该方法以用户输入的图书编号为查询条件，使用 UPDATE 命令更新 bookInfo 表中相应字段的值。代码如下：

```
//更新图书信息的方法
public static boolean bookInfoUpdate(Book book)
{
    DBConn dbconn=new DBConn();
    Connection conn=dbconn.getConn();
    PreparedStatement ps=null;
```

```java
boolean flag=false;
int rows=0;

if(conn!=null)
{
    String sql="UPDATE bookInfo SET BookName=?,BookType=?, Writer=?,
    Publisher=?,PublishDate=?,Price=?,BuyDate=?,BuyCount=?, AbleCount=?,
    Remark=?
    WHERE BookID=?";

    try
    {
        ps=conn.prepareStatement(sql);

        ps.setString(1,book.getBookName());
        ps.setString(2, book.getBookType());
        ps.setString(3, book.getWriter());
        ps.setString(4, book.getPublisher());
        ps.setDate(5, book.getPublishDate());
        ps.setBigDecimal(6, BigDecimal.valueOf
        (book.getPrice()));
        ps.setDate(7,book.getBuyDate());
        ps.setInt(8, book.getBuyCount());
        ps.setInt(9, book.getAbleCount());
        ps.setString(10, book.getRemark());
        ps.setString(11, book.getBookID());

        rows=ps.executeUpdate();
        if(rows>0)
        {
            flag=true;
        }
    }
    catch(SQLException e){
    }
    finally
    {
        try
        {
            conn.close();
            ps.close();
        }
        catch(SQLException e){
        }
    }
}
```

        }
        return flag;
}
```

（8）使用同样的方法，在 BookService 类中定义一个删除图书信息的方法 bookInfoDelete()，在该方法中使用 DELETE 命令从 bookInfo 表中删除指定图书编号的图书的信息。代码如下：

```
//删除图书信息的方法
public static boolean bookInfoDelete(Book book)
{
    DBConn dbconn=new DBConn();
    Connection conn=dbconn.getConn();
    PreparedStatement ps=null;
    boolean flag=false;
    int rows=0;

    if(conn!=null)
    {
        String sql="DELETE FROM bookInfo WHERE BookID=?";

        try
        {
            ps=conn.prepareStatement(sql);
            ps.setString(1, book.getBookID());
            rows=ps.executeUpdate();
            if(rows>0)
            {
                flag=true;
            }
        }
        catch(SQLException e){
        }
        finally
        {
            try
            {
                conn.close();
                ps.close();
            }
            catch(SQLException e){
            }
        }
    }
    return flag;
}
```
```

7. CCTC 图书管理系统的菜单设计

(1) 在左侧的 Package Explorer 窗口中展开 LibraryManagerSystem 工程的文件结构，在 src 节点上右击，在弹出的快捷菜单中选择"new"→"Package"命令，新建一个包，设置包名为 com.cctc.ui。

(2) 在刚刚创建的包的名称 com.cctc.ui 上右击，在弹出的快捷菜单中选择"new"→"Class"命令，新建一个类，设置类名为 MainUI；在代码窗口中让该类继承 JFrame 类，使之成为一个主框架窗口类。注意：此处要使用 import 语句导入 swing 包中的所有类与接口。代码如下：

```
import javax.swing.*;
public class MainUI extends JFrame
```

(3) 在 main()方法中实例化当前类 MainUI，即添加以下代码：

```
new MainUI();
```

(4) 设计一个默认构造函数（不带参数），在该构造函数中主要设置主框架窗口的标题、大小、运行时显示位置、关闭操作、布局管理及可见性。注意：此处要导入 java.awt 包，即使用"import java.awt.*;"语句。代码如下：

```
private MainUI()
{
    this.setTitle("CCTC 图书管理系统");
    this.setSize(500,400);
    this.setLocation(200,200);//设置运行时该窗口显示的位置
    this.setDefaultCloseOperation(JFrame.EXIT_ON_CLOSE);
    this.setVisible(true);
}
```

(5) 在包名 com.cctc.ui 上右击，在弹出的快捷菜单中选择"new"→"Class"命令，新建一个类，设置类名为 SysUI；该类作为 CCTC 图书管理系统的入口程序，用于启动该项目，在里面的 main()方法中对主框架窗口类 MainUI 进行实例化，打开主框架窗口。代码如下：

```
package com.cctc.ui;
import java.util.*;

public class SysUI{
    public static void main(String[] args)
    {
        MainUI mUI=new MainUI();
    }
}
```

(6) 回到 MainUI.java 代码窗口，在 MainUI 类中定义全局变量并实例化，包括定义菜单栏（menubar）、"账户管理"主菜单（userManage），以及"账户管理"主菜单中的子菜单

项"读者注册"(userRegister)、"读者登录"(userLogin)、"账户修改"(userInfoUpdate)和"退出系统"(sysExit)等 6 个实例化对象,并设置"账户修改"子菜单项不可用,在用户正常登录后才可用。代码如下:

```
// "账户管理"主菜单及其子菜单项
userManage=new JMenu("账户管理");
userLogin=new JMenuItem("读者登录");
userRegister=new JMenuItem("读者注册");
userInfoUpdate=new JMenuItem("账户修改");
userInfoUpdate.setEnabled(false);//在用户正常登录后变为可用
sysExit=new JMenuItem("退出系统");
```

(7)在构造函数 MainUI()中,先将"读者登录"、"读者注册"、"账户修改"和"退出系统"这 4 个子菜单项添加到"账户管理"主菜单上,并在"读者注册"与"账户修改"这两个子菜单项之间添加分隔线,然后将"账户管理"主菜单添加到菜单栏中,最后把菜单栏添加到主框架窗口中。代码如下:

```
userManage.add(userLogin);
userManage.add(userRegister);
userManage.addSeparator();
userManage.add(userInfoUpdate);
userManage.addSeparator();
userManage.add(sysExit);

menubar.add(userManage);         //将"账户管理"主菜单添加到菜单栏中
this.setJMenuBar(menubar);        //将菜单栏添加到主框架窗口中
```

(8)使用相同的方法,添加"图书管理"和"关于系统"两个主菜单及其子菜单项。其中"图书管理"主菜单中包括"查询图书"、"添加图书"、"更新图书"和"删除图书"这 4 个子菜单项;"关于系统"主菜单中包括"系统版本"和"获取帮助"这两个子菜单项。同时,将"图书管理"和"关于系统"这两个主菜单添加到菜单栏中;并设置"图书管理"主菜单不可用,在用户正常登录之后才可用。代码如下:

```
// "图书管理"主菜单及其子菜单项
bookManage=new JMenu("图书管理");
bookQuery=new JMenuItem("查询图书");
bookAdd=new JMenuItem("添加图书");
bookUpdate=new JMenuItem("更新图书");
bookDelete=new JMenuItem("删除图书");
bookManage.add(bookQuery);
bookManage.addSeparator();
bookManage.add(bookAdd);
bookManage.add(bookUpdate);
bookManage.addSeparator();
bookManage.add(bookDelete);
bookManage.setEnabled(false);    //设置"图书管理"主菜单不可用,在用户正常登录后才可用
```

```
//"关于系统"主菜单及其子菜单项
aboutMe=new JMenu("关于系统");
sysVersion=new JMenuItem("系统版本");
sysHelper=new JMenuItem("获取帮助");
aboutMe.add(sysVersion);
aboutMe.add(sysHelper);

menubar.add(bookManage);        //将"图书管理"主菜单添加到菜单栏中
menubar.add(aboutMe);           //将"关于系统"主菜单添加到菜单栏中
```

(9)接下来,向主框架窗口内添加一张背景图片。在项目工程文件夹下的 src 文件夹中新建一个存放图片文件的文件夹 images,将图片文件 cover.jpg 复制到该文件夹中。在 MainUI 类中分别定义 ImageIcon 类和 JLabel 类的成员变量 img 和 lbImage,在构造函数 MainUI()中对这两个成员变量进行实例化,并将 lbImage 对象添加到当前主框架窗口中,完成图片的加载。代码如下:

```
img=new ImageIcon("src/images/cover.jpg");//主框架窗口中的背景图片
lbImage=new JLabel(img);
this.add(lbImage);//加载背景图片
```

此时,运行程序,可以查看到菜单添加情况,如图 8-3 所示。

8. 登录面板的界面设计与"读者登录"子菜单功能的实现

登录面板的界面设计如图 8-4 所示;并设置"账户管理"主菜单中"读者登录"子菜单项的事件响应,即在"账户管理"主菜单中选择"读者登录"子菜单项后显示该登录面板,并实现用户登录功能。如果 readerInfo 表中存在该登录用户的记录,则用消息框提示登录成功,否则用消息框提示登录失败。

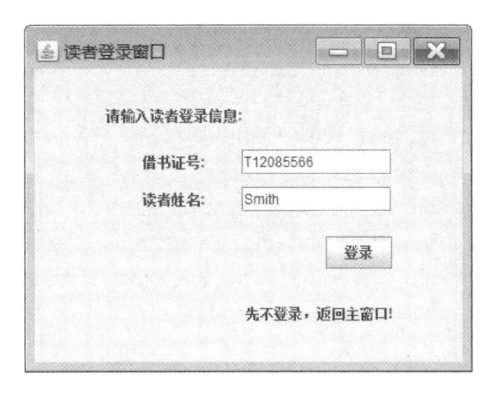

图 8-3 主框架窗口   图 8-4 登录面板的界面设计

(1)在包名 com.cctc.ui 上右击,在弹出的快捷菜单中选择"new"→"Class"命令,新建一个类,设置类名为 LoginUI;在代码窗口中让该类继承 JFrame 类,并定义框架类的相关属性,使之成为一个框架窗口类。

(2)在 LoginUI 类中定义登录面板及该面板中的控件对象,其中包含 4 个标签控件、

2个文本框控件和1个按钮控件。代码如下：

```java
public class LoginUI extends JFrame
{
    JPanel loginPanel;
    JLabel lbTitle,lbReaderID,lbReaderName,lbReturn;
    JTextField tfReaderID,tfReaderName;
    JButton btnLogin;
}
```

（3）在 LoginUI 类的构造方法中实例化控件对象，并将这些控件添加到登录面板 loginPanel 上，同时将该面板添加到主框架窗口上。代码如下：

```java
public LoginUI()
{
    super("读者登录窗口");

    loginPanel=new JPanel();
    lbTitle=new JLabel("请输入读者登录信息:");
    lbReaderID=new JLabel("借书证号:");
    lbReaderName=new JLabel("读者姓名:");
    tfReaderID=new JTextField(12);
    tfReaderName=new JTextField(12);
    btnLogin=new JButton("登录");
    lbReturn=new JLabel("先不登录，返回主窗口!");

    loginPanel.add(lbTitle);
    loginPanel.add(lbReaderID);
    loginPanel.add(tfReaderID);
    loginPanel.add(lbReaderName);
    loginPanel.add(tfReaderName);
    loginPanel.add(btnLogin);
    loginPanel.add(lbReturn);

    this.getContentPane().add(loginPanel);
    this.setDefaultCloseOperation(JFrame.EXIT_ON_CLOSE);;
    this.setBounds(200,200,400,300);
    this.setVisible(true);
}
```

（4）设置登录面板 loginPanel 中控件的布局。根据需要，选择网格袋布局管理器 GridBagLayout，在 LoginUI 类中分别定义 GridBagLayout 类和 GridBagConstraints 类的全局变量 gbl 和 gbc，并在构造方法中对这两个全局变量进行实例化，使用 setLayout()方法将登录面板 loginPanel 的布局方式设置为已定义的网格袋布局 gbl。代码如下：

```java
GridBagLayout gbl;
```

```
GridBagConstraints gbc;

gbl=new GridBagLayout();
loginPanel.setLayout(gbl);//设置登录面板 loginPanel 的布局方式为 gbl
gbc=new GridBagConstraints();
```

（5）使用 GridBagConstraints 类对象 gbc 的属性分别对登录面板 loginPanel 中的控件进行精确定位布局。代码如下：

```
//对"请输入读者登录信息:"标签控件进行位置布局
gbc.gridx=1;
gbc.gridy=1;
gbc.insets=new Insets(0,0,10,0);
gbl.setConstraints(lbTitle, gbc);

//对"借书证号:"标签控件进行位置布局
gbc.gridx=1;
gbc.gridy=2;
gbc.insets=new Insets(10,0,0,0);
gbl.setConstraints(lbReaderID, gbc);

//对"借书证号"文本框控件进行位置布局
gbc.gridx=2;
gbc.gridy=2;
gbc.insets=new Insets(10,0,0,0);
gbl.setConstraints(tfReaderID, gbc);

//对"读者姓名:"标签控件进行位置布局
gbc.gridx=1;
gbc.gridy=3;
gbc.insets=new Insets(10,0,10,0);
gbl.setConstraints(lbReaderName, gbc);

//对"读者姓名"文本框控件进行位置布局
gbc.gridx=2;
gbc.gridy=3;
gbc.insets=new Insets(10,0,10,0);
gbl.setConstraints(tfReaderName, gbc);

//对"登录"按钮控件进行位置布局
gbc.gridx=2;
gbc.gridy=5;
gbc.anchor=GridBagConstraints.EAST;
gbc.insets=new Insets(10,0,0,0);
gbl.setConstraints(btnLogin, gbc);
```

```
//对"先不登录，返回主窗口！"标签控件进行位置布局
gbc.gridx=2;
gbc.gridy=7;
gbc.insets=new Insets(30,0,0,0);
gbl.setConstraints(lbReturn, gbc);
```

（6）在 LoginUI 类中声明一个方法 selfClosed()，该方法的功能是关闭自身窗口。代码如下：

```
public void selfClosed()//关闭自身窗口的方法
{
    this.setVisible(false);
}
```

（7）在 LoginUI 类的构造方法中添加"先不登录，返回主窗口！"标签控件的事件监听处理，采用匿名类的方式来实现，当用户单击该返回标签时，通过实例化主框架窗口类 MainUI 来显示主框架窗口，同时调用 selfClosed()方法将"读者登录窗口"窗口关闭。代码如下：

```
lbReturn.addMouseListener(new MouseAdapter() {
    public void mouseClicked(MouseEvent e)
    {
        MainUI mainUI=new MainUI();
        selfClosed();
    }
});
```

（8）为了添加事件监听处理，通过 implements ActionListener 语句让 LoginUI 类实现 ActionListener 接口，同时需要实现该动作监听接口中未实现的抽象方法 public void actionPerformed(ActionEvent e)。

（9）在 LoginUI 类中定义两个全局变量 readerID 和 readerName，为了实现将登录面板中的值传递到账户修改面板，因此将这两个变量设置为静态变量。代码如下：

```
static String readerID,readerName;
```

（10）在抽象方法 public void actionPerformed(ActionEvent e)中通过连接访问数据库实现用户登录功能。当用户输入的登录信息正确时，显示"登录成功！"消息框，否则显示"登录失败！"消息框。登录成功后，将"账户管理"主菜单中的"账户修改"子菜单项设置为可用状态，同时将"图书管理"主菜单设置为可用状态。代码如下：

```
public void actionPerformed(ActionEvent e)
{
    if(e.getSource()==btnLogin)
    {
        //调用实体控制类 ReaderService 中的 readerLogin()方法
        readerID=tfReaderID.getText();
```

```
            readerName=tfReaderName.getText();

            Reader reader=new Reader(readerID,readerName);
            boolean flag=ReaderService.readerLogin(reader);
            if(flag)
            {
                JOptionPane.showMessageDialog(this, "登录成功!");
                MainUI mainUI=new MainUI();
                mainUI.userInfoUpdate.setEnabled(true);//设置"账户修改"主菜单可用
                MainUI.bookManage.setEnabled(true);
                selfClosed();
            }
            else
            {
                JOptionPane.showMessageDialog(this, "登录失败!");
            }
        }
    }
```

（11）在 LoginUI 类的构造方法中，通过添加以下语句来注册事件监听处理：

```
btnLogin.addActionListener(this);
```

（12）设置"读者登录"子菜单项的事件响应处理。回到主框架窗口类 MainUI 内，在其事件处理的 actionPerformed(ActionEvent e)方法中添加"读者登录"子菜单项的事件响应代码，即通过实例化 LoginUI 类的对象来呈现"读者登录窗口"窗口。代码如下：

```
public void actionPerformed(ActionEvent e)
{
    if(e.getSource()==userLogin)
    {
        LoginUI loginUI=new LoginUI();
        this.setVisible(false);
    }
//其他代码行
}
```

（13）加载连接 SQL Server 2022 的 JDBC 驱动程序。在项目文件夹 LibraryManageSystem 上右击，在弹出的快捷菜单中选择"Build Path"→"Add External Archives"命令，在弹出的对话框中选择"mssql-jdbc-12.2.0.jre8.jar"驱动程序，将该驱动程序添加到整个项目文件中。

（14）运行程序，在"读者登录窗口"窗口内，输入后台数据库的 readerInfo 表中已经存在的记录字段值，单击"读者登录"按钮，根据返回的消息来判断是否登录成功。

9. 注册面板的界面设计与"读者注册"子菜单功能的实现

注册面板的界面设计如图 8-5 所示；并设置"账户管理"主菜单中"读者注册"子菜

单项的事件响应，即在"账户管理"主菜单中选择"读者注册"子菜单项后显示该注册面板，并实现把用户在注册面板中输入的注册信息写入后台数据库 libsys 的 readerInfo 表中，用消息框提示注册成功，否则用消息框提示注册失败。

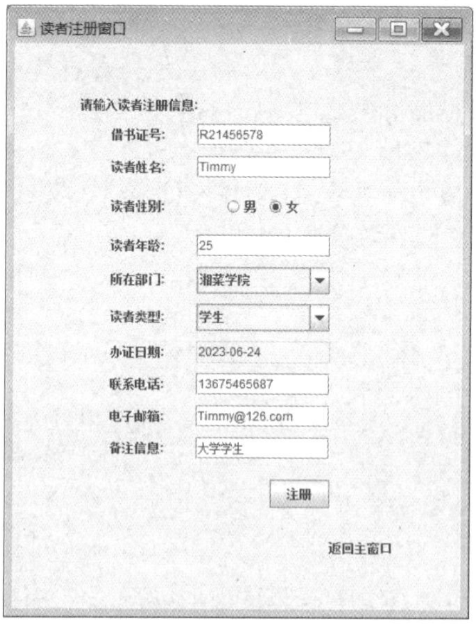

图 8-5 注册面板的界面设计

（1）在包名 com.cctc.ui 上右击，在弹出的快捷菜单中选择"new"→"Class"命令，新建一个类，设置类名为 RegisterUI；在代码窗口中让该类继承 JFrame 类，并定义框架类的相关属性，使之成为一个框架窗口类。

（2）在 RegisterUI 类中定义注册面板及该面板中的控件对象，其中包含 12 个标签控件、6 个文本框控件、2 个单选按钮控件、2 个组合框控件和 1 个按钮控件。代码如下：

```
JPanel registerPanel;
JLabel lbTitle,lbReaderID,lbReaderName,lbReaderSex,lbReaderAge,lbDepartment;
JLabel lbReaderType,lbStartDate,lbMobile,lbEmail,lbMemory,lbReturn;
JTextField tfReaderID,tfReaderName,tfReaderAge;
JTextField tfStartDate,tfMobile,tfEmail,tfMemory;
ButtonGroup bgSex;
JRadioButton rbMale,rbFemale;
JPanel sexPanel;//性别小面板
JComboBox cbDepartment,cbReaderType;
JButton btnRegister;
```

（3）在 RegisterUI 类的构造方法中实例化控件对象，并将这些控件添加到注册面板 registerPanel 上，同时将该面板添加到主框架窗口上。代码如下：

```
public RegisterUI()
{
    super("读者注册窗口");
```

```java
registerPanel=new JPanel();
lbTitle=new JLabel("请输入读者注册信息:");
lbReaderID=new JLabel("借书证号:");
lbReaderName=new JLabel("读者姓名:");
tfReaderID=new JTextField(12);
tfReaderName=new JTextField(12);
lbReaderSex=new JLabel("读者性别:");

sexPanel=new JPanel();
bgSex=new ButtonGroup();
rbMale=new JRadioButton("男");
rbFemale=new JRadioButton("女");
bgSex.add(rbMale);
bgSex.add(rbFemale);
rbMale.setSelected(true);
sexPanel.add(rbMale);
sexPanel.add(rbFemale);

lbReaderAge=new JLabel("读者年龄:");
tfReaderAge=new JTextField(12);
tfReaderAge.setText("0");//先设置一个初值0，否则后面获取值时会出错

lbDepartment=new JLabel("所在部门:");
cbDepartment=new JComboBox();
cbDepartment.addItem("请选择所在的部门:");
cbDepartment.addItem("软件学院");
cbDepartment.addItem("文创学院");
cbDepartment.addItem("会计金融学院");
cbDepartment.addItem("湘菜学院");
cbDepartment.addItem("湘商学院");
cbDepartment.addItem("湘旅学院");

lbReaderType=new JLabel("读者类型:");
cbReaderType=new JComboBox();
cbReaderType.addItem("请您选择读者类型:");
cbReaderType.addItem("教师");
cbReaderType.addItem("学生");
cbReaderType.addItem("临时人员");

lbStartDate=new JLabel("办证日期:");
tfStartDate=new JTextField(12);

//读者注册日期默认为系统当前的日期与时间，不需要用户输入
Date date=new Date();
SimpleDateFormat sdf=new SimpleDateFormat("yyyy-MM-dd");
```

```
            tfStartDate.setText(sdf.format(date).toString());
            tfStartDate.setEditable(false);

            lbMobile=new JLabel("联系电话:");
            tfMobile=new JTextField(12);
            lbEmail=new JLabel("电子邮箱:");
            tfEmail=new JTextField(12);
            lbMemory=new JLabel("备注信息:");
            tfMemory=new JTextField(12);
            btnRegister=new JButton("注册");
            lbReturn=new JLabel("返回主窗口");

            registerPanel.add(lbTitle);
            registerPanel.add(lbReaderID);
            registerPanel.add(tfReaderID);
            registerPanel.add(lbReaderName);
            registerPanel.add(tfReaderName);
            registerPanel.add(lbReaderSex);
            registerPanel.add(sexPanel);//性别小面板

            registerPanel.add(lbReaderAge);
            registerPanel.add(tfReaderAge);
            registerPanel.add(lbDepartment);
            registerPanel.add(cbDepartment);
            registerPanel.add(lbReaderType);
            registerPanel.add(cbReaderType);
            registerPanel.add(lbStartDate);
            registerPanel.add(tfStartDate);
            registerPanel.add(lbMobile);
            registerPanel.add(tfMobile);
            registerPanel.add(lbEmail);
            registerPanel.add(tfEmail);
            registerPanel.add(lbMemory);
            registerPanel.add(tfMemory);
            registerPanel.add(btnRegister);
            registerPanel.add(lbReturn);
            …//其他代码
            this.getContentPane().add(registerPanel);
            this.setDefaultCloseOperation(JFrame.EXIT_ON_CLOSE);;
            this.setBounds(200,200,400,500);
            this.setVisible(true);
        }
```

（4）设置注册面板 registerPanel 中控件的布局。根据需要，选择网格袋布局管理器 GridBagLayout，在 RegisterUI 类中分别定义 GridBagLayout 类和 GridBagConstraints 类的全

局变量 gbl 和 gbc，并在构造方法中对这两个全局变量进行实例化，使用 setLayout()方法将注册面板 registerPanel 的布局方式设置为已定义的网格袋布局 gbl。代码如下：

```
GridBagLayout gbl;
GridBagConstraints gbc;

gbl=new GridBagLayout();
registerPanel.setLayout(gbl);//设置注册面板 registerPanel 的布局方式为 gbl
gbc=new GridBagConstraints();
```

（5）使用 GridBagConstraints 类对象 gbc 的属性分别对注册面板 registerPanel 中的控件进行精确定位布局。代码如下：

```
gbc.gridx=1;
gbc.gridy=1;
gbc.insets=new Insets(0,0,10,0);
gbl.setConstraints(lbTitle, gbc);

gbc.gridx=1;
gbc.gridy=2;
gbl.setConstraints(lbReaderID, gbc);

gbc.gridx=2;
gbc.gridy=2;
gbl.setConstraints(tfReaderID, gbc);

…//其他控件的布局代码类似，此处省略
```

（6）在 RegisterUI 类中声明一个方法 selfClosed()，该方法的功能是关闭自身窗口。代码如下：

```
public void selfClosed()//关闭自身窗口的方法
{
    this.setVisible(false);
}
```

（7）在 RegisterUI 类的构造方法中添加"返回主窗口"标签控件的事件监听处理，采用匿名类的方式来实现，当用户单击该返回标签时，通过实例化主框架窗口类 MainUI 来显示主框架窗口，同时调用 selfClosed()方法将"读者注册窗口"窗口关闭。代码如下：

```
lbReturn.addMouseListener(new MouseAdapter() {
    public void mouseClicked(MouseEvent e)
    {
        MainUI mainUI=new MainUI();
        selfClosed();
    }
});
```

（8）为了添加事件监听处理，通过 implements ActionListener 语句让 RegisterUI 类实现 ActionListener 接口，同时需要实现该动作监听接口中未实现的抽象方法 public void actionPerformed(ActionEvent e)。

（9）在抽象方法 public void actionPerformed(ActionEvent e)中通过连接访问数据库实现读者注册功能，把用户在注册面板中输入的注册信息写入后台数据库的 readerInfo 表。首先，获取注册面板上的注册信息并把它们存入相应的字段变量，通过调用实体类 Reader 的构造方法将注册信息承载在实体类的实例化对象 reader 中，然后调用实体服务类 ReaderService 的 readerRegister(reader)方法，该方法需要传入实体类 Reader 的对象作为参数。当用户输入的注册信息正确并成功写入后台数据库的 readerInfo 表时，显示"注册成功！"消息框，否则显示"注册失败！"消息框。需要注意的是，在获取相应字段的值时，部分字段需要进行相应的类型转换，也就是说，要实现 Java 数据类型与 SQL Server 数据类型的匹配。代码如下：

```java
public void actionPerformed(ActionEvent e)
{
    String readerID=null,readerName=null,readerSex=null,department=null;
    String readerType=null, mobile=null,email=null,memory=null;
    int readerAge=0,rows=0;
    java.util.Date date=null;
    java.sql.Date startDate=null;

    if(e.getSource()==btnRegister)
    {
        //从注册面板上获取读者输入的注册信息
        readerID=tfReaderID.getText();//获取借书证号
        readerName=tfReaderName.getText();//获取读者姓名

        if(rbMale.isSelected())//获取读者性别
        {
            readerSex="男";
        }
        else
        {
            readerSex="女";
        }
        readerAge=Integer.parseInt(tfReaderAge.getText());//获取读者年龄
        if(cbDepartment.getSelectedIndex()==1)//获取读者所在部门
        {
            department=cbDepartment.getSelectedItem().toString();
        }
        else if(cbDepartment.getSelectedIndex()==2)
        {
            department=cbDepartment.getSelectedItem().toString();
```

```java
}
else if(cbDepartment.getSelectedIndex()==3)
{
    department=cbDepartment.getSelectedItem().toString();
}
else if(cbDepartment.getSelectedIndex()==4)
{
    department=cbDepartment.getSelectedItem().toString();
}
else if(cbDepartment.getSelectedIndex()==5)
{
    department=cbDepartment.getSelectedItem().toString();
}
else if(cbDepartment.getSelectedIndex()==6)
{
    department=cbDepartment.getSelectedItem().toString();
}
if(cbReaderType.getSelectedIndex()==1)//获取读者类型
{
    readerType=cbReaderType.getSelectedItem().toString();
}
else if(cbReaderType.getSelectedIndex()==2)
{
    readerType=cbReaderType.getSelectedItem().toString();
}
else if(cbReaderType.getSelectedIndex()==3)
{
    readerType=cbReaderType.getSelectedItem().toString();
}
//获取办证日期，日期时间字符串转化成日期格式
SimpleDateFormat sdf=new SimpleDateFormat("yyyy-MM-dd");
try
{
    date=sdf.parse(tfStartDate.getText());
    long time=date.getTime();
    startDate=new java.sql.Date(time);
}
catch(ParseException ex){
}
mobile=tfMobile.getText().trim();//获取联系电话
email=tfEmail.getText().trim();//获取电子邮箱
memory=tfMemory.getText().trim();//获取备注信息

Reader reader=new Reader(readerID,readerName,readerSex,readerAge,
department,readerType,startDate,mobile,email,memory);
```

```
            //调用实体服务类 ReaderService 的 readerRegister()方法实现用户注册功能
            boolean flag=ReaderService.readerRegister(reader);
            if(flag)
            {
                JOptionPane.showMessageDialog(this, "注册成功!");
            }
            else
            {
                JOptionPane.showMessageDialog(this, "注册失败!");
            }
        }
    }
```

（10）运行程序，在"读者注册窗口"窗口中输入要注册的读者信息，单击"注册"按钮，根据返回的消息来判断是否注册成功。在注册成功后，可以通过查询语句验证后台数据库的 readerInfo 表中是否已经存在刚才注册的读者信息。

10. 账户修改面板的界面设计与"账户修改"子菜单功能的实现

账户修改功能主要是在当前用户成功登录之后，更新当前登录账户。账户修改面板的界面设计如图 8-6 所示；并设置"账户管理"主菜单中"账户修改"子菜单项的事件响应，即在"账户管理"主菜单中选择"账户修改"子菜单项后显示该账户修改面板，并实现把用户在账户修改面板中输入的当前登录账户要更新的信息写入后台数据库 libsys 的 readerInfo 表，用消息框提示更新成功，否则用消息框提示更新失败。

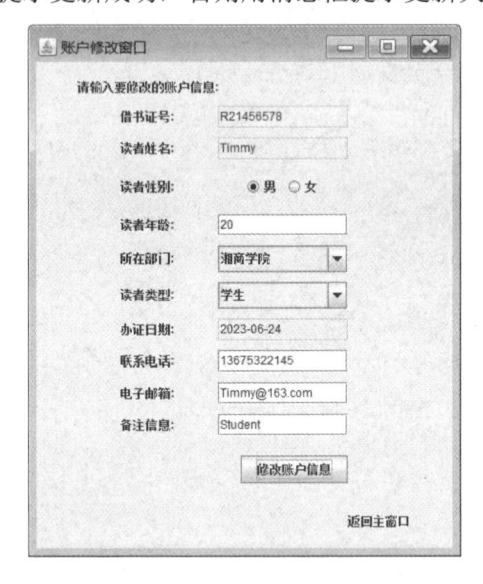

图 8-6 账户修改面板的界面设计

（1）在包名 com.cctc.ui 上右击，在弹出的快捷菜单中选择"new"→"Class"命令，新建一个类，设置类名为 UpdateUI；在代码窗口中让该类继承 JFrame 类，并定义框架类的相关属性，使之成为一个框架窗口类。

（2）在 UpdateUI 类中定义账户修改面板及该面板中的控件对象，其中包含 12 个标签控件、6 个文本框控件、2 个单选按钮控件、2 个组合框控件和 1 个按钮控件。

（3）在 UpdateUI 类的构造方法中实例化控件对象，并将这些控件添加到账户修改面板 updatePanel 上，同时将该面板添加到主框架窗口上。

（4）按照账户信息修改的要求，只需要更新当前登录账户的信息，因此需要获取从登录面板传递到账户修改面板的"借书证号"readerID 和"读者姓名"readerName 两个静态变量的值，同时"借书证号"和"读者姓名"这两个文本框应该设置成不可修改状态（仅作为更新条件）。代码如下：

```
//调用 LoginUI 类中的静态变量 readerID，传递读者登录信息到账户修改面板
tfReaderID.setText(LoginUI.readerID);
tfReaderName.setText(LoginUI.readerName);
//将"借书证号"文本框不可用的目的是将它作为 WHERE 条件
tfReaderID.setEditable(false);
//将"读者姓名"文本框不可用的目的是将它作为 WHERE 条件
tfReaderName.setEditable(false);
```

（5）与前面的注册面板类似，账户修改面板也采用网格袋布局，使用 setLayout()方法来设置账户修改面板中控件的布局，使用 GridBagConstraints 类对象来设置约束条件，通过 setConstraints()方法来定位控件，具体的布局代码这里不再赘述。

（6）为了添加事件监听处理，通过 implements ActionListener 语句让 UpdateUI 类实现 ActionListener 接口，同时需要实现该动作监听接口中未实现的抽象方法 public void actionPerformed(ActionEvent e)。在抽象方法 public void actionPerformed(ActionEvent e)中通过连接访问数据库实现账户信息更新功能，把从账户修改面板中获取的需要更新的信息，通过 UPDATE 语句写入后台数据库的 readerInfo 表中 WHERE 指定条件对应的记录。首先，获取账户修改面板中的需要更新的信息并把它们存入相应的字段变量，通过调用实体类 Reader 的构造方法将注册信息承载在实体类的实例化对象 reader 中，然后调用实体服务类 ReaderService 的 readerInfoUpdate(reader)方法将数据更新到后台数据库的 readerInfo 表中，该方法需要传入实体类 Reader 的对象作为参数。需要注意的是，在构造方法中要添加事件监听注册语句"btnUpdate.addActionListener(this);"。代码如下：

```
public void actionPerformed(ActionEvent e)
{
    String readerID=null,readerName=null,readerSex=null,department=null,
    readerType=null,mobile=null,email=null,memory=null;
    int readerAge=0;
    java.util.Date date=null;
    java.sql.Date startDate=null;
    int rows;

    if(e.getSource()==btnUpdate)
    {
        //从账户修改面板中获取读者输入的注册信息
```

```java
readerID=tfReaderID.getText();//获取借书证号
readerName=tfReaderName.getText();//获取读者姓名

if(rbMale.isSelected())//获取读者性别
{
    readerSex="男";
}
else
{
    readerSex="女";
}

readerAge=Integer.parseInt(tfReaderAge.getText());//获取读者年龄

if(cbDepartment.getSelectedIndex()==1)//获取读者所在部门
{
    department=cbDepartment.getSelectedItem().toString();
}
else if(cbDepartment.getSelectedIndex()==2)
{
    department=cbDepartment.getSelectedItem().toString();
}
else if(cbDepartment.getSelectedIndex()==3)
{
    department=cbDepartment.getSelectedItem().toString();
}
else if(cbDepartment.getSelectedIndex()==4)
{
    department=cbDepartment.getSelectedItem().toString();
}
else if(cbDepartment.getSelectedIndex()==5)
{
    department=cbDepartment.getSelectedItem().toString();
}
else if(cbDepartment.getSelectedIndex()==6)
{
    department=cbDepartment.getSelectedItem().toString();
}

if(cbReaderType.getSelectedIndex()==1)//获取读者类型
{
    readerType=cbReaderType.getSelectedItem().toString();
}
else if(cbReaderType.getSelectedIndex()==2)
{
```

```
            readerType=cbReaderType.getSelectedItem().toString();
        }
        else if(cbReaderType.getSelectedIndex()==3)
        {
            readerType=cbReaderType.getSelectedItem().toString();
        }
        //获取办证日期,并将日期时间字符串转化成日期格式
        SimpleDateFormat sdf=new SimpleDateFormat("yyyy-MM-dd");
        try
        {
            date=sdf.parse(tfStartDate.getText());
            long time=date.getTime();
            startDate=new java.sql.Date(time);
        }
        catch(ParseException ex){
        }

        mobile=tfMobile.getText().trim();//获取联系电话
        email=tfEmail.getText().trim();//获取电子邮箱
        memory=tfMemory.getText().trim();//获取备注信息

        Reader reader=new Reader(readerID,readerName,readerSex,readerAge,
        department,readerType,startDate,mobile,email,memory);
        //调用 ReaderService 类的 readerInfoUpadate()方法
        boolean flag=ReaderService.readerInfoUpdate(reader);
        if(flag)
        {
            JOptionPane.showMessageDialog(this, "账户信息更新成功!");
        }
        else
        {
            JOptionPane.showMessageDialog(this, "账户信息更新失败!");
        }
    }
}
```

（7）使用相同的方法，在 UpdateUI 类中声明一个方法 selfClosed()，该方法的功能是关闭自身窗口。并且在 UpdateUI 类的构造方法中添加"返回主窗口"标签控件的事件监听处理，采用匿名类的方式来实现，当用户单击该返回标签时，通过实例化主框架窗口类 MainUI 来显示主框架窗口，同时调用 selfClosed()方法将"账户修改窗口"窗口关闭。代码如下：

```
public void selfClosed()//关闭自身窗口的方法
{
    this.setVisible(false);
}
```

```
lbReturn.addMouseListener(new MouseAdapter() {
    public void mouseClicked(MouseEvent e)
    {
        MainUI mainUI=new MainUI();
        selfClosed();
    }
});
```

（8）运行程序，在"账户修改窗口"窗口中输入要更新的读者信息，单击"修改账户信息"按钮，根据返回的消息来判断是否更新成功。在更新成功后，可以通过查询语句验证后台数据库的 readerInfo 表中是否已经存在刚才更新的读者信息。

11. 图书查询面板的界面设计与"查询图书"子菜单功能的实现

图书查询面板的界面设计如图 8-7 所示；图书查询功能以用户输入的图书编号为查询条件，当用户输入要查询图书的图书编号后，单击"图书查询"按钮，如果后台数据库的 bookInfo 表中存在这本图书的信息，则将该图书信息的对应字段值显示在"图书查询窗口"窗口内对应的文本框中。

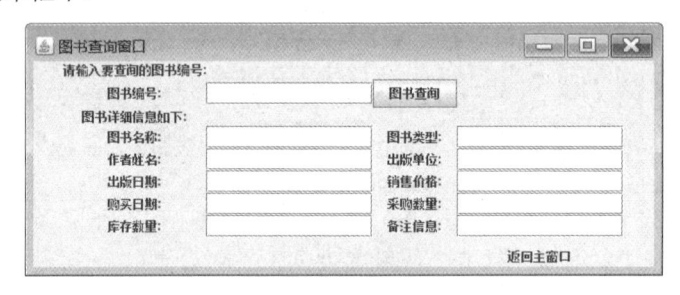

图 8-7 图书查询面板的界面设计

（1）在包名 com.cctc.ui 上右击，在弹出的快捷菜单中选择"new"→"Class"命令，新建一个类，设置类名为 BookQueryUI；在代码窗口中让该类继承 JFrame 类，并定义框架类的相关属性，使之成为一个框架窗口类。

（2）在 BookQueryUI 类中定义图书查询面板及该面板中的控件对象，其中包含 14 个标签控件、11 个文本框控件和 1 个按钮控件。

（3）在 BookQueryUI 类的构造方法中实例化控件对象，并将这些控件添加到图书查询面板 bookQueryPanel 上，同时将该面板添加到主框架窗口上。

（4）与前面其他功能面板类似，图书查询面板也采用网格袋布局。使用 setLayout()方法来设置图书查询面板中控件的布局，使用 GridBagConstraints 类对象来设置约束条件，通过 setConstraints()方法来定位控件，具体的布局代码这里不再赘述。

（5）为了添加事件监听处理，通过 implements ActionListener 语句让 BookQueryUI 类实现 ActionListener 接口，同时需要实现该动作监听接口中未实现的抽象方法 public void actionPerformed(ActionEvent e)。在抽象方法 public void actionPerformed(ActionEvent e)中通过连接访问数据库实现图书查询功能，在 bookInfo 表中使用 SELECT 语句查询由 WHERE 语句指定的条件所对应的图书信息，如果存在该图书的信息，则将该图书的信息显示在图书查询面板内对应的文本框控件中。首先,从图书查询面板中获取要查询图书的编号,通过调用实体类 Reader 的构造方法将查询条件承载在实体类的实例化对象 reader 中,然后调用实体服务类 ReaderService 的 bookInfoQuery(book)方法从后台数据库的 bookInfo 表中查询是否存在要查询的图书记录,该方法需要传入实体类 Reader 的对象作为参数。注意,在构造方法中要添加事件监听注册语句"btnQuery.addActionListener(this);"。代码如下:

```
public void actionPerformed(ActionEvent e)
{
    String bookID=null;
    ResultSet rs=null;
    String BookName,BookType,Writer,Publisher,PublishDate,Price,BuyDate,BuyCount,
    AbleCount,Remark;
    boolean flag;
    Book rbook=null;

    if(e.getSource()==btnQuery)
    {
        bookID=tfBookID.getText().trim();
        Book book=new Book(bookID);
        rbook=BookService.bookinfoQuery(book);

        tfBookName.setText(rbook.getBookName());
        tfBookType.setText(rbook.getBookType());
        tfWriter.setText(rbook.getWriter());
        tfPublisher.setText(rbook.getPublisher());
        tfPublishDate.setText(rbook.getPublishDate().toString());
        tfPrice.setText(String.valueOf(rbook.getPrice()));
        tfBuyDate.setText(rbook.getBuyDate().toString());
        tfBuyCount.setText(String.valueOf(rbook.getBuyCount()));
        tfAbleCount.setText(String.valueOf(rbook.getAbleCount()));
        tfRemark.setText(rbook.getRemark());
    }
}
```

(6)使用相同的方法,在 BookQueryUI 类中声明一个方法 selfClosed(),该方法的功能是关闭自身窗口。并且在 BookQueryUI 类的构造方法中添加"返回主窗口"标签控件的事件监听处理,采用匿名类的方式来实现,当用户单击该返回标签时,通过实例化主框架窗口类 MainUI 来显示主框架窗口,同时调用 selfClosed()方法将"图书查询窗口"窗口关闭。代码如下:

```
public void selfClosed()//关闭自身窗口的方法
{
    this.setVisible(false);
}
```

```
lbReturn.addMouseListener(new MouseAdapter() {
    public void mouseClicked(MouseEvent e)
    {
        MainUI mainUI=new MainUI();
        selfClosed();
    }
});
```

（7）运行程序，在"图书查询窗口"窗口中输入要查询图书的编号，单击"图书查询"按钮，将后台数据库的 bookInfo 表中指定编号的图书的信息显示在"图书查询窗口"窗口内的对应文本框中，如图 8-8 所示。

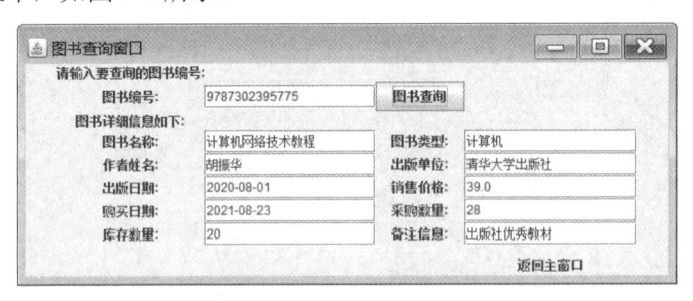

图 8-8　图书查询结果显示

12. 图书添加面板的界面设计与"添加图书"子菜单功能的实现

图书添加面板的界面设计如图 8-9 所示；并设置"图书管理"主菜单中"添加图书"子菜单项的事件响应，即在"图书管理"主菜单中选择"添加图书"子菜单项后显示该图书添加面板，当读者在图书添加面板相应的文本框中输入要添加的图书信息后，单击"添加图书"按钮，实现把读者输入的图书信息写入后台数据库 libsys 的 bookInfo 表，并用消息框提示添加成功，否则用提示框提示添加失败。

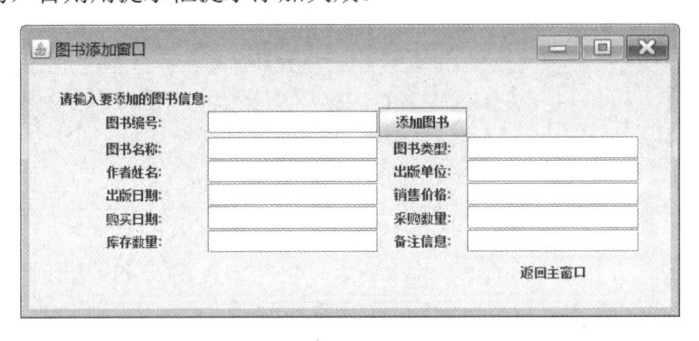

图 8-9　图书添加面板的界面设计

（1）在包名 com.cctc.ui 上右击，在弹出的快捷菜单中选择"new"→"Class"命令，新建一个类，设置类名为 BookAddUI；在代码窗口中让该类继承 JFrame 类，并定义框架类的相关属性，使之成为一个框架窗口类。

（2）在 BookAddUI 类中定义图书添加面板及该面板中的控件对象，其中包含 13 个标签控件、11 个文本框控件和 1 个按钮控件。

（3）在 BookAddUI 类的构造方法中实例化控件对象，并将这些控件添加到图书添加面板 bookAddPanel 上，同时将该面板添加到主框架窗口上。

（4）与前面其他功能面板类似，图书添加面板也采用网格袋布局。使用 setLayout()方法来设置图书添加面板中控件的布局，使用 GridBagConstraints 类对象来设置约束条件，通过 setConstraints()方法来定位控件，具体的布局代码这里不再赘述。

（5）为了添加事件监听处理，通过 implements ActionListener 语句让 BookAddUI 类实现 ActionListener 接口，同时需要实现该动作监听接口中未实现的抽象方法 public void actionPerformed(ActionEvent e)。在抽象方法 public void actionPerformed(ActionEvent e)中通过连接访问数据库实现图书添加功能，使用 INSERT 语句把用户在图书添加面板中输入的图书信息写入后台数据库的 bookInfo 表。首先，获取图书添加面板中的图书信息并把它们存入相应的字段变量，通过调用实体类 Book 的构造方法将图书信息承载在实体类的实例化对象 book 中，然后调用实体服务类 BookService 的 bookInfoAdd(book)方法，该方法需要传入带有字段值的实体类 Book 的对象作为参数。当用户输入的图书信息正确并成功写入后台数据库的 bookInfo 表时，显示"图书添加成功！"消息框，否则显示"图书添加失败！"消息框。同样地，在获取相应字段的值时，部分字段需要进行相应的类型转换，也就是说，要实现 Java 数据类型与 SQL Server 数据类型的匹配。注意，在构造方法中要添加事件监听注册语句"btnQuery.addActionListener(this);"。代码如下：

```java
public void actionPerformed(ActionEvent e)
{
    String bookID,bookName,bookType,writer,publisher,remark;
    Date dateOfPublish=null;
    java.sql.Date publishDate=null;
    double price=0.0;
    Date dateOfBuy=null;
    java.sql.Date buyDate=null;
    int buyCount,ableCount;
    int rows=0;
    boolean flag;

    if(e.getSource()==btnAdd)
    {
        bookID=tfBookID.getText();
        bookName=tfBookName.getText();
        bookType=tfBookType.getText();
        writer=tfWriter.getText();
        publisher=tfPublisher.getText();

        //获取办证日期，处理出版日期
        SimpleDateFormat sdf=new SimpleDateFormat("yyyy-MM-dd");
        try
```

```java
            {
                dateOfPublish=sdf.parse(tfPublishDate.getText());
                long time=dateOfPublish.getTime();
                publishDate=new java.sql.Date(time);
            }
            catch(ParseException ex){
            }
            //处理销售价格
            price=Double.valueOf(tfPrice.getText());

            //处理购买日期
            try
            {
                dateOfBuy=sdf.parse(tfBuyDate.getText());
                long time=dateOfBuy.getTime();
                buyDate=new java.sql.Date(time);
            }
            catch(ParseException ex){
            }
            buyCount=Integer.parseInt(tfBuyCount.getText());
            ableCount=Integer.parseInt(tfAbleCount.getText());
            remark=tfRemark.getText();

            Book book=new Book(bookID,bookName,bookType,writer,publisher,
            publishDate,price,buyDate,buyCount,ableCount,remark);
            flag=BookService.bookinfoAdd(book);
            if(flag)
            {
                JOptionPane.showMessageDialog(this, "图书添加成功!");
            }
            else
            {
                JOptionPane.showMessageDialog(this, "图书添加失败!");
            }
        }
    }
```

（6）使用相同的方法，在 BookAddUI 类中声明一个方法 selfClosed()，该方法的功能是关闭自身窗口。并且在 BookAddUI 类的构造方法中添加"返回主窗口"标签控件的事件监听处理，采用匿名类的方式来实现，当用户单击该返回标签时，通过实例化主框架窗口类 MainUI 来显示主框架窗口，同时调用 selfClosed()方法将"图书添加窗口"窗口关闭。

（7）运行程序，在"图书添加窗口"窗口中输入要添加图书的字段信息，如图 8-10 所示，单击"添加图书"按钮，根据返回的消息来判断是否添加成功。在添加成功后，可以通过查询语句验证后台数据库的 bookInfo 表中是否已经存在刚才添加的图书信息。

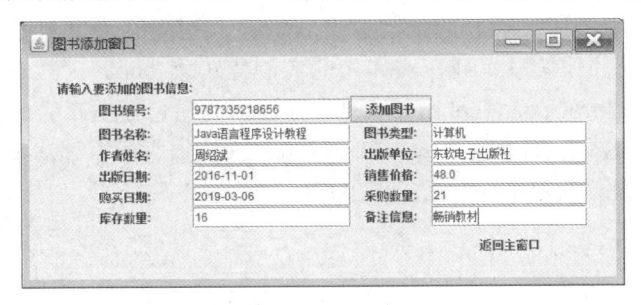

图 8-10 "图书添加窗口"窗口中要添加图书的字段信息

▶13. 图书信息更新面板的界面设计与"更新图书"子菜单功能的实现

图书更新面板的界面设计如图 8-11 所示；图书更新功能以"图书编号"字段为更新条件，即更新由图书编号指定的图书的字段值。当读者输入要更新图书的各个字段值后，单击"更新图书"按钮，如果后台数据库的 bookInfo 表中存在这本图书的信息，则将该图书信息的对应字段值更新为新的字段值，并显示"图书信息更新成功！"消息框，否则显示"图书信息更新失败！"消息框。

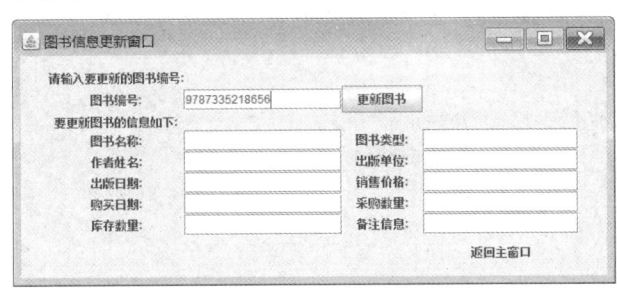

图 8-11 图书更新面板的界面设计

（1）在包名 com.cctc.ui 上右击，在弹出的快捷菜单中选择"new"→"Class"命令，新建一个类，设置类名为 BookUpdateUI；在代码窗口中让该类继承 JFrame 类，并定义框架类的相关属性，使之成为一个框架窗口类。

（2）在 BookUpdateUI 类中定义图书更新面板及该面板中的控件对象，其中包含 14 个标签控件、11 个文本框控件和 1 个按钮控件。

（3）在 BookUpdateUI 类的构造方法中实例化控件对象，并将这些控件添加到图书更新面板 bookUpdatePanel 上，同时将该面板添加到主框架窗口上。

（4）与前面其他功能面板类似，图书更新面板也采用网格袋布局。使用 setLayout() 方法来设置图书更新面板中控件的布局，使用 GridBagConstraints 类对象来设置约束条件，通过 setConstraints() 方法来定位控件，具体的布局代码这里不再赘述。

（5）为了添加事件监听处理，通过 implements ActionListener 语句让 BookUpdateUI 类实现 ActionListener 接口，同时需要实现该动作监听接口中未实现的抽象方法 public void actionPerformed(ActionEvent e)。在抽象方法 public void actionPerformed(ActionEvent e) 中通过连接访问数据库实现图书更新功能，把从图书更新面板中获取的需要更新的图书信息，通过 UPDATE 语句写入后台数据库的 bookInfo 表中 WHERE 指定条件对应的记录。首先，获取图书更新面板中的需要更新的信息并把它们存入相应的字段变量，通过调用实体类 Book 的构造方法将注册信息承载在实体类的实例化对象 book 中，然后调用实体服务类 BookService 的 bookInfoUpdate(book)方法将数据更新到后台数据库的 bookInfo 表中，该方法需要传入实体类 Book 的对象作为参数。注意，在构造方法中要添加事件监听注册语句"btnUpdate.addActionListener(this);"。代码如下：

```java
public void actionPerformed(ActionEvent e)
{
    String bookID,bookName,bookType,writer,publisher,remark;
    Date dateOfPublish=null;
    java.sql.Date publishDate=null;
    double price=0.0;
    Date dateOfBuy=null;
    java.sql.Date buyDate=null;
    int buyCount,ableCount;
    int rows=0;
    boolean flag;

    if(e.getSource()==btnUpdate)
    {
        bookID=tfBookID.getText();
        bookName=tfBookName.getText();
        bookType=tfBookType.getText();
        writer=tfWriter.getText();
        publisher=tfPublisher.getText();

        //获取办证日期，处理出版日期
        SimpleDateFormat sdf=new SimpleDateFormat("yyyy-MM-dd");
        try
        {
            dateOfPublish=sdf.parse(tfPublishDate.getText());
            long time=dateOfPublish.getTime();
            publishDate=new java.sql.Date(time);
        }
        catch(ParseException ex){
        }
        //处理销售价格
        price=Double.valueOf(tfPrice.getText());

        //处理购买日期
        try
        {
            dateOfBuy=sdf.parse(tfBuyDate.getText());
            long time=dateOfBuy.getTime();
```

```java
            buyDate=new java.sql.Date(time);
        }
        catch(ParseException ex){
        }

        buyCount=Integer.parseInt(tfBuyCount.getText());
        ableCount=Integer.parseInt(tfAbleCount.getText());
        remark=tfRemark.getText();

        Book book=new Book(bookID,bookName,bookType,writer,publisher,
        publishDate,price,buyDate,buyCount,ableCount,remark);
        flag=BookService.bookinfoUpdate(book);
        if(flag)
        {
            JOptionPane.showMessageDialog(this, "图书信息更新成功!");
        }
        else
        {
            JOptionPane.showMessageDialog(this, "图书信息更新失败!");
        }
    }
}
```

（6）当用户输入的图书信息格式正确，并成功更新后台数据库的 bookInfo 表中相应的图书记录后，显示"图书信息更新成功！"消息框，否则显示"图书信息更新失败！"消息框。同样地，在获取相应字段的值时，部分字段需要进行相应的类型转换，也就是说，要实现 Java 数据类型与 SQL Server 数据类型的匹配。

（7）使用相同的方法，在 BookUpdateUI 类中声明一个方法 selfClosed()，该方法的功能是关闭自身窗口。并且在 BookUpdateUI 类的构造方法中添加"返回主窗口"标签控件的事件监听处理，采用匿名类的方式来实现，当用户单击该返回标签时，通过实例化主框架窗口类 MainUI 来显示主框架窗口，同时调用 selfClosed()方法将"图书信息更新窗口"窗口关闭。

（8）运行程序，在"图书信息更新窗口"窗口中输入要更新图书的字段信息，如图 8-12 所示，单击"更新图书"按钮，根据返回的消息来判断是否更新成功。在更新成功后，可以通过查询语句验证后台数据库的 bookInfo 表中是否已经存在刚才更新的图书信息。

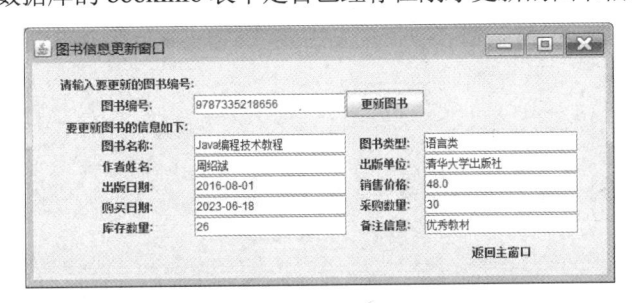

图 8-12　在"图书信息更新窗口"窗口中输入要更新图书的字段信息

14. 图书删除面板的界面设计与"删除图书"子菜单功能的实现

图书删除面板的界面设计如图 8-13 所示；图书删除功能以用户输入的图书编号为删除条件，即删除由图书编号指定的图书的信息。当用户输入要删除图书的图书编号后，单击"图书删除"按钮，如果后台数据库的 bookInfo 表中存在这本图书的信息，则将该图书的信息从表中删除，并显示"图书删除成功！"消息框，否则显示"图书删除失败！"消息框。

图 8-13　图书删除面板的界面设计

（1）在包名 com.cctc.ui 上右击，在弹出的快捷菜单中选择"new"→"Class"命令，新建一个类，设置类名为 BookDeleteUI；在代码窗口中让该类继承 JFrame 类，并定义框架类的相关属性，使之成为一个框架窗口类。

（2）在 BookDeleteUI 类中定义图书删除面板及该面板中的控件对象，其中包含 3 个标签控件、1 个文本框控件和 1 个按钮控件。

（3）在 BookDeleteUI 类的构造方法中实例化控件对象，并将这些控件添加到图书删除面板 bookDeletePanel 上，同时将该面板添加到主框架窗口上。

（4）与前面其他功能面板类似，图书删除面板也采用网格袋布局。使用 setLayout()方法来设置图书删除面板中控件的布局，使用 GridBagConstraints 类对象来设置约束条件，通过 setConstraints()方法来定位控件，具体的布局代码这里不再赘述。

（5）为了添加事件监听处理，通过 implements ActionListener 语句让 BookUpdateUI 类实现 ActionListener 接口，同时需要实现该动作监听接口中未实现的抽象方法 public void actionPerformed(ActionEvent e)。在抽象方法 public void actionPerformed(ActionEvent e)中通过连接访问数据库实现图书删除功能。在执行删除操作之前，首先，从图书删除面板中获取要删除图书的编号，通过调用实体类 Book 的构造方法将图书编号承载在实体类的实例化对象 book 中，然后调用实体服务类 BookService 中判断指定图书编号的图书在 bookInfo 表中是否存在的 bookInfoIsExist(book)方法。如果存在，则调用实体服务类 BookService 中的 bookInfoDelete(book)方法删除指定图书编号的图书，其中两个方法都需要传入实体类 Book 的对象作为参数。注意，在构造方法中添加事件监听注册语句"btnUpdate.addActionListener(this);"。代码如下：

```
public void actionPerformed(ActionEvent e)
{
    String bookID;
    int rows=0;
    boolean flag=false;

    if(e.getSource()==btnDelete)
    {
        bookID=tfBookID.getText();
```

```
            Book book=new Book(bookID);
            //执行判断要删除的图书的信息在数据表中是否存在的方法 bookInfoIsExist()
            boolean fg=BookService.bookInfoIsExist(book);
            //判断要删除的图书的信息是否存在，否则提示图书不存在
            if(fg)
            {
                    flag=BookService.bookInfoDelete(book);
                    if(flag)
                    {
                            JOptionPane.showMessageDialog(this, "图书删除成功!");
                    }
                    else
                    {
                            JOptionPane.showMessageDialog(this, "图书删除失败!");
                    }
            }
            else
            {
                    JOptionPane.showMessageDialog(this, "数据库中不存在该图书!");
            }
    }
}
```

（6）使用相同的方法，在 BookDeleteUI 类中声明一个方法 selfClosed()，该方法的功能是关闭自身窗口。并且在 BookDeleteUI 类的构造方法中添加"返回主窗口"标签控件的事件监听处理，采用匿名类的方式来实现，当用户单击该返回标签时，通过实例化主框架窗口类 MainUI 来显示主框架窗口，同时调用 selfClosed()方法将"图书删除窗口"窗口关闭。

（7）运行程序，在"图书删除窗口"窗口中输入要更新图书的图书编号，单击"图书删除"按钮，根据返回的消息来判断是否删除成功。在删除成功后，可以通过查询语句验证后台数据库的 bookInfo 表中该图书的信息是否已经删除。

8.3.4 技能训练15：使用Java语言开发酒店会员管理系统

1. 训练目的

（1）使用 JDBC 技术实现对数据库数据的查询。
（2）使用 JDBC 技术实现对数据库数据的添加。
（3）使用 JDBC 技术实现对数据库数据的修改。
（4）使用 JDBC 技术实现对数据库数据的删除。

2. 训练时间：4 课时

3. 训练内容

使用 Java 语言开发酒店会员管理系统，该系统包括会员注册、会员登录、会员注销、

会员查询余额、会员充值、会员消费、会员查询积分、会员积分兑换等功能。该项目数据库设计和各项目功能模块需求描述如下。

1）数据库和数据表设计

该项目的后台数据库的名称为 hoteldb，该数据库包括 3 个表，分别是 member 表（会员信息表）、balance 表（会员余额表）和 points 表（会员积分表）。这 3 个表的表结构分别如表 8-5、表 8-6 和表 8-7 所示。

表 8-5　member 表（会员信息表）的表结构

序 号	列 名	含 义	数据类型	长 度	是否为空	约 束
1	mem_id	会员编号	varchar	20	not null	PK
2	mem_name	会员姓名	varchar	20	not null	
3	mem_password	会员密码	varchar	20	not null	
4	mem_phone	联系电话	char	11	not null	
5	mem_address	家庭住址	varchar	50	not null	

表 8-6　balance 表（会员余额表）的表结构

序 号	列 名	含 义	数据类型	长 度	是否为空	约 束
1	balance_id	余额编号	int		not null	PK
2	mem_id	会员编号	varchar	20	not null	FK
3	balance_amount	会员余额	int		not null	

表 8-7　points 表（会员积分表）的表结构

序 号	列 名	含 义	数据类型	长 度	是否为空	约 束
1	points_id	积分编号	int		not null	PK
2	mem_id	会员编号	varchar	20	not null	FK
3	points_num	积分余额	int		not null	

2）主框架窗口的界面设计

图 8-14 所示的主框架窗口的宽为 500，高为 350。在程序运行后，在用户登录之前，只能选择"会员管理"菜单中的菜单项，包括"注册"、"登录"和"注销"；在用户登录之前，"会员消费管理"菜单和"会员积分管理"菜单中的菜单项不可见，只有用户登录成功后才可见和可用其菜单项。

3）会员注册

选择"会员管理"菜单中的"注册"菜单项，显示会员注册界面，如图 8-15 所示。在会员注册界面中需检查会员账号是否为空、会员账号的长度是否超过 20；检查用户名是否为空、用户名的长度是否超过 20；检查密码是否为空、密码的长度是否超过 20，两次密码是否一致；检查手机号码的长度是否为 11 位，并且以 1 开头，第二位为 3、5、6、7、8、9 中的任意一位；检查家庭住址是否为空、家庭住址的长度是否超过 50 等。如果未通过检查，则显示相应的提示信息。

图 8-14　酒店会员管理系统的主框架窗口的界面设计

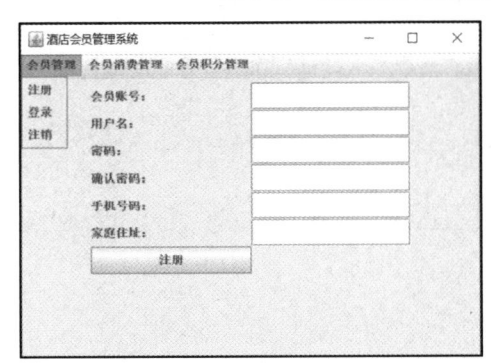

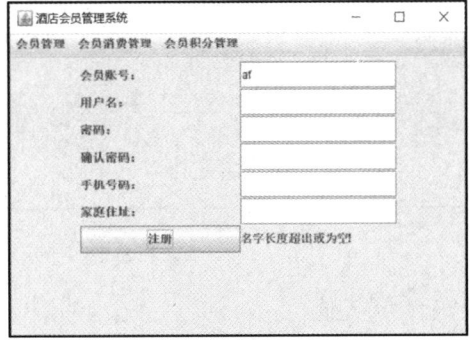

图 8-15　会员注册界面设计

4）会员登录

选择"会员管理"菜单中的"登录"菜单项，显示会员登录界面，如图 8-16 所示。在会员登录界面中需检查用户名是否为空、用户名的长度是否超过 20；检查密码是否为空、密码的长度是否超过 20。如果未通过检查，则显示相应的提示信息。如果通过检查，则将用户名和密码发送给后台，查询数据库中是否存在该用户的信息，如果存在，则返回主界面，在"会员消费管理"菜单中显示"查询余额"、"会员充值"和"会员消费"菜单项，在"会员积分管理"菜单中显示"查询积分"和"积分兑换"菜单项。如果数据库中不存在该用户的信息，则显示相应的提示信息。

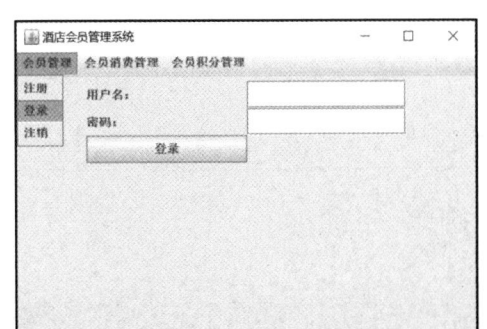

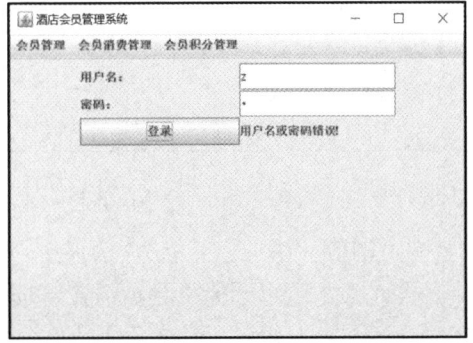

图 8-16　会员登录界面设计

5）会员注销

会员登录后，可以选择"会员管理"菜单中的"注销"菜单项，退出系统。此时，隐藏"会员消费管理"菜单和"会员积分管理"菜单中的菜单项，无法查询会员的消费余额和积分余额等。

6）会员查询余额

会员登录后，可以选择"会员消费管理"菜单中的"查询余额"菜单项来查询会员的消费余额，如图 8-17 所示。

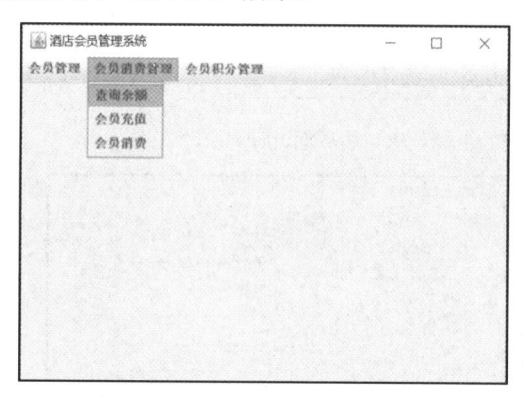

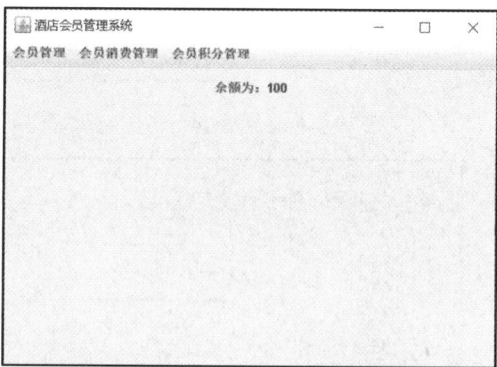

图 8-17　会员查询余额界面设计

（7）会员充值

会员登录后，可以选择"会员消费管理"菜单中的"会员充值"菜单项来实现会员充值操作，如图 8-18 中的左图所示。会员在充值界面中输入充值金额，然后单击"充值"按钮即可完成充值操作。例如，在充值 200 元以后，总金额为 300 元，"充值"按钮的右侧会显示充值后的余额，如图 8-18 中的右图所示。如果输入的充值金额为负数或非数字，则显示相应的提示信息。

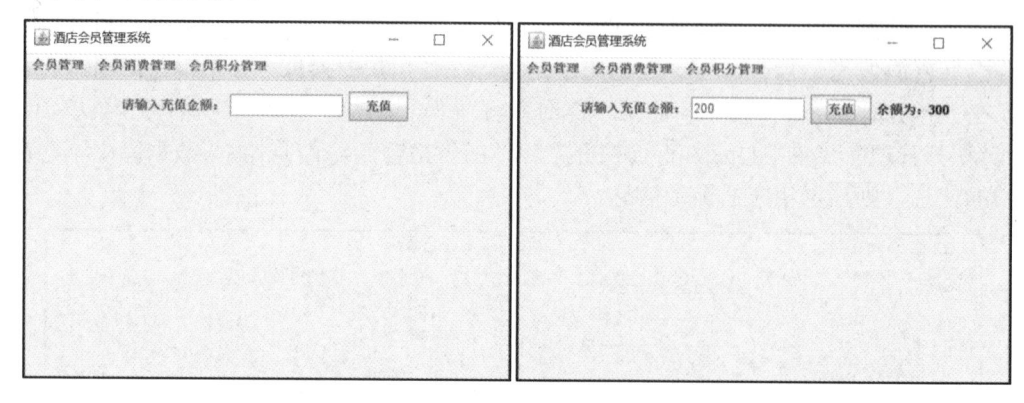

图 8-18　会员充值界面设计

8）会员消费

会员登录后，可以选择"会员消费管理"菜单中的"会员消费"菜单项来完成住宿，可以选择大床房、双床房、豪华套间、总统套房，如图 8-19 的左图所示。会员在选择入住房间类型时，会弹出相应的房间类型的图片，如图 8-19 中的右图所示。

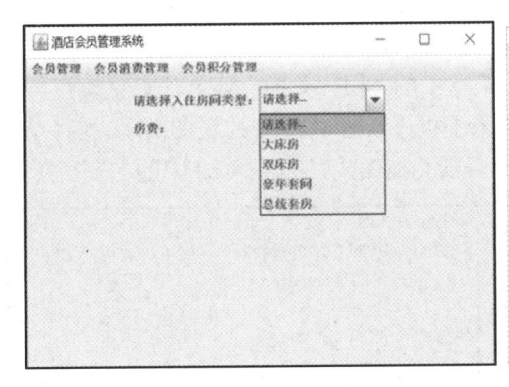

图 8-19　会员消费中的选择入住房间类型界面设计

在单击"确定"按钮后,主界面中会显示入住房间类型和价格,如图 8-20 中的左图所示。单击"入住"按钮,如果余额超过房费,则入住成功,否则入住失败。例如,当前余额为 300 元,入住总统套房需要 488 元,因此入住失败;入住双床房需要 188 元,因此入住成功,增加 188 个会员积分,并显示会员余额为 112.0 元,如图 8-20 中的右图所示。

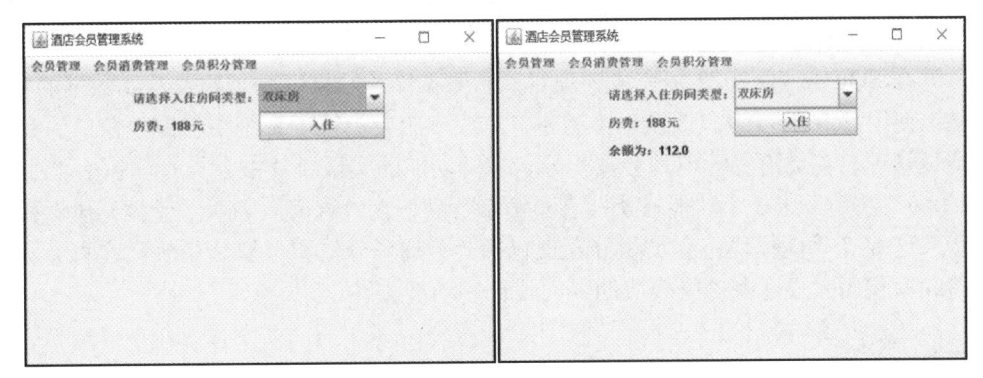

图 8-20　会员消费界面设计

9）会员查询积分

会员登录后,可以选择"会员积分管理"菜单中的"查询积分"菜单项来查询会员积分。例如,因为在前面的操作中消费了 188 元,所以增加 188 个积分,如图 8-21 所示。

图 8-21　会员查询积分界面设计

10）会员积分兑换

会员登录后，可以选择"会员积分管理"菜单中的"积分兑换"菜单项来兑换会员积分，可以兑换的商品包括毛巾、雨伞、充电宝和小米手机，如图 8-22 中的左图所示。当会员积分超过兑换商品所需的积分时，即可兑换成功，否则兑换失败，如图 8-22 中的右图所示。

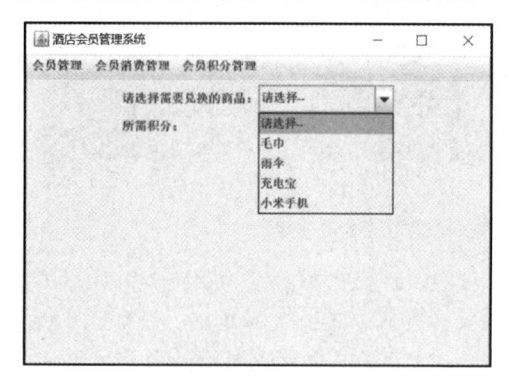

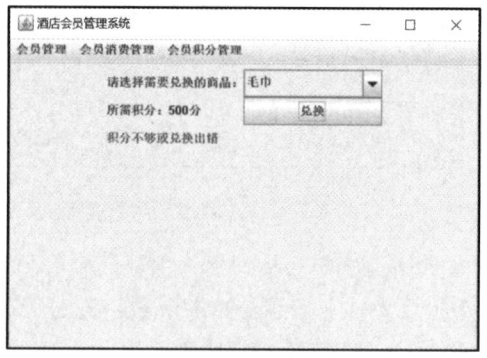

图 8-22　会员积分兑换界面设计

根据以上功能描述，请完成以下任务：

（1）在 SQL Server 2022 中完成该项目后台数据库和数据表的创建及原始数据的输入。

（2）使用 Eclipse+JDK 1.8 及以上版本，完成酒店会员管理系统中主框架窗口的界面设计、会员管理、会员消费管理和会员积分管理等功能的实现。其中会员管理包括"注册"、"登录"和"注销"这 3 个功能模块；会员消费管理包括"查询余额"、"会员充值"和"会员消费"这 3 个功能模块；会员积分管理包括"查询积分"和"积分兑换"这两个功能模块。请编写代码完成这些功能模块的界面设计和功能实现。

4．思考题

（1）在该项目开发实施过程中，多个功能模块都需要用到数据连接，以实现对后台数据库和数据表进行添加、删除、修改、查询等操作，但这样会造成代码冗余，结合所学知识，请你想出一个更好的办法来解决这个问题。

（2）在该项目的会员注册功能模块中，结合所学知识，请你完善程序代码，以维护数据库的表中数据的一致性和完整性。

项目习题

一、填空题

1. _____是一种用于执行 SQL 语句的 Java API，为多种关系型数据库提供统一访问，它由一组使用 Java 语言编写的类和接口组成。

2. 一般来说，一个简单的数据库应用系统由_____和_____这两部分组成。

3. JDBC 中负责实现与数据源连接的类是_____。

4. JDBC API 提供给程序员调用的类和接口都集成在_____包和_____包中。

5. ResultSet 类对象自动维护指向当前数据行的游标，每调用一次_____方法，游标将向下移动一行。

二、选择题

1. 在 Java 中负责管理 JDBC 驱动程序的类是（　　）。
   A．Connection 类　　　　　　　　B．DriverManager 类
   C．ResultSet 类　　　　　　　　　D．Statement 类
2. Statement 类提供了 3 种执行方法，用来执行更新操作的方法是（　　）。
   A．executeUpdate()方法　　　　　B．query()方法
   C．executeQuery()方法　　　　　 D．next()方法
3. 用于发送简单的 SQL 语句，实现 SQL 语句执行的 JDBC 类是（　　）。
   A．Connection 类　　　　　　　　B．DriverManager 类
   C．ResultSet 类　　　　　　　　　D．Statement 类
4. 在下列选项中，（　　）是一种完全使用 Java 语言编写的 JDBC 驱动程序，这类驱动程序可以将 JDBC 调用转换为数据库直接使用的网络协议。
   A．本地协议纯 Java 驱动程序　　　B．本地 API 驱动程序
   C．JDBC 网络纯 Java 驱动程序　　 D．JDBC-ODBC 桥驱动程序
5. JDBC 提供 3 个接口来实现 SQL 语句的发送，其中执行简单不带参数 SQL 语句的是（　　）。
   A．CallableStatement 类　　　　　B．DriverStatement 类
   C．Statement 类　　　　　　　　　D．PreparedStatement 类

三、简答题

1. 请简述 JDBC 数据库访问技术中常见的类及其功能。
2. 请总结归纳使用 JDBC 数据库访问技术查询存储在数据库中的数据的操作步骤。

参考文献

[1] 郑阿奇. SQL Server 实用教程（第 4 版）（SQL Server 2014 版）[M]. 北京：电子工业出版社，2015.

[2] Adam Jorgensen，Bradley Ball，Steven Wort，等. SQL Server 2014 管理最佳实践（第 3 版）[M]. 宋沄剑，高继伟，译. 北京：清华大学出版社，2015.

[3] 郎振红. SQL Server 工作任务案例教程[M]. 北京：清华大学出版社. 2015.

[4] 孙丽娜，杨云，姜庆玲，等. SQL Server 2008 数据库项目教程[M]. 北京：清华大学出版社，2015.

[5] 崔巍. 数据库应用与设计[M]. 北京：清华大学出版社，2022.

[6] 徐人凤，曾建华. SQL Server 2008 数据库及应用（第 4 版）[M]. 北京：高等教育出版社，2014.

[7] 吴伶琳，杨正校. SQL Server 数据库技术及应用（第四版）[M]. 大连：大连理工大学出版社，2022.

[8] 刘志成，宁云智，刘钊. SQL Server 实例教程（2008 版）[M]. 北京：电子工业出版社，2012.

[9] 陈承欢. SQL Server 2008 数据库设计与管理[M]. 北京：高等教育出版社，2012.

[10] 韩立刚. 跟韩老师学 SQL Server 数据库设计与开发[M]. 北京：水利水电出版社，2017.

[11] 贾铁军，曹锐. 数据库原理及应用：SQL Server 2019（第 2 版）[M]. 北京：机械工业出版社，2020.

[12] 卫琳，马建红. SQL Server 数据库应用与开发教程（第五版）（2016 版）[M]. 北京：清华大学出版社，2021.

[13] 徐人凤，曾建华. SQL Server 2014 数据库及应用（第 5 版）[M]. 北京：高等教育出版社. 2021.

[14] 张华. SQL Server 数据库应用（全案例微课版）[M]. 北京：清华大学出版社，2021.

[15] 张磊，张宗霞，刘艳春，等. SQL Server 数据库应用技术项目化教程（微课版）[M]. 北京：清华大学出版社，2021.

[16] 朱文龙，黄德海. SQL Server 数据库[M]. 北京：中国人民大学出版社，2022.

[17] 赵明渊，唐明伟. SQL Server 数据库基础教程[M]. 北京：电子工业出版社，2022.

[18] 李岩，侯菡萏，徐宏伟，等. SQL Server 2019 实用教程（升级版·微课版）[M]. 北京：清华大学出版社，2022.

[19] 李武韬，文瑛，吴超. SQL Server 数据库应用入门（项目式+微课版）[M]. 北京：清华大学出版社，2023.

[20] 曹梅红. 轻松学 SQL Server：从入门到实战（案例·视频·彩色版）[M]. 北京：中国水利水电出版社，2022.

[21] 赵明渊. SQL Server 数据库实用教程（微课版）[M]. 北京：人民邮电出版社，2023.